2024

영양사

[핵심]

1000제

원성숙

2024
영양사 [핵심] 1000제

인쇄일 2024년 3월 5일 초판 1쇄 인쇄	**발행처** 시스컴 출판사
발행일 2024년 3월 10일 초판 1쇄 발행	**발행인** 송인식
등 록 제17-269호	**지은이** 원성숙
판 권 시스컴2024	

ISBN 979-11-6941-368-8 13590
정 가 16,000원

주소 서울시 금천구 가산디지털1로 225, 514호(가산포휴) | **홈페이지** www.nadoogong.com
E-mail siscombooks@naver.com | **전화** 02)866-9311 | **Fax** 02)866-9312

산업사회가 발달하고 식생활이 변화함에 따라 병원은 물론 학교, 사업체 등에서의 단체급식과 일반 가정에서의 영양공급에 이르기까지 식품학, 영양학 등의 전문적인 지식을 갖춘 인력이 요구되면서 영양사 자격제도가 시행되고 확대되고 있다.

영양사의 주요 역할로는 식단 작성, 조리 및 배식지도, 검식, 영양분석 및 평가, 급식효과의 판정, 피급식자 및 관련자의 영양지도와 상담, 급식 종사자에 대한 교육, 급식예산의 계획 및 집행, 식생활 개선 및 영양관리를 위한 계몽 등 식품영양에 관련된 업무수행, 식품제조회사에서 식품제조를 위한 연구, 관리 및 판촉업무를 수행하게 된다. 앞으로 영양사의 고용은 증가할 것으로 전망되며, 생활환경의 변화와 노령인구의 증가로 인해 각종 의료기관과 복지시설이 신설되고 있어 영양사의 고용에 긍정적인 영향을 미칠 것이다. 또한 식생활이 변화되고 비만, 고혈압, 당뇨병 등의 성인병이 사회문제로 대두되면서 균형 있고 절제된 식생활과 영양관리를 필요로 하고 있고, 어린이와 청소년의 건전한 식습관 형성을 위한 학교급식의 필요성이 더욱 커지고 있으므로 영양사의 역할이 점점 증대할 것이다.

본서의 특징은
첫째, 약 1,000여 개의 기출 유사문제를 수록하고 정답과 해설을 권말에 별도로 첨부하였습니다.
둘째, 각 과목별 실전문제를 통해 앞으로 출제 가능한 내용을 제시함으로써 단시일 내에 시험준비를 할 수 있도록 수험생 여러분을 배려하였습니다.
셋째, 최신 출제 경향의 다양한 문제들을 과목별로 총체적으로 망라하여 빠짐없이 수록하였습니다.

영양사를 준비하시는 수험생 여러분의 건투와 최단시간 내에 합격하시길 기원드리며 아울러 본서가 탄생할 수 있도록 해주신 시스컴 출판사 사장님과 임직원 여러분께 깊은 감사를 드립니다.

영양사란?

영양사는 개인 및 단체에 균형 잡힌 급식 서비스를 제공하기 위해 식단을 계획하고 조리 및 공급을 감독하는 등 급식을 담당하며, 산업체에서 급식관리 업무 외에 영양교육 및 상담, 영양지원 등 영양서비스를 관리하는 업무를 수행하는 자를 말한다.

수행직무

영양사는 「국민영양관리법」에 따라 다음과 같은 업무를 수행한다.
- 건강증진 및 환자를 위한 영양 · 식생활 교육 및 상담
- 식품영양정보의 제공
- 식단작성, 검식 및 배식관리
- 구매식품의 검수 및 관리
- 급식시설의 위생적 관리
- 집단급식소의 운영일지 작성
- 종업원에 대한 영양지도 및 위생교육

영양사의 전망

영양사는 중장기 인력 수급 전망에 따라 매년 2.2%의 인력 수요가 더 늘어날 것으로 한국고용정보원의 통계 조사에서 나타났습니다. 또한 1회 급식 인원이 100명 이상인 산업체나 의료기관에서는 반드시 영양사를 의무적으로 배치하는 것으로 법제화되어 취업 전망이 더욱 밝아졌습니다.

어린이집이나 유치원처럼 영유아를 대상으로 하는 교육기관에서 영양사 배치를 반드시 필요로 하며, 고령화 인구가 늘어나면서 요양원이나 복지관 등에서도 영양사 수요로 인한 취업의 문이 넓어지고 있습니다.

〈영양사 수요처〉
- 어린이집
- 유치원
- 사내식당
- 국립학교
- 구내식당
- 의료기관

합격자 통계

연도	회차	응시	합격	합격률(%)
2023년	47회	5,559	4,032	72.5
2022년	46회	5,398	3,629	67.2
2021년	45회	5,972	4,472	74.9
2020년	44회	6,633	4,567	70.2
2019년	43회	6,411	3,522	54.9
2018년	42회	6,464	4,509	69.8
2017년	41회	6,888	4,458	64.7
2017년	40회	6,998	4,504	64.4
2016년	39회	6,892	4,041	58.6
2015년	38회	7,250	4,636	63.9

시험과목

시험 과목 수	문제수	배점	총점	문제형식
4	220	1점/1문제	220점	객관식 5지선다형

시험시간표

구분	시험과목 (문제수)	교시별 문제수	시험형식	입장시간	시험시간
1교시	1. 영양학 및 생화학(60) 2. 영양교육, 식사요법 및 생리학(60)	120	객관식	~08:30	09:00~10:40(100분)
2교시	1. 식품학 및 조리원리(40) 2. 급식, 위생 및 관계법규(60)	100	객관식	~11:00	11:00~12:35(85분)

※ 식품 · 영양 관계법규 : 「식품위생법」, 「학교급식법」, 「국민건강증진법」, 「국민영양관리법」, 「농수산물의 원산지 표시에 관한 법률」, 「식품 등의 표시 · 광고에 관한 법률」과 그 시행령 및 시행규칙

합격기준

- 합격자 결정은 전 과목 총점의 60퍼센트 이상, 매 과목 만점의 40퍼센트 이상 득점한 자를 합격자로 합니다.
- 응시자격이 없는 것으로 확인된 경우에는 합격자 발표 이후에도 합격을 취소합니다.

합격자 발표

- 국시원 홈페이지 : [합격자조회] 메뉴
- 국시원 모바일 홈페이지
- 휴대전화번호가 기입된 경우에 한하여 SMS로 합격여부를 알려드립니다.

시험장소

서울, 부산, 대구, 광주, 대전, 전주, 원주, 제주도

응시자격

1. 2016년 3월 1일 이후 입학자

① 다음의 학과 또는 학부(전공) 중 1가지
- 학과 : 영양학과, 식품영양학과, 영양식품학과
- 학부(전공) : 식품학, 영양학, 식품영양학, 영양식품학
※ 학칙에 의거한 '학과명' 또는 '학부의 전공명'이어야 하며, 위와 명칭이 상이한 경우 반드시 담당자 확인 요망 (1544-4244)

② 교과목(학점) 이수 : '영양관련 교과목 이수증명서'로 교과목(학점) 확인 가능(국시원 홈페이지 [시험안내 홈] – [영양사 시험선택] – [서식모음 7] 첨부파일 참조)
- 영양관련 교과목 이수증명서에 따른 18과목 52학점을 전공(필수 또는 선택)과목으로 이수해야 함
- 2016년 3월 1일 이후 영양사 현장실습 교과목 이수 시 80시간 이상(2주 이상), 영양사가 배치된 집단급식소, 의료기관, 보건소 등에서 현장 실습하여야 함
- 법정과목과 그에 해당하는 유사인정과목은 동일한 과목이므로, 여러 개 이수해도 1개 과목 이수로만 인정(단, 학점은 합산 가능)

2. 2010년 5월 23일 이후 ~ 2016년 2월 29일 입학자

① 식품학 또는 영양학 전공 : 식품학, 영양학, 식품영양학, 영양식품학 중 1가지

※ 학칙에 의거한 '전공명'이어야 하며, 위와 명칭이 상이한 경우 반드시 담당자 확인 요망 (1544-4244)

② 교과목(학점) 이수 : '영양관련 교과목 이수증명서'로 교과목(학점) 확인 가능(국시원 홈페이지 [시험안내 홈] – [영양사 시험선택] – [서식모음 7] 첨부파일 참조)

- 영양관련 교과목 이수증명서에 따른 18과목 52학점을 전공(필수 또는 선택)과목으로 이수해야 함
- 2016년 3월 1일 이후 영양사 현장실습 교과목 이수 시 80시간 이상(2주 이상), 영양사가 배치된 집단급식소, 의료기관, 보건소 등에서 현장 실습하여야 함
- 법정과목과 그에 해당하는 유사인정과목은 동일한 과목이므로, 여러 개 이수해도 1개 과목 이수로만 인정(단, 학점은 합산 가능)

3. 2010년 5월 23일 이전 입학자

식품학 또는 영양학 전공 : 식품학, 영양학, 식품영양학, 영양식품학 중 1가지

※ 학칙에 의거한 '전공명'이어야 하며, 위와 명칭이 상이한 경우 반드시 담당자 확인 요망 (1544-4244)

4. 국내대학 졸업자가 아닌 경우

① 외국에서 영양사면허를 받은 사람

② 외국의 영양사 양성학교 중 보건복지부장관이 인정하는 학교를 졸업한 사람

응시 불가능자

- 「정신건강증진 및 정신질환자 복지서비스 지원에 관한 법률」에 따른 정신질환자(다만, 전문의가 영양사로서 적합하다고 인정하는 사람은 제외)
- 「감염병의 예방 및 관리에 관한 법률」에 따른 감염병환자(B형간염 환자 제외) 중 보건복지부령으로 정하는 사람
- 마약 · 대마 또는 향정신성의약품 중독자
- 영양사 면허의 취소처분을 받고 그 취소된 날부터 1년이 지나지 아니한 자

인터넷 접수

1. 인터넷 접수 대상자

① 방문접수 대상자를 제외하고 모두 인터넷 접수만 가능

② 방문접수 대상자 : 보건복지부장관이 인정하는 외국대학 졸업자 중 국가시험에 처음 응시하는 경우

2. 인터넷 접수 준비사항

① 회원가입 등
- 회원가입 : 약관 동의(이용약관, 개인정보 처리지침, 개인정보 제공 및 활용)
- 아이디/비밀번호 : 응시원서 수정 및 응시표 출력에 사용
- 연락처 : 연락처1(휴대전화번호), 연락처2(자택번호), 전자 우편 입력
- ※ 휴대전화번호는 비밀번호 재발급 시 인증용으로 사용됨

② 응시원서
- 국시원 홈페이지 [시험안내 홈] – [원서접수] – [응시원서 접수]에서 직접 입력
- 실명인증 : 성명과 주민등록번호를 입력하여 실명인증을 시행, 외국국적자는 외국인등록증이나 국내거소신고증 상의 등록번호사용
- 금융거래 실적이 없을 경우 실명인증이 불가함(코리아크레딧뷰 : 02-708-1000)에 문의
- 공지사항 확인
- ※ 원서 접수 내용은 접수 기간 내 홈페이지에서 수정 가능(주민등록번호, 성명 제외)

③ 사진파일 : jpg 파일(컬러), 276×354픽셀 이상 크기, 해상도는 200dpi 이상

3. 응시수수료 결제

① 결제 방법 : [응시원서 작성 완료] → [결제하기] → [응시수수료 결제] → [시험선택] → [온라인계좌이체 / 가상계좌이체 / 신용카드] 중 선택

② 마감 안내 : 인터넷 응시원서 등록 후, 접수 마감일 18:00시까지 결제하지 않았을 경우 미접수로 처리

4. 접수결과 확인

① 방법 : 국시원 홈페이지 [시험안내 홈] – [원서접수] – [응시원서 접수결과] 메뉴

② 영수증 발급 : https://www.easypay.co.kr → [고객지원] → [결제내역 조회] → [결제수단 선택] → [결제정보 입력] → [출력]

5. 응시원서 기재사항 수정

① 방법 : 국시원 홈페이지 [시험안내 홈] – [마이페이지] – [응시원서 수정] 메뉴

② 기간 : 시험 시작일 하루 전까지만 가능

③ 수정 가능 범위
- 응시원서 접수기간 : 아이디, 성명, 주민등록번호를 제외한 나머지 항목
- 응시원서 접수기간~시험장소 공고 7일 전 : 응시지역
- 마감~시행 하루 전 : 비밀번호, 주소, 전화번호, 전자 우편, 학과명 등

- 단, 성명이나 주민등록번호는 개인정보(열람, 정정, 삭제, 처리정지) 요구서와 주민등록초본 또는 기본증명서, 신분증 사본을 제출하여야만 수정이 가능
  ※ 국시원 홈페이지 [시험안내 홈] – [시험선택] – [서식모음]에서 「개인정보(열람, 정정, 삭제, 처리정지) 요구서」 참고

6. 응시표 출력

① 방법 : 국시원 홈페이지 [시험안내 홈] – [응시표출력]
② 기간 : 시험장 공고 이후 별도 출력일부터 시험 시행일 아침까지 가능
③ 기타 : 흑백으로 출력하여도 관계없음

방문접수

1. 방문 접수 대상자

보건복지부장관이 인정하는 외국대학 졸업자 중 국가시험에 처음 응시하는 경우는 응시자격 확인을 위해 방문접수만 가능합니다.

2. 방문 접수 시 준비 서류

외국대학 졸업자 제출서류(보건복지부장관이 인정하는 외국대학 졸업자 및 면허소지자에 한함)
① 응시원서 1매(국시원 홈페이지 [시험안내 홈] – [시험선택] – [서식모음]에서 「보건의료인국가시험 응시원서 및 개인정보 수집 · 이용 · 제3자 제공 동의서(응시자)」 참고)
② 동일 사진 2매(3.5×4.5cm 크기의 인화지로 출력한 컬러사진)
③ 개인정보 수집 · 이용 · 제3자 제공 동의서 1매(국시원 홈페이지 [시험안내 홈] – [시험선택] – [서식모음]에서 「보건의료인국가시험 응시원서 및 개인정보 수집 · 이용 · 제3자 제공 동의서(응시자)」 참고)
④ 면허증사본 1매
⑤ 졸업증명서 1매
⑥ 성적증명서 1매
⑦ 출입국사실증명서 1매
⑧ 응시수수료(현금 또는 카드결제)
  ※ 면허증사본, 졸업증명서, 성적증명서는 현지의 한국 주재공관장(대사관 또는 영사관)의 영사 확인 또는 아포스티유(Apostille) 확인 후 우리말로 번역 및 공증하여 제출합니다. 단, 영문서류는 번역 및 공증을 생략할 수 있습니다(단, 재학사실확인서는 필요시 제출).
  ※ 단, 제출한 면허증, 졸업증명서, 성적증명서, 출입국사실증명서 등의 서류는 서류보존기간(5년)동안 다시 제출하지 않고 응시하실 수 있습니다.

3. 응시수수료 결제

① 결제 방법 : 현금, 신용카드, 체크카드 가능
② 마감 안내 : 방문접수 기간 18:00시까지(마지막 날도 동일)

공통 유의사항

1. 원서 사진 등록

① 모자를 쓰지 않고, 정면을 바라보며, 상반신만을 6개월 이내에 촬영한 컬러사진

② 응시자의 식별이 불가능할 경우, 응시가 불가능할 수 있음

③ 셀프 촬영, 휴대전화기로 촬영한 사진은 불인정

④ 기타 : 응시원서 작성 시 제출한 사진은 면허(자격)증에도 동일하게 사용

2. 면허 사진 변경

면허교부 신청 시 변경사진, 개인정보(열람, 정정, 삭제, 처리정지) 요구서, 신분증 사본을 제출하면 변경 가능

유의사항

시험 시작 전

- 응시자는 본인의 시험장이 아닌 곳에서는 시험에 응시할 수 없으므로 반드시 사전에 본인의 시험장을 확인하시기 바랍니다.

- 모든 응시자는 신분증, 응시표, 필기도구를 준비하셔야 합니다.

- 응시표는 한국보건의료인국가시험원 홈페이지에서 출력하실 수 있으며 컴퓨터용 흑색 수성 사인펜은 나누어 드리니 별도로 준비하지 않으셔도 됩니다.

- 시험 당일 시험장 주변이 혼잡할 수 있으므로 대중교통을 이용하셔야 합니다.

- 학교는 국민건강증진법에 따라 금연 지역으로 지정되어 있으므로 시험장 내에서의 흡연은 불가능합니다.

- 본인의 응시표에 적혀있는 응시자 입실 시간까지 해당 시험장에 도착하여 시험실 입구 및 칠판에 부착된 좌석 배치도를 확인하고 본인의 좌석에 앉으셔야 합니다.

- 시험 시작 종이 울리면 응시자는 절대로 시험실에 입실할 수 없습니다.

- 응시자는 안내에 따라 응시표, 신분증, 필기구를 제외한 모든 소지품을 시험실 앞쪽에 제출합니다.

- 응시자는 개인 통신기기 및 전자 기기의 전원을 반드시 끈 상태로 가방에 넣어 시험실 앞쪽에 제출하도록 합니다.

- 휴대전화, 태블릿 PC, 이어폰, 스마트 시계/스마트 밴드, 전자계산기, 전자사전 등의 통신기기 및 전자기기는 시험 중 지 할 수 없으며, 만약 이를 소지하다 적발될 경우 해당 시험 무효 등의 처

분을 받게 됩니다.

- 신분증은 주민 등록증, 유효기간 내에 주민등록증 발급 신청 확인서 운전면허증, 청소년증, 유효기간 내에 청소년증 발급 신청 확인서 만료일 이내에 여권, 영주증, 외국인등록증, 외국국적동포 국내 거소 신고증, 주민등록번호가 기재된 장애인 등록증 및 장애인 복지카드에 한하여 인정하며 학생증 등은 신분증으로 인정하지 않습니다.
- 감독관이 답안 카드를 배부하면 응시자는 답안카드에 이상 여부를 확인합니다.
- 가방 카드의 모든 기재 및 표기 사항은 반드시 컴퓨터용 흑색 수성 사인펜으로 작성하도록 합니다.
- 응시자는 방송에 따라 시험 직종, 시험 교시, 문제 유형, 성명, 응시번호를 정확히 기재해야 하며 문제 유형은 응시번호 끝자리가 홀수이면 홀수형으로 짝수이면 짝수형으로 표기합니다.
- 시험 시작 전 응시자에 본인 여부를 확인하고 답안 카드에 시험 감독관 서명란에 서명이 이루어집니다.
- 감독관이 문제지를 배부하면 응시자는 문제지를 펼치지 말고 대기하도록 합니다.
- 응시자는 감독관에 지시에 따라 문제지 누락, 인쇄 상태 및 파손 여부 등을 확인하고 문제지에 응시번호와 성명을 정확히 기재한 후 시험 시작 타종이 울릴 때까지 문제지를 펼치지 말고 대기하도록 합니다.
- 시험문제가 공개되지 않는 시험의 경우 문제지 감독관 서명란에 서명이 이루어집니다.

시험 시작

- 답안카드의 모든 기재 및 표기 사항은 반드시 컴퓨터용 흑색 수성 사인펜으로 작성하도록 합니다.
- 연필이나 볼펜 등을 사용하거나 펜의 종류와 색깔과 상관없이 예비 마킹으로 인하여 답안카드에 컴퓨터용 흑색 수성 사인펜 이외에 필기구에 흔적이 남아있는 경우에는 중복 답안으로 채점되어 해당 문제가 0점 처리 될 수 있으므로 반드시 수정테이프로 깨끗이 지워야 합니다.
- 점수 산출은 이미지 스캐너 판독 결과에 따르기 때문에 답안은 보기와 같이 정확하게 표기해야 하며 이를 준수하지 않아 발생하는 정답 표기 불인정 등은 응시자에게 귀책사유가 있습니다.
- 답안을 잘못 표기 하였을 경우 답안 카드를 교체 받거나 수정 테이프를 사용하여 답안을 수정할 수 있습니다.
- 수정 테이프가 아닌 수정액이나 수정 스티커는 사용할 수 없습니다.
- 수정 테이프를 사용하여 답안을 수정한 경우 수정 테이프가 떨어지지 않게 손으로 눌러 줍니다.
- 수정 테이프로 답안 수정 후 그 위에 답을 다시 표기하는 경우에도 정상처리됩니다.
- 방송 또는 시험 감독관이 시험 종료 10분 전 5분 전에 남은 시험 시간을 안내합니다.
- 시험 중 답안 카드를 교체해야 하는 경우 시험 감독관에게 조용히 손을 들어 답안 카드를 교체 받으며, 이때 인적 사항 문제 유형 등 답안 카드 기재 사항을 모두 기재해야 합니다.

- 교체 전 답안 카드는 시험 감독관에게 즉시 제출합니다.
- 시험 종료와 동시에 답안 카드를 제출해야 합니다.
- 시험 종류가 임박하여 답안 카드를 교체하는 경우 답안 표기 시간이 부족할 수 있음을 유념하시기 바랍니다.
- 시험문제가 공개되지 않는 시험의 경우 시험문제 또는 답안을 응시표 등에 옮겨 쓰는 경우와 시험 종료 후 문제지를 제출하지 않거나 문제지를 훼손하여 시험 문제를 유출하려고 하는 경우에는 부정행위자로 처리될 수 있습니다.
- 응시자는 시험시간 중 화장실을 사용하실 수 없습니다.
- 응시자는 시험 종료 전까지 시험실에서 퇴실하실 수 없습니다.

시험 종료

- 시험 시간이 종료되면 모든 응시자는 동시에 필기구에서 손을 떼고 양손을 책상 아래로 내려야 합니다.
- 시험 감독관에게 답안 카드를 제출하지 않고 계속 필기하는 경우 해당교시가 0점 처리됩니다.
- 감독관의 답안 카드 매수 확인이 끝나면 감독관의 지시에 따라 퇴실할 수 있습니다.
- 응시자는 교실 앞에 놓아두었던 개인 소지품을 챙겨 귀가합니다.
- 시험문제가 공개되는 시험의 경우 응시자는 시험 종료 후 본인의 문제지를 가지고 퇴실하실 수 있습니다.
- 시험문제에 공개 여부는 한국보건의료인국가시험원 홈페이지에서 확인하실 수 있습니다.
- 시험문제는 저작권법에 따라 보호되는 저작물이며 시험문제에 일부 또는 전부를 무단 복제 배포 (전자)출판하는 등 저작권을 침해하는 경우 저작권법에 의하여 민·형사상 불이익을 받을 수 있습니다.
- 시험 문제를 공개하지 않는 시험의 시험문제를 유출하는 경우에는 관계 법령에 의거 합격 취소 등의 행정처분을 받을 수 있습니다.
- 다음 내용에 해당하는 행위를 하는 응시자는 부정행위자로 처리되오니 주의하시기 바랍니다.

> - 응시원서를 허위로 기재하거나 허위 서류를 제출하여 시험에 응시한 행위
> - 시험 중 시험문제 내용과 관련된 시험 관련 교재 및 요약 자료 등을 휴대하거나 일을 주고받는 행위
> - 대리 시험을 치른 행위 또는 치르게 하는 행위
> - 시험 중 다른 응시자와 시험과 관련된 대화를 하거나 손동작. 소리 등으로 신호를 하는 행위
> - 시험 중 다른 응시자의 답안 또는 문제지를 보고 자신의 답안 카드를 작성하는 행위
> - 시험 중 다른 응시자를 위하여 답안 등을 알려 주거나 보여 주는 행위
> - 시험장 내외의 자로부터 도움을 받아 답안 카드를 작성하는 행위 및 도움을 주는 행위
> - 다른 응시자와 답안카드를 교환하는 행위

- 다른 응시자와 성명 또는 응시번호를 바꾸어 기재한 답안카드를 제출하는 행위
- 시험 종료 후 문제지를 제출하지 않거나 일부를 훼손하여 유출하는 행위
- 시험 전, 후 또는 시험 기간 중에 시험문제, 시험 문제에 관한 일부 내용 답안 등을 다른 사람에게 알려 주거나 알고 시험을 치른 행위
- 시험 중 허용되지 않는 통신기기 및 전자기기 등을 사용하여 답안을 전송하거나 작성하는 행위
- 시행 본부 또는 시험 감독관의 지시에 불응하여 시험 진행을 방해하는 행위
- 그 밖의 부정한 방법으로 본인 또는 다른 응시자의 시험결과에 영향을 미치는 행위

- 다음 내용에 해당하는 행위를 하는 응시자는 응시자 준수사항 위반자로 처리 돼 오니 주의하시기 바랍니다.

- 신분증을 지참하지 아니한 행위
- 지정된 시간까지 지정된 시험실에 입실하지 아니한 행위
- 시험 감독관의 승인을 얻지 아니하고 시험시간 중에 시험실에서 퇴실한 행위
- 시험 감독관의 본인 확인 요구에 따르지 아니한 행위
- 시험 감독관의 소지품 제출 요구를 거부하거나 소지품을 지시와 달리 임의의 장소에 보관한 행위(단 시험문제 내용과 관련된 물품의 경우 부정행위자로 처리됩니다.)
- 시험 중 허용되지 않는 통신기기 및 전자기기 등을 지정된 장소에 보관하지 않고 휴대한 행위
- 그밖에 한국보건의료인국가시험원에서 정한 응시자 준수사항을 위반한 행위
- 다리를 떠는 행동
- 몸을 과도하게 움직이는 행동
- 볼펜 똑딱이는 소리 등은 다른 응시자에게 방해됩니다.
- 응시자 여러분들은 다른 응시자에게 방해되는 행동을 하지 않도록 주의하여 주시기 바랍니다.

기타 응시자 유의사항

- 편의 제공이 필요한 응시자는 시험일 30일 전까지 편의제공 대상자 지정신청서를 제출해야 합니다.
- 시험장 주변에서 단체 응원은 시험 진행에 방해되고 시험장 지역 주민의 생활 침해 및 민원 대상이 되므로 단체응원은 하실 수 없습니다.
- 식사 후 도시락 및 음식물 쓰레기는 반드시 각자 수거해 가셔야 합니다.
- 시험장 내 기물이 파손되지 않도록 주의합니다.
- 시험실 책상 서랍 속에 물건이 분실되지 않도록 주의합니다.
- 응시자 개인 물품에 관리 책임은 응시자 본인에게 있으므로 개인 소지품이 분실되지 않도록 주의합니다.
- 합격 여부는 한국보건의료인국가시험원 홈페이지, 모바일 홈페이지, ARS를 통해 확인하실 수 있습니다.
- 응시원서 접수 시 휴대폰 연락처를 기재한 경우 시험 전에는 시험장소 및 유의사항을 시험 후에는 합격 여부 및 성적을 문자 메시지로 발송하여 드립니다.

실전문제

다년간의 기출문제를 분석하여 시험에 반복 출제되는 빈출문제를 과목별로 엄선·수록함으로써 문제은행식 문항에 완벽히 대비할 수 있도록 하였습니다.

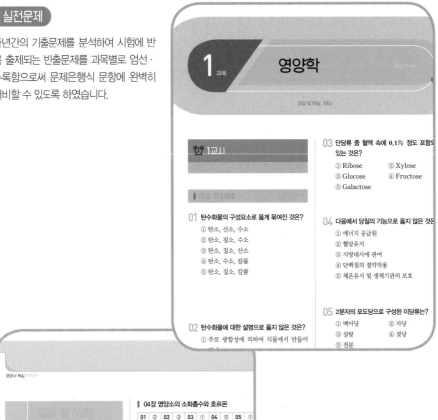

1 과목　영양학

정답 및 해설 108p

♀ 1교시

탄수화물

01 탄수화물의 구성요소로 옳게 묶여진 것은?
① 탄소, 산소, 수소
② 탄소, 질소, 수소
③ 탄소, 질소, 산소
④ 탄소, 수소, 칼륨
⑤ 탄소, 질소, 칼륨

02 탄수화물에 대한 설명으로 옳지 않은 것은?
① 주로 광합성에 의하여 식물에서 만들어

03 단당류 중 혈액 속에 0.1% 정도 포함되어 있는 것은?
① Ribose　② Xylose
③ Glucose　④ Fructose
⑤ Galactose

04 다음에서 당질의 기능으로 옳지 않은 것은?
① 에너지 공급원
② 혈당유지
③ 지방대사에 관여
④ 단백질의 절약작용
⑤ 체온유지 및 생체기관의 보호

05 2분자의 포도당으로 구성된 이당류는?
① 맥아당　② 자당
③ 설탕　④ 젖당
⑤ 전분

영양사 핵심 100제

1과목
영양학
정답 및 해설

▌01장 탄수화물

01	①	02	④	03	③	04	⑤	05	①
06	②	07	④	08	④	09	①	10	②
11	①	12	②	13	④	14	①	15	①
16	⑤	17	②	18	①	19	①	20	①
21	③	22	②	23	⑤	24	③	25	①
26	⑤	27	③	28	①	29	①	30	④
31	⑤	32	③	33	④	34	⑤	35	①
36	③	37	③	38	①	39	④	40	⑤
41	③	42	④	43	②				

▌02장 지질

01	③	02	①	03	①	04	③	05	③
06	②	07	①	08	⑤	09	④	10	④

▌04장 영양소의 소화흡수와 호르몬

01	②	02	③	03	①	04	⑤	05	①
06	①	07	⑤	08	②	09	⑤	10	①
11	④	12	②	13	④	14	②	15	①
16	①	17	①	18	③	19	③	20	④
21	②	22	①	23	③	24	⑤	25	③
26	③	27	⑤	28	⑤	29	②		

▌05장 열량(에너지)대사

01	②	02	③	03	④	04	⑤	05	③
06	⑤	07	④	08	③	09	①	10	⑤
11	②	12	⑤	13	④	14	④	15	①

▌06장 무기질

01	②	02	③	03	⑤	04	④	05	②
06	③	07	①	08	④	09	⑤	10	④
11	④	12	①	13	④	14	②	15	⑤
16	⑤	17	①	18	④	19	①	20	①
21	⑤	22	②	23	②	24	③	25	③
26	⑤	27	②	28	④	29	③	30	①
31	⑤	32	④	33	④	34	③	35	⑤
41	⑤	42	④	43	⑤	44	④	45	⑤
46	③	47	④	48	⑤	49	③	50	④
51	③	52	④	53	①				

정답 및 해설

빠른 정답 찾기로 문제를 빠르게 채점할 수 있고, 각 문제의 해설을 상세하게 풀어내어 문제와 관련된 개념을 이해하기 쉽도록 하였습니다.

목 차

효율적인 학습을 위한 CHECK LIST

연도	과목	학습 기간	정답 수	오답 수
1교시	1과목 영양학	~		
	2과목 생화학	~		
	3과목 영양교육	~		
	4과목 식사요법	~		
	5과목 생리학	~		
2교시	1과목 식품학 및 조리원리	~		
	2과목 급식관리	~		
	3과목 식품위생			
	4과목 식품·영양 관계법규	~		

영양사 핵심 1000제

[1교시]

1교시
실전문제

NUTRITIONIST

1 과목   영양학

NUTRITIONIST

정답 및 해설 186p

⏰ 1교시

01장 탄수화물

01 탄수화물의 구성요소로 옳게 묶여진 것은?

① 탄소, 산소, 수소
② 탄소, 질소, 수소
③ 탄소, 질소, 산소
④ 탄소, 수소, 칼륨
⑤ 탄소, 질소, 칼륨

02 탄수화물에 대한 설명으로 옳지 않은 것은?

① 주로 광합성에 의하여 식물에서 만들어진다.
② 자연계에 가장 많이 존재하는 유기물이다.
③ 동물에 있어서 가장 중요한 에너지원이다.
④ 면역기능을 형성한다.
⑤ 핵산의 구성성분이며 세포막 등에 함유되어 있다.

03 단당류 중 혈액 속에 0.1% 정도 포함되어 있는 것은?

① Ribose
② Xylose
③ Glucose
④ Fructose
⑤ Galactose

04 다음에서 당질의 기능으로 옳지 않은 것은?

① 에너지 공급원
② 혈당유지
③ 지방대사에 관여
④ 단백질의 절약작용
⑤ 체온유지 및 생체기관의 보호

05 2분자의 포도당으로 구성된 이당류는?

① 맥아당
② 자당
③ 설탕
④ 젖당
⑤ 전분

06 다음에서 이당류로만 옳게 묶여진 것은?

① 맥아당, 전분, 젖당
② 맥아당, 자당, 젖당
③ 맥아당, 과당, 포도당
④ 맥아당, 포도당, 글리코겐
⑤ 맥아당, 글리코겐, 젖당

07 설탕을 가수분해하여 생기는 포도당과 과당의 혼합물을 이르는 말은?

① 맥아당
② 캐러멜
③ 환원당
④ 전화당
⑤ 갈락토오스

08 다음에서 설명하는 내용의 이당류는?

> • lactose에 의해 가수분해 된다.
> • 효모에 의해 발효되지 않는다.
> • 포도당＋갈락토오스로 구성된다.

① 맥아당
② 자당
③ 설탕
④ 유당
⑤ 글리코겐

09 전분을 산, 효소, 열로 분해할 때 분해생성물을 총칭하는 것은?

① 덱스트린
② 글리코겐
③ 셀룰로오스
④ 펙틴
⑤ 헤미셀룰로오스

10 핵산의 구성성분이고 비효소성분으로 되어 있으며 생리상 중요한 당은?

① 글루코오스
② 셀룰코오스
③ 프락토오스
④ 리보오스
⑤ 갈락토오스

11 다음에서 식이섬유소 중 용해성인 것을 모두 고르면?

> ㉠ 펙틴　　㉡ 검
> ㉢ 해조 다당류　㉣ 셀룰로오스
> ㉤ 헤미셀룰로오스

① ㉠, ㉡, ㉢
② ㉡, ㉢, ㉣
③ ㉢, ㉣, ㉤
④ ㉠, ㉡, ㉢, ㉣
⑤ ㉠, ㉡, ㉢, ㉣, ㉤

12 식이섬유의 영양학적 의의로 옳지 않은 것은?

① 소화기관의 움직임을 활발하게 한다.
② 장 내부의 압력 및 복압을 증가시킨다.
③ 장과 간에 순환하는 담즙산을 감소시킨다.
④ 혈청 콜레스테롤을 저하시킨다.
⑤ 장내 세균의 종류를 변동시킨다.

13 인체 내에서 글리코겐이 주로 저장되는 부위는?

① 혈액 내
② 신장과 대장
③ 소장과 간
④ 간과 근육
⑤ 뼈와 장

14 식물체세포의 세포벽 구성성분인 셀룰로오스의 구성성분은?

① 포도당
② 과당
③ 유당
④ 단백질
⑤ 지질

15 혈액 속에 존재하는 당질은?

① 포도당   ② 과당

③ 락토오스   ④ 갈락토오스

⑤ 글리코겐

16 포도당에 대한 설명으로 옳지 않은 것은?

① 이당류인 맥아당, 설탕, 유당의 구성성분이다.

② 혈당으로 존재한다.

③ 뇌, 적혈구의 에너지원이다.

④ 인체의 필수영양소이다.

⑤ 알부민 합성에 필요하다.

17 가열하면 단맛이 적은 α형이 많아지고, 냉각하면 단맛이 강한 β형이 많아지는 당은?

① 포도당   ② 과당

③ 갈락토오스   ④ 설탕

⑤ 올리고당

18 당질이 소화되면서 장벽을 통과하는 당류는?

① 맥아당   ② 포도당

③ 과당   ④ 전분

⑤ 유당

19 모유에 들어 있는 것으로 두뇌발달에 필수적인 단당류는?

① 포도당   ② 과당

③ 갈락토오스   ④ 리보오스

⑤ 유당

20 다음에서 유당에 대한 설명으로 옳은 것을 모두 고르면?

> ㉠ 젖 성분에만 존재한다.
> ㉡ 유산균에 의해서 유산으로 분해된다.
> ㉢ 가수분해하면 포도당과 갈락토오스가 생성된다.
> ㉣ 식물성 식품에 존재한다.
> ㉤ 효모에 의해 분해된다.

① ㉠, ㉡, ㉢   ② ㉠, ㉡, ㉣

③ ㉠, ㉡, ㉤   ④ ㉡, ㉢, ㉣

⑤ ㉡, ㉢, ㉤

21 전분이 분해되어 생기는 물질은?

① 아미노산   ② 과당

③ 포도당   ④ 전화당

⑤ 맥아당

22 당질이 대사되어 글리코겐으로 저장되고 남는 것은?

① 소변으로 배설된다.

② 체지방으로 합성되어 저장된다.

③ 계속 글리코겐으로 저장된다.

④ 단백질로 전환되어 저장된다.

⑤ 혈액 중의 포도당을 형성한다.

23 충치예방효과가 있으며 칼로리가 적고 장내 유익한 비피더스균을 증식시켜 장을 튼튼하게 하는 당류는?

① 맥아당　　　　② 서당
③ 젖당　　　　　④ 글리코겐
⑤ 올리고당

24 당뇨병환자의 대사장애로 인해 소변으로 배설되는 당질은?

① 전분　　　　　② 락토오스
③ 포도당　　　　④ 과당
⑤ 유당

25 탄수화물이 구강 내에서 소화되도록 하는 타액의 성분은?

① 프티알린　　　② 락토오스
③ 인슐린　　　　④ 담즙
⑤ 셀룰로오스

26 탄수화물의 소화과정에 대한 내용 중 틀린 것은?

① 본격적인 소화는 소장 상부에서 시작된다.
② 대장에서는 특별한 소화과정이 없다.
③ 위에서는 탄수화물의 분해효소가 분비되지 않는다.
④ 소장액에는 서당, 유당, 맥아당 분해효소가 들어 있다.
⑤ 담즙에는 소화효소가 들어 있다.

27 맥아당이 주성분을 이루고 있는 식품은?

① 꿀　　　　　　② 과당
③ 포도당　　　　④ 갈락토오스
⑤ 셀룰로오스

28 다음 능동수송에 관여하는 것끼리 묶여진 것은?

① 포도당과 갈락토오스
② 포도당과 과당
③ 갈락토오스와 과당
④ 포도당과 만노오스
⑤ 만노오스와 갈락토오스

29 식사하여 섭취된 당질이 간에 존재하는 형태는?

① 글리코겐　　　② 포도당
③ 과당　　　　　④ 지방
⑤ 지방산

30 당 신생합성이 일어나는 곳은?

① 소장　　　　　② 대장
③ 위　　　　　　④ 간
⑤ 근육

31 식물계에 널리 분포되어 있는 당으로 설탕보다 단맛이 세고 자당의 가수분해 산물인 것은?

① 맥아당   ② 서당
③ 젖당   ④ 유당
⑤ 전화당

32 정상인의 공복 시의 일반적인 혈당농도는?

① 40 ~ 50mg/dl   ② 70 ~ 80mg/dl
③ 70 ~ 110mg/dl   ④ 100 ~ 150mg/dl
⑤ 150 ~ 170mg/dl

33 전분의 α형의 특징으로 옳지 않은 것은?

① 전분의 가열로 인하여 변형된다.
② 건빵이나 비스킷 등이 이 형의 원리를 적용한 것이다.
③ 호화작용이다.
④ 소화가 잘 안 된다.
⑤ α형의 전분을 β형으로 되돌아오지 않게 하려면 급속히 탈수시킨다.

34 셀룰로오스의 효과가 아닌 것은?

① 수분을 흡수하는 능력
② 겔 형성 능력
③ 변비예방
④ 혈장 콜레스테롤 저하
⑤ 대장에서의 소화 및 흡수효과

35 다음에서 TCA회로에 관여하는 무기질을 모두 고르면?

> ㉠ Mn   ㉡ Mg
> ㉢ Fe   ㉣ Ca
> ㉤ K

① ㉠, ㉡, ㉢   ② ㉠, ㉡, ㉣
③ ㉠, ㉡, ㉤   ④ ㉡, ㉢, ㉣
⑤ ㉡, ㉢, ㉤

36 혈당과 관계없는 호르몬은?

① 췌장   ② 아드레날린
③ 부갑상선호르몬   ④ 인슐린
⑤ 부신피질

37 소장의 점막세포를 통한 탄수화물의 흡수과정으로 옳은 것은?

① 다당류의 형태로 흡수된다.
② 단당류의 종류에 관계없이 흡수속도가 같다.
③ 과당은 촉진 흡수된다.
④ 소장 점막세포로 들어간 단당류는 림프관을 통해 간으로 운반된다.
⑤ 갈락토오스는 흡수과정에서 포도당과 경쟁하지 않는다.

38 격심한 운동의 폭발적 에너지를 공급하기 위한 비효율적인 에너지 생성경로는?

① 해당작용　　② 케톤증
③ 당뇨증　　　④ 리보오스
⑤ NADH

39 포도당 1분자로부터 형성되는 ATP의 개수는?

① 1 또는 2개　　② 2 또는 3개
③ 3 또는 5개　　④ 6 또는 8개
⑤ 8개 또는 10개

40 포도당을 생성할 수 있는 화합물이 아닌 것은?

① 아미노산　　② 글리세롤
③ 피루브산　　④ 젖산
⑤ 지방산

41 포도당을 에너지원으로 사용하다가 비상 시에는 케톤체를 사용하는 조직은?

① 뇌와 심장　　② 뇌와 적혈구
③ 간과 심장　　④ 뇌와 근육
⑤ 간과 근육

42 탄수화물 공급이 부족할 때 가장 우선적으로 에너지원을 공급받을 수 있는 세포로만 묶여진 것은?

① 간세포와 적혈구
② 신장세포와 적혈구
③ 지방세포와 적혈구
④ 뇌세포와 적혈구
⑤ 근육세포와 적혈구

43 포도당이 체내에서 하는 역할이 아닌 것은?

① 쓰고 남으면 지방조직에 지방으로 저장된다.
② 필수아미노산으로 전환된다.
③ 뇌세포와 적혈구의 에너지로 쓰인다.
④ 비필수아미노산의 합성에 이용된다.
⑤ 글리코겐으로 저장되어 혈당유지에 이용된다.

02장 지질

01 다음 영양소 중 주로 우리 몸에 체조직을 구성하는 영양소는?

① 당질
② 단백질
③ 지방
④ 비타민
⑤ 무기질

02 다음은 지질의 체내 기능에 대하여 설명한 것이다. 옳지 않은 것은?

① 뼈와 치아를 형성한다.
② 필수지방산을 공급한다.
③ 지용성 비타민의 흡수를 돕는다.
④ 열량소 중에서 가장 많은 열량을 낸다.
⑤ 체온조절과 내장기관을 보호한다.

03 지방 종류의 분류로 맞는 것은?

① 단순, 복합, 유도
② 단순, 복합, 인
③ 단순, 복합, 당
④ 단순, 글리세롤, 지방산
⑤ 포화지방, 불포화지방, 산화지방

04 다음 유지류 중에서 필수지방산이 가장 많이 함유되어 있는 식품은?

① 쇠기름
② 돼지기름
③ 대두유
④ 팜유
⑤ 버터

05 콜레스테롤이 속하는 영양소는?

① 비타민
② 무기질
③ 지질
④ 당질
⑤ 단백질

06 단순지질의 화학적인 구성은?

① 아미노산
② 지방산과 글리세롤
③ 포도당과 지방산
④ 아미노산과 글리세롤
⑤ 포도당과 글리세롤

07 인산을 함유하는 복합지방질 물질로서 유화제로 사용되는 것은?

① 레시틴
② 글리세롤
③ 글리콜
④ 스테롤
⑤ 아미노산

08 포화지방산에 대한 내용이 아닌 것은?

① 이중결합을 갖는다.
② 동물성 유지에 대부분 함유되어 있다.
③ 고체가 대부분이다.
④ 축육 지방에는 C_{16}, C_{18}의 함량이 많다.
⑤ EPA, DHA 등이 대표적이다.

09 다음에서 비타민 중 지질로 분류하는 것으로 옳게 묶여진 것은?

㉠ 비타민 A	㉡ 비타민 D
㉢ 비타민 E	㉣ 비타민 K
㉤ 비타민 C	

① ㉠, ㉡, ㉢　　　② ㉠, ㉡, ㉣

③ ㉠, ㉢, ㉣　　　④ ㉡, ㉢, ㉣

⑤ ㉢, ㉣, ㉤

10 다음에서 필수지방산 대사에 관여하는 비타민으로 옳게 묶여진 것은?

> ㉠ 비타민 A　　　㉡ 비타민 E
> ㉢ 비타민 B_6　　　㉣ 비타민 B_2

① ㉠, ㉡, ㉢　　　② ㉠, ㉡, ㉣

③ ㉠, ㉢, ㉣　　　④ ㉡, ㉢, ㉣

⑤ ㉠, ㉡, ㉢, ㉣

11 콜레스테롤의 설명으로 옳지 않은 것은?

① 체내 결석 물질의 주성분이다.

② 동물의 뇌, 신경조직의 주요 구성물질이다.

③ 부족하면 성호르몬 합성이 감소된다.

④ 지방대사를 조절하는 작용을 한다.

⑤ 담즙산을 유도하는 모체이다.

12 지방이 주로 운반되는 통로는?

① 체세포　　　② 문맥

③ 림프　　　④ 지방조직

⑤ 킬로미크론

13 중성지방을 조직으로 운반하는 지단백질은?

① 카일로미크론, VLDL

② HDL, VLDL

③ LDL, VLDL

④ LDL, HDL

⑤ 카일로미크론, HDL

14 다음에서 LDL-콜레스테롤에 대한 설명으로 옳은 것을 모두 고르면?

> ㉠ 콜레스테롤을 많이 함유하는 지단백질이다.
> ㉡ 총지방섭취량이 많을수록 혈중농도가 높아진다.
> ㉢ 포화지방산이 많은 식사를 다량 섭취할수록 혈중농도는 높아진다.
> ㉣ 간에서 조직으로 콜레스테롤을 운반한다.
> ㉤ LDL-콜레스테롤이 높을수록 심장병, 뇌졸중에 걸릴 위험이 크다.

① ㉠, ㉡, ㉢　　　② ㉠, ㉡, ㉣

③ ㉠, ㉢, ㉣　　　④ ㉡, ㉢, ㉣

⑤ ㉠, ㉡, ㉢, ㉣, ㉤

15 혈중 HDL에 대한 설명으로 틀린 것은?

① HDL은 남자보다 여자가 높다.

② 금연은 혈중 콜레스테롤을 낮추고, HDL을 정상 수준으로 회복시킨다.

③ 규칙적인 운동은 HDL을 높여 심혈관질환을 예방할 수 있다.

④ 운동을 하는 경우에 안하는 경우보다 높다.

⑤ 흡연에 의하여 상승한다.

16 대부분의 식사로 섭취하는 지질의 종류는?

① 스테롤 ② 당지질
③ 인지질 ④ 중성지방
⑤ 지단백

17 불포화지방산에 대한 설명으로 옳지 않은 것은?

① 이중결합이 1개 이상이 있다.
② 고체지방산이라고도 한다.
③ 콜레스테롤의 혈관침착을 막는다.
④ 결핍증은 흰쥐에 있어서 성장이 정지된다.
⑤ 용융점이 낮다.

18 지질이 운반체로서의 역할을 하는 영양소는?

① 당질 ② 인
③ 무기질 ④ 물
⑤ 지용성 비타민

19 다음에서 필수지방산을 모두 고르면?

> ㉠ 리놀렌산 ㉡ 리놀레산
> ㉢ 아라키돈산 ㉣ 레시틴

① ㉠, ㉡, ㉢ ② ㉠, ㉢, ㉣
③ ㉠, ㉡, ㉣ ④ ㉡, ㉢, ㉣
⑤ ㉠, ㉡, ㉢, ㉣

20 다음 중 n-3계 지방산은?

① 리놀레산 ② 리놀렌산
③ 아라키돈산 ④ 레시틴
⑤ 세파린

21 다음에서 n-3계 지방산을 모두 고르면?

> ㉠ α리놀렌산 ㉡ EPA
> ㉢ DHA
> ㉣ 아라키돈산

① ㉠, ㉡, ㉢ ② ㉠, ㉡, ㉣
③ ㉠, ㉢, ㉣ ④ ㉡, ㉢, ㉣
⑤ ㉠, ㉡, ㉢, ㉣

22 n-3계 지방산의 생리기능으로 옳지 않은 것은?

① 혈청지질 감소 ② 혈소판 응집 감소
③ 두뇌성장 발달 ④ 혈관 수축
⑤ 혈압저하

23 콜레스테롤이 주로 합성되는 곳은?

① 위와 소장 ② 간과 소장
③ 위와 대장 ④ 간과 대장
⑤ 간과 근육

24 지방의 소화흡수가 주로 이루어지는 곳은?

① 위　　　　　② 간
③ 소장　　　　④ 대장
⑤ 근육

25 세포막을 구성하는 주요 지질은?

① 왁스　　　　　② 당지질
③ 스핑고지질　　④ 중성지질
⑤ 콜레스테롤

26 콜레스테롤에 대한 설명으로 옳지 않은 것은?

① 세포막 구성
② 담즙 생성
③ 스테로이드계 호르몬
④ 간, 세포, 뇌에 분포
⑤ 유화작용

27 중성지방의 구조와 기능으로 옳지 않은 것은?

① 물보다 낮은 열전도율
② 탄소에 비해 낮은 산소의 비율
③ 탄수화물보다 짧은 위장관 통과시간
④ 글리코겐이나 근육단백질보다 낮은 수화
⑤ 향미성분을 녹이는 성질

28 좋은 콜레스테롤로서 밀도가 가장 높은 지단백질은?

① 카일로미크론　② VLDL
③ HDL　　　　　④ LDL
⑤ B100

03장 단백질

01 질소를 함유하고 있는 것은?

① 단백질 ② 지질
③ 당질 ④ 전분
⑤ 맥아당

02 단백질의 구성을 나타낸 것으로 맞는 것은?

① 탄소
② 탄소, 수소
③ 탄소, 수소, 산소
④ 탄소, 수소, 산소, 황
⑤ 탄소, 수소, 산소, 질소, 유황

03 단백질의 질을 평가하는 데 기준이 되는 식품은?

① 달걀 ② 우유
③ 쌀 ④ 쇠고기
⑤ 치즈

04 단순단백질이 아닌 것은?

① 글로불린 ② 글루테닌
③ 알부민 ④ 카세인
⑤ 프롤라민

05 완전단백질이란?

① 동물의 성장에 필요한 모든 필수아미노산을 골고루 함유하고 있는 것
② 아미노산 중에서 한 가지를 많이 함유하고 있는 것
③ 필수아미노산 중 몇 가지만 다량으로 함유하고 있는 것
④ 모든 아미노산을 같은 비율로 골고루 함유하고 있는 것
⑤ 비필수아미노산만을 함유하고 있는 것

06 어린이에게만 필수적인 아미노산인 것은?

① 리신 ② 발린
③ 히스티딘 ④ 이소류신
⑤ 트레오닌

07 필수아미노산을 반드시 음식에서 섭취해야 하는 이유는?

① 식품에 의해서만 얻을 수 있으므로
② 병의 회복을 위하여
③ 병의 예방을 위하여
④ 성장과 생명유지를 위하여
⑤ 체조직 구성을 위하여

08 단백질의 영양적 의의에 대한 설명으로 옳지 않은 것은?

① 체내의 단백질은 손톱, 피부, 소화관 표면에서의 세포의 괴사 등으로 소모 파괴된다.

② 단백질은 산 또는 알칼리와 결합할 수 있으므로 체액을 중성으로 유지한다.
③ 체내의 단백질 양이 부족하면 당질과 지방에 의해서 보충·이용된다.
④ 단백질은 각종 효소와 호르몬의 주요 성분이 된다.
⑤ 체내에서 에너지 공급이 부족하면 에너지 공급을 한다.

09 필수아미노산이 아닌 것은?

① 발린
② 리신
③ 알부민
④ 페닐알라닌
⑤ 트립토판

10 단백질의 성질로 옳지 않은 것은?

① 응고성
② 용해성
③ 음성반응
④ 점성
⑤ 교질성

11 단백질의 형태에 의한 분류 중 섬유상단백질이 아닌 것은?

① 콜라겐
② 미오신
③ 케라틴
④ fibroin
⑤ myogen

12 다음 중 산소를 운반하는 단백질은?

① 루신
② 지단백질
③ 헤모글로빈
④ 유신
⑤ 점액단백질

13 위에서 분비되며 우유의 단백질인 카세인을 응고시키는 효소는?

① 레닌
② 펩신
③ 트립신
④ 스테압신
⑤ 에렙신

14 아미노산의 특성으로 옳지 않은 것은?

① 펩티드 결합
② C, H, O, N로 구성
③ 단백질을 구성하는 아미노산은 모두 L형임
④ 아미노기와 카르복시기를 가짐
⑤ 체내에는 약 20여 종의 아미노산이 존재

15 다음에서 단백질의 영양적 분류에서 완전단백질에 해당하는 것을 모두 고르면?

㉠ 카세인	㉡ 알부민
㉢ 글로불린	㉣ 제인

① ㉠, ㉡, ㉢
② ㉠, ㉡, ㉣
③ ㉠, ㉢, ㉣
④ ㉡, ㉢, ㉣
⑤ ㉠, ㉡, ㉢, ㉣

16 질소계수로 옳은 것은?

① 3.25   ② 5.25

③ 6.25   ④ 7.25

⑤ 8.25

17 필수아미노산에 대한 설명으로 옳지 않은 것은?

① 성인의 경우에는 8개이다.

② 단백질의 질을 좌우한다.

③ 체내에서 합성되지 않는다.

④ 체내에서 필요한 아미노산은 필수아미노산뿐이다.

⑤ 1개라도 부족하면 그 기능을 발휘하지 못한다.

18 단백질 결핍 시에 오는 부종의 원인은?

① 빈혈

② 수분대사의 이상

③ 고혈압

④ 신장기능의 악화

⑤ 혈장 알부민의 감소

19 단백질의 과잉섭취에 대한 설명으로 옳지 않은 것은?

① 동물성 단백질을 과잉섭취할 경우 소변을 통한 칼슘 배설량이 증가한다.

② 단백질을 과잉섭취하면 요소 배설이 많아져 신장에 부담을 준다.

③ 신장질환자는 단백질을 과잉섭취하지 않도록 주의해야 한다.

④ 단백질은 과잉섭취해도 별다른 해가 없으므로 괜찮다.

⑤ 단백질은 에너지 권장량의 15~20% 수준을 유지하는 것이 좋다.

20 단백질의 절약작용을 하는 것은?

① 섬유소   ② 당질

③ 비타민   ④ 무기질

⑤ 호르몬

21 신체 내 단백질의 기능이 아닌 것은?

① 삼투압을 조절한다.

② 조효소의 역할을 한다.

③ 열량을 공급할 수 있다.

④ 체액의 산도를 조절한다.

⑤ 근육의 주요 구성성분이다.

22 다음 복합단백질 중 지단백질은?

① 카세인   ② 비텔린

③ 리포비텔린   ④ 뮤신

⑤ 헤모글로빈

23 성인이 필요 이상의 단백질을 섭취한 경우에 해당하는 것은?

① 지방으로 전환되어 체내에 저장된다.

② 단백질로서 체내에 저장된다.

③ 아미노산의 형태로 소변을 통하여 배설된다.

④ 소화가 되지 못하므로 대변으로 배설된다.

⑤ 수분대사에 장애를 초래한다.

24 다음에서 단백질이 우리 몸에서 수행하는 기능에 대한 설명으로 옳은 것을 모두 고르면?

> ㉠ 수분의 평형유지에 관여
> ㉡ 포도당 생성의 원료를 공급
> ㉢ 면역의 기능에 관여
> ㉣ 에너지 대사에 관여하는 조효소로 작용

① ㉠, ㉡, ㉢ ② ㉠, ㉡, ㉣
③ ㉠, ㉢, ㉣ ④ ㉡, ㉢, ㉣
⑤ ㉠, ㉡, ㉢, ㉣

■ 04장 영양소의 소화흡수와 호르몬

01 다음 영양소 중 위에 머무르는 시간이 가장 긴 것은?

① 물 ② 지방
③ 단백질 ④ 탄수화물
⑤ 알코올

02 당질을 소화시키는 데 관계되는 효소는?

① 리파아제 ② 레닌
③ 아밀라아제 ④ 펩신
⑤ 스테압신

03 탄수화물 식품의 소화가 시작되는 곳은?

① 입 ② 위
③ 소장 ④ 십이지장
⑤ 대장

04 다음 중 탄수화물의 분해효소가 아닌 것은?

① 아밀라아제 ② 수크라아제
③ 말타아제 ④ 락타아제
⑤ 리파아제

05 입 안에서 녹말이 엿당과 덱스트린으로 분해되는데 작용하는 것은?

① 아밀라아제 ② 리파아제
③ 에렙신 ④ 수크라아제
⑤ 락타아제

06 다음에서 소화작용 중 물리적(기계적) 소화 작용과 관련된 것만으로 묶여진 것은?

> ㉠ 저작운동 ㉡ 연동운동
> ㉢ 분절운동 ㉣ 가수분해작용
> ㉤ 세균과 관련

① ㉠, ㉡, ㉢ ② ㉠, ㉡, ㉣
③ ㉠, ㉡, ㉤ ④ ㉡, ㉢, ㉣
⑤ ㉡, ㉢, ㉤

07 위에서의 소화와 관련이 먼 것은?

① 펩시노겐 ② 염산
③ 펩신 ④ 폴리펩티드
⑤ 락타아제

08 신장에서 Na^+의 재흡수를 증가시켜 신체에 수분을 보유시키는 기능을 하는 호르몬은?

① 인슐린 ② 알도스테론
③ 항이뇨호르몬 ④ 레닌
⑤ 에피네프린

09 췌장에서의 소화와 관련이 먼 것은?

① 아밀라아제 ② 리파아제
③ 트립신 ④ 말타아제
⑤ 락타아제

10 다음에서 대장에서의 작용과 관련이 깊은 것 만을 모두 고르면?

> ㉠ 소화효소가 없으므로 소화작용이 일어 나지 않는다.
> ㉡ 장내 세균에 의하여 섬유소가 분해된 다.
> ㉢ 수분이 흡수된다.
> ㉣ 염산의 작용에 의해 펩시노겐이 펩신 으로 활성화된다.

① ㉠, ㉡, ㉢ ② ㉠, ㉡, ㉣
③ ㉠, ㉢, ㉣ ④ ㉡, ㉢, ㉣
⑤ ㉠, ㉡, ㉢, ㉣

11 혈압을 높이고 글리코겐이 포도당으로 분해 되는 것을 촉진하는 호르몬은?

① 인슐린 ② 티록신
③ 성호르몬 ④ 에피네프린
⑤ 부갑상선호르몬

12 소장에서 젖당이 포도당과 갈락토오스로 분 해되는 장액은?

① 수크라아제 ② 락타아제
③ 아밀라아제 ④ 말타아제
⑤ 트립신

13 소화효소의 특징으로 거리가 먼 것은?

① 소화액이 들어 있다.

② 단백질의 일종이다.

③ 열에 약하고 최적pH를 갖는다.

④ 작용능력에 있어서 온도와는 무관하다.

⑤ 한 가지 효소는 한 가지 물질만을 분해한다.

14 호르몬에 관한 설명으로 옳은 것은?

① 체내에서 생성되며 에너지원이 되는 물질이다.

② 체내에서 생성되며 분비선에는 도관이 없으므로 혈액에 의해 운반된다.

③ 이 물질의 주성분은 당질로서 생리작용을 조절한다.

④ 체내에서는 생성되지 않으며 생체의 대사를 조절한다.

⑤ 체내에서 생성되며 이 물질을 생성하는 분비선은 도관이다.

15 다음의 내용이 설명하는 소화효소는?

> ㉠ 위액 속에 존재하는 단백질 분해효소이다.
> ㉡ 극도의 산성용액에서 분해가 잘 이루어진다.

① 펩신　　　　　② 트립신

③ 락타아제　　　④ 리파아제

⑤ 수크라아제

16 다음에서 소화효소 중 이자액과 관련되는 것만을 모두 고르면?

> ㉠ 리파아제　　　㉡ 트립신
> ㉢ 펩티다아제　　㉣ 프티알린

① ㉠, ㉡, ㉢　　　② ㉠, ㉡, ㉣

③ ㉠, ㉢, ㉣　　　④ ㉡, ㉢, ㉣

⑤ ㉠, ㉡, ㉢, ㉣

17 소장에서 엿당을 두 분자의 포도당으로 분해하는 효소는?

① 말타아제　　　② 수크라아제

③ 락타아제　　　④ 펩티다아제

⑤ 리파아제

18 다음 중 뇌하수체전엽호르몬이 아닌 것은?

① 갑상선자극호르몬

② 여포자극호르몬

③ 부갑상선호르몬

④ 성장호르몬

⑤ 부신피질자극호르몬

19 다음 중 모세혈관에서 양분의 흡수가 되는 것이 아닌 것은?

① 단당류　　　　② 아미노산

③ 지방산　　　　④ 수용성 비타민

⑤ 무기염류

20 영양소의 흡수와 관련된 내용으로 옳지 않은 것은?

① 영양소는 소장에서 농도 경사에 의한 흡수와 에너지가 사용되는 능동수송에 의한 흡수의 원리로 이루어진다.

② 소장 구조도 효율적인 흡수를 위해 융털 구조라는 특수한 구조로 되어 있다.

③ 간에서 쓸개즙이 만들어져서 십이지장으로 배출된다.

④ 쓸개즙은 소장에서 지방분해 효소가 잘 작용할 수 있도록 도와주는 소화효소이다.

⑤ 소장은 구조적으로 융털구조라는 특수한 구조를 이루고 있어 효율적인 소화와 흡수가 되도록 한다.

21 다음 티록신에 대한 설명으로 옳지 않은 것은?

① 요오드를 함유한다.

② 기초대사를 억제한다.

③ 갑상선에서 생성된다.

④ 혈액 중에는 혈장단백질과 결합되어 있다.

⑤ 갑상선기능항진증에는 혈액 티록신 농도가 증가한다.

22 다음 소화효소 중 염기성이 아닌 것은?

① 펩신　　　　② 리파아제
③ 아밀라아제　　④ 트립신
⑤ 말타아제

23 단당류의 흡수경로가 순서대로 바르게 연결된 것은?

㉠ 문맥	㉡ 대정맥
㉢ 모세혈관	㉣ 간장

① ㉠ → ㉡ → ㉢ → ㉣
② ㉠ → ㉢ → ㉡ → ㉣
③ ㉢ → ㉠ → ㉡ → ㉣
④ ㉡ → ㉠ → ㉢ → ㉣
⑤ ㉡ → ㉢ → ㉠ → ㉣

24 단백질 소화효소에 대한 설명으로 옳지 않은 것은?

① 위액의 pH는 단백질 소화와 관계가 깊다.

② 입에서는 소화되지 않는다.

③ 위에서는 펩신에 의해 펩티드와 protese가 생성된다.

④ 소장에서는 단백질이나 펩티드의 소화효소가 분비된다.

⑤ 췌장에서 분비되는 트립시노겐은 활성형이다.

25 지방의 소화흡수에 대한 설명으로 옳지 않은 것은?

① 입에서는 소화되지 않는다.

② 위에서 지방 소화효소를 분비한다.

③ 위에서 유화지방으로 분해된다.

④ 췌액인 피라아제에 의해 분해되고 소장에서 95%가 흡수된다.

⑤ 유화지방은 보통지방보다 소화흡수율이 높다.

26 3대 영양소의 인체 내의 소화흡수율의 크기 순으로 옳게 된 것은?

① 당질 > 지질 > 단백질
② 당질 > 단백질 > 지질
③ 지질 > 당질 > 단백질
④ 지질 > 단백질 > 당질
⑤ 단백질 > 당질 > 지질

27 영양소의 소화흡수에 대한 설명으로 옳지 않은 것은?

① 담즙산은 지방을 유화시켜 소화효소의 작용을 돕는다.
② 영양소는 흡수되어 문맥계 또는 임파계로 들어간다.
③ 단백질 가수분해 효소는 불활성 전구체로 분비된다.
④ 단백질의 소화흡수에 관계하는 효소는 여러 가지가 있으며, 공동작용에 의해 소화된다.
⑤ 소화액의 분비는 신경계에 의해 조절되며 호르몬은 관여하지 않는다.

28 철의 흡수를 촉진하는 것은?

① 인산염   ② 칼슘염
③ 마그네슘   ④ phytic acid
⑤ ascorbic acid

29 대장의 작용으로 옳지 않은 것은?

① 수분이 흡수된다.
② 섬유소가 일부 가수분해 된다.
③ 비타민B군을 합성한다.
④ 장내세균에 의하여 내용물의 발효가 일어난다.
⑤ 대장 내에서 특별한 소화액이 분비되지 않는다.

▌05장 열량(에너지)대사

01 기초대사량에 영향을 주는 신체 구성물질은?

① 수분의 양　② 혈액의 양
③ 근육의 양　④ 골격의 양
⑤ 피하지방의 양

02 식품의 열량가에서 알코올의 g당 열량가는?

① 4kcal　② 5kcal
③ 7kcal　④ 9kcal
⑤ 12.5kcal

03 다음 중 소화흡수율이 100%인 것은?

① 탄수화물　② 지방
③ 단백질　④ 알코올
⑤ 비타민

04 기초대사량이 증가하는 경우가 아닌 것은?

① 갑상선기능항진증
② 체온 상승
③ 남성호르몬
④ 성장호르몬
⑤ 근육의 긴장상태가 없는 두뇌활동

05 기초대사량을 감소시키는 요인이 아닌 것은?

① 체온의 감소
② 수면
③ 체표면적의 증가
④ 영양상태의 불량
⑤ 갑상선 호르몬의 저하증

06 기초대사량에 대한 설명으로 옳지 않은 것은?

① 기초대사량의 산출근거는 체표면적 $1m^2$ 당 1시간의 칼로리이다.
② 체온이 1℃ 상승하면 기초대사량은 13% 정도 증가한다.
③ 기초대사량은 여름에는 낮고, 겨울에는 높다.
④ 한국인 성인의 기초대사량은 1,200～1,400kcal이다.
⑤ 나이가 들수록 대사조직이 증가하고 지방조직이 감소하므로 기초대사가 낮아진다.

07 기초대사량에 대한 설명으로 옳지 않은 것은?

① 기초대사량은 체표면적에 비례한다.
② 갑상선의 기능항진 시 기초대사량은 증가한다.
③ 여성은 임신기간 동안 기초대사량이 증가한다.
④ 열대지방의 주민이 한대지방의 주민보다 기초대사량이 높다.
⑤ 월경 직전에는 증가하고 시작 후에는 감소한다.

08 다음 중 특이동적 작용대사가 가장 심한 것은?

① 당질   ② 지질
③ 단백질   ④ 비타민
⑤ 무기질

09 다음 호흡계수와 관련된 내용으로 옳지 않은 것은?

① 배출된 O_2의 용적/소모된 CO_2의 용적이다.
② 탄수화물과 지방이 산화할 때의 호흡상은 비단백호흡상이다.
③ 단백질의 RQ는 0.8이다.
④ 지방의 RQ는 0.7이다.
⑤ 기초대사 조건 RQ는 0.82이다.

10 체내 대사물 중에서 혈액이나 체액의 pH에 크게 영향을 주는 것은?

① 지방산   ② 젖산
③ 피루브산   ④ 아세트산
⑤ 이산화탄소

11 1일 소비에너지를 구성하는 요소가 아닌 것은?

① 휴식대사량
② 수면대사량
③ 활동대사량
④ 식이성 에너지 소모량
⑤ 적응대사량

12 다음 중 기초대사에 포함되지 않는 것은?

① 심장박동   ② 혈액순환
③ 호흡작용   ④ 체온조절
⑤ 소화작용

13 단백질 1g당 질소의 불완전 연소로 인해 손실되는 열량은?

① 0.1kcal   ② 0.15kcal
③ 0.45kcal   ④ 1.25kcal
⑤ 1.65kcal

14 기초대사량을 증가시키는 요인이 아닌 것은?

① 근육량   ② 체표면적
③ 갑상선호르몬   ④ 기온상승
⑤ 스트레스

15 식품이용을 위한 에너지 소모량(TEF)에 관한 설명으로 옳지 않은 것은?

① 심신이 휴식상태에 있을 때 필요한 에너지이다.
② 주로 에너지가 열로 발산되므로 체온상승 효과를 가져온다.
③ 혼합식이의 경우 식품이용을 위한 에너지 소모량은 전체 에너지대사율의 10% 정도이다.
④ 탄수화물을 섭취한 후에는10~15%, 지방섭취 후에는3~4%의 대사율 상승을 보인다.
⑤ 단백질 섭취 후 에너지 소모량은 섭취 열량의 15~30%로 가장 많다.

06장 무기질

01 다음 무기질 중에서 혈액 응고, 효소작용, 막의 부과작용에 필요한 것은?

① 요오드   ② 나트륨
③ 마그네슘   ④ 칼슘
⑤ 칼륨

02 다음 중 인체의 무기질 조성으로서 그 함량이 많은 순서로 되어 있는 것은?

① Na > Ca > P
② Ca > P > K
③ Ca > Fe > P
④ Na > P > S
⑤ P > Na > Ca

03 다음 무기질과 결핍증의 연결이 옳지 않은 것은?

① 구리 – 빈혈
② 마그네슘 – 근육경련
③ 불소 – 충치
④ 칼슘 – 골다공증
⑤ 크롬 – 악성빈혈

04 무기염류의 작용과 관계 없는 것은?

① 체액의 pH조절
② 효소 작용의 촉진
③ 세포의 삼투압 조절
④ 비타민의 절약
⑤ 수분평형유지

05 무기질만으로 묶여진 것은?

① 지방, 나트륨, 비타민A
② 칼슘, 인, 철
③ 단백질, 염소, 비타민B
④ 단백질, 옥소, 지방
⑤ 단백질, 당질, 인

06 헤모글로빈이라는 적색소를 만드는 주성분으로 산소를 운반하는 역할을 하는 무기질은?

① 칼슘   ② 인
③ 철   ④ 마그네슘
⑤ 망간

07 충치예방을 위해 필요한 무기질은?

① 불소   ② 인
③ 철   ④ 유황
⑤ 망간

08 다음 중 무기질의 작용을 나타낸 말이 아닌 것은?

① 인체의 구성성분
② 체액의 삼투압 조절
③ 혈액 응고 작용
④ 에너지 공급
⑤ 체조직 성장에 관여

09 대사과정에 관여하는 물질과 이를 구성하는 무기질의 연결이 옳지 않은 것은?

① 아연 – 금속효소의 성분
② 요오드 – 갑상선 호르몬
③ 코발트 – 비타민B_{12}
④ 황 – 인슐린의 구성성분
⑤ 크롬 – 혈색소의 구성성분

10 다음 중 요오드를 가장 많이 함유하고 있는 식품은?

① 우유　　　　② 쇠고기
③ 돼지고기　　④ 미역
⑤ 시금치

11 요오드와 관계있는 호르몬은?

① 신장호르몬　　② 성호르몬
③ 부신호르몬　　④ 갑상선호르몬
⑤ 인슐린

12 칼슘에 대한 설명으로 옳지 않은 것은?

① 대변으로 배설되는 칼슘은 흡수되지 않은 식이칼슘으로 구성된다.
② 혈액 내 칼슘 농도가 낮아지면 부갑상선호르몬이 분비되어 칼슘 농도를 정상수준으로 조절한다.
③ 혈액 내 칼슘 농도는 10mg/dl 수준을 유지한다.
④ 혈액 중 칼슘 농도는 부갑상선호르몬과 칼시토닌에 의해 조절된다.

⑤ 채식 위주의 식습관과 짜게 먹는 식습관은 칼슘 흡수감소와 칼슘 배설증가로 골밀도 저하를 조절할 수 있다.

13 칼슘의 흡수에 대한 설명으로 틀린 것은?

① 칼슘은 보통 식사로부터 섭취한 양의 10~30%만이 흡수되며 여러 요인에 의해 흡수율은 달라진다.
② 식사 내 칼슘과 인의 비율은 1:1로 유지하도록 권장한다.
③ 단백질은 소변으로 배설되는 칼슘의 양을 증가시켜 칼슘의 배설을 촉진하므로 너무 과량의 단백질은 칼슘의 골격 형성면에서 좋지 않다.
④ 인의 공급량이 칼슘보다 상대적으로 많으면 칼슘의 흡수 및 이용률이 높아진다.
⑤ 식사 내 칼슘과 인의 비율이 1:1일 때 칼슘의 흡수율이 최대가 된다.

14 다음에서 설명하는 것은?

- 체내 존재량의 경우 99% 이상이 골격에 존재한다.
- 세포 내에서 칼모둘린과 결합하여 세포대사를 조절한다.
- 대변으로 포화지방산의 배설을 증가시켜 혈청 LDL 수준을 낮출 수 있다.
- 우리나라 식생활에서 가장 결핍되기 쉬운 영양소 중의 하나이다.

① 인　　　　② 칼슘
③ 나트륨　　④ 마그네슘
⑤ 칼륨

15 칼슘의 체내 기능으로 옳지 않은 것은?

① 골격과 치아의 구성
② 혈액응고
③ 신경자극 전달
④ 근육의 수축과 이완
⑤ 체액의 삼투압 유지

16 칼슘의 흡수를 방해하는 요인인 것은?

① 비타민D   ② 식이섬유
③ 유당   ④ 단백질
⑤ 비타민C

17 다음 식품 중 알칼리 형성 식품이 아닌 것은?

① 계란   ② 미역
③ 우유   ④ 사과
⑤ 양배추

18 성장기 어린이의 경우 칼슘 결핍 시 나타나는 증상으로 거리가 먼 것은?

① 뼈 성분의 변화
② 성장 저해
③ 뼈의 기형
④ 골다공증
⑤ 뼈와 치아의 질 저하

19 칼슘의 흡수와 배설에 대하여 틀린 것은?

① 섭취한 칼슘은 거의 다 흡수된다.
② 약 1% 정도는 소변으로 배설된다.
③ 칼슘의 대부분은 신장에서 재흡수된다.
④ 일부는 분칼슘으로 배설된다.
⑤ 칼슘은 소장벽에서 흡수되어 혈액으로 공급된다.

20 인(P)의 대사 및 섭취와 관련된 설명으로 옳지 않은 것은?

① 흡수율은 보통 30~40%로 낮다.
② 체내에서 대부분의 인은 골격에 저장되어 존재한다.
③ 우리 나라 식생활에서 인의 섭취량은 충분하며 오히려 과잉섭취가 우려된다.
④ 혈청 칼슘과 인의 균형을 정상으로 유지하기 위해서 식사 내 칼슘과 인의 섭취비율은 1:1로 권장한다.
⑤ 인은 주로 신장을 통해 소변으로 배설된다.

21 칼슘의 생리적 작용이 아닌 것은?

① 체액의 pH 유지
② 효소의 보조인자
③ 신경과 근육의 기능유지
④ 뼈와 치아의 형성
⑤ 혈액응고 지연

22 유전과 단백질 합성에 필수적인 핵산(DNA, RNA)의 구성성분은?

① 칼슘　　　　　② 인
③ 나트륨　　　　④ 마그네슘
⑤ 요오드

23 다음에서 칼슘조절과 관계가 있는 것을 모두 고르면?

> ㉠ 칼시토닌
> ㉡ 부갑상선호르몬
> ㉢ 비타민 D
> ㉣ 갑상선호르몬

① ㉠, ㉡, ㉢　　　　② ㉠, ㉡, ㉣
③ ㉠, ㉢, ㉣　　　　④ ㉡, ㉢, ㉣
⑤ ㉠, ㉡, ㉢, ㉣

24 다음 중 나트륨의 체내 기능으로 옳지 않은 것은?

① 산-염기의 평형유지
② 삼투압유지
③ 해독작용
④ 당질과 아미노산의 흡수
⑤ 신경자극전달과 근육의 수축·이완

25 나트륨에 대한 설명으로 옳지 않은 것은?

① 나트륨은 삼투압을 조절하고 체내에서 염기로서 작용하여 산-염기 평형을 유지하며 근육의 자극반응을 조절하는 역할을 한다.
② 당질과 아미노산이 흡수되는 과정에는 Na^+ 펌프를 이용한다.
③ 건강을 유지하는 데 필요한 성인의 1일 나트륨 최소 필요량은 1,000~2,000mg이다.
④ 섭취한 나트륨의 95% 가량이 흡수된다.
⑤ 체내 수분함량을 조절하는 중요한 물질로 작용한다.

26 나트륨을 과잉으로 장기간 복용 시 나타나는 영양문제가 아닌 것은?

① 부종　　　　　② 고혈압
③ 위암　　　　　④ 위궤양
⑤ 열사병

27 다음에서 나트륨에 대한 설명으로 옳은 것을 모두 고르면?

> ㉠ 나트륨의 1일 최소 요구량은 성인의 경우 500mg 정도이다.
> ㉡ 혈액 중의 나트륨 농도는 알도스테론과 레닌에 의해 조절된다.
> ㉢ 포도당의 능동수송에 나트륨이 관여한다.
> ㉣ 나트륨의 평균 뇨 배설은 섭취량의 10% 정도이다.
> ㉤ 혈액 중 나트륨 농도가 낮아지면 알도스테론 분비가 증가하여 신장에서 나트륨 재흡수를 증가시킨다.

① ㉠, ㉡, ㉢, ㉣　　　　② ㉠, ㉡, ㉢, ㉤
③ ㉠, ㉡, ㉣, ㉤　　　　④ ㉠, ㉢, ㉣, ㉤
⑤ ㉡, ㉢, ㉣, ㉤

28 칼슘과 비타민 D의 부족으로 무기질 침착이 잘 안되어 뼈가 약해진 성인형 구루병은?

① 구루병
② 골다공증
③ 골소송증
④ 골연화증
⑤ 골격조직 무력증

29 다음 중 칼륨의 역할이 아닌 것은?

① 단백질 합성에 관여
② 신경의 자극전달
③ 혈액순환의 촉진
④ 삼투압의 조절
⑤ 근육 수축이완의 조절

30 나트륨(Na)의 작용이 아닌 것은?

① 혈액의 산성유지
② 수분대사
③ 삼투압 유지
④ 신경의 흥분성 억제
⑤ 근육 수축작용의 조절

31 다음의 무기질 중 근육의 수축 및 이완작용에 관여하는 것으로만 옳게 묶여진 것은?

> ㉠ 칼슘 ㉡ 마그네슘
> ㉢ 나트륨 ㉣ 칼륨이온

① ㉠, ㉡, ㉢
② ㉠, ㉡, ㉣
③ ㉠, ㉢, ㉣
④ ㉡, ㉢, ㉣
⑤ ㉠, ㉡, ㉢, ㉣

32 불소와 관련된 내용으로 옳지 않은 것은?

① 체내 불소의 균형을 이루기 위해서는 성인의 경우 1일 0.5mg이 필요하다.
② 식수에는 보통 1ppm의 농도가 되도록 첨가한다.
③ 충치를 예방하고 억제한다.
④ 골다공증의 발생을 억제한다.
⑤ 1일 권장량은 0.5~1mg 정도이다.

33 다음 무기질 중 세포 내외의 삼투압 유지에 관여하는 것으로 옳게 묶여진 것은?

① 마그네슘과 칼슘
② 칼슘과 칼륨
③ 칼슘과 나트륨
④ 칼륨과 나트륨
⑤ 나트륨과 염소

34 세포 내에서의 나트륨과 칼륨의 적당한 비율은?

① 1 : 1
② 2 : 1
③ 1 : 2
④ 28 : 1
⑤ 1 : 28

35 신장 기능 저하 환자에게서 혈액 중 농도가 증가할 경우 심장마비를 일으킬 수도 있는 무기질은?

① 칼슘
② 황
③ 인
④ 마그네슘
⑤ 칼륨

36 알코올 중독자가 가끔 결핍증을 보이는 무기질은?

① 망간

② 마그네슘

③ 칼슘

④ 아연

⑤ 구리

37 엽록소의 구성성분으로서 식물성 식품에 많이 함유되어 있는 무기질은?

① 구리

② 인

③ 황

④ 마그네슘

⑤ 칼슘

38 다음에서 조혈작용과 관계가 깊은 것을 모두 고르면?

> ㉠ 철
> ㉡ 구리
> ㉢ 코발트
> ㉣ 엽산
> ㉤ 비타민 B_{12}

① ㉠, ㉡, ㉢, ㉣

② ㉠, ㉡, ㉣, ㉤

③ ㉠, ㉡, ㉢, ㉤

④ ㉡, ㉢, ㉣, ㉤

⑤ ㉠, ㉡, ㉢, ㉣, ㉤

39 다음에서 마그네슘에 대한 내용으로 옳은 것을 모두 고르면?

> ㉠ 골격과 치아의 구성성분
> ㉡ ATP의 구조의 안정화
> ㉢ 여러 효소의 보조인자
> ㉣ 신경자극의 전달
> ㉤ 글리코겐의 합성

① ㉠, ㉡, ㉢, ㉣

② ㉠, ㉡, ㉣, ㉤

③ ㉠, ㉡, ㉢, ㉤

④ ㉡, ㉢, ㉣, ㉤

⑤ ㉠, ㉡, ㉢, ㉣, ㉤

40 마그네슘의 기능이 아닌 것은?

① 엽록소의 주요 구성성분이다.

② 체내에 마그네슘이 많으면 칼슘을 몰아낸다.

③ 마그네슘이 많으면 신경과민증상을 보인다.

④ 해당작용에 관여하는 여러 효소의 부활제로 작용한다.

⑤ 치아 에나멜층에 있는 칼슘의 안정성을 증가시킨다.

41 황(S)에 대한 내용으로 옳지 않은 것은?

① 코엔자임A의 구성성분이다.

② 메티오닌, 시스테인의 구성성분이다.

③ 항응혈성 물질에 존재한다.

④ 해독작용이 있다.

⑤ 니아신의 구성성분이다.

42 황의 대표적인 급원식품은?

① 당질 식품

② 지질 식품

③ 단백질 식품

④ 해조류 식품

⑤ 견과류 식품

43 구리의 기능은?

① 산소의 운반　　② 철분의 운반
③ 지질대사　　　④ 해당작용
⑤ 헤모글로빈 형성에 도움

44 다음 중 철(Fe)의 흡수를 증진시키는 인자가 아닌 것은?

① 비타민C　　　② 식이섬유
③ 헴철　　　　　④ 위산
⑤ 임신

45 철의 체내 대사에 대한 설명으로 옳지 않은 것은?

① 흡수된 철은 간에서 헤모글로빈을 합성한다.
② 정상 성인의 흡수율은 10~20%이다.
③ 고섬유소 식사는 철의 흡수율을 저하시킨다.
④ 대부분의 철은 십이지장에서 흡수된다.
⑤ 다량의 구리, 아연의 섭취는 철분의 흡수를 저해한다.

46 인슐린이 세포막에 결합되는 것을 도와서 포도당이 체내에서 효과적으로 이용되도록 하는 물질은?

① 크롬　　　　　② 아연
③ 마그네슘　　　④ 철분
⑤ 칼슘

47 철 결핍과 관련된 설명으로 옳지 않은 것은?

① 철 결핍증의 초기단계인 체내 철 저장량의 부족 시 혈청 페리틴 농도가 감소하며, 철 결핍의 마지막 단계에서 헤모글로빈과 헤마토크리트치가 감소한다.
② 가장 좋은 철 급원식품은 헴철을 함유하고 있는 육류, 어패류, 가금류 등이다.
③ 철 결핍성 빈혈에서는 헤모글로빈 양과 적혈구 자체의 크기가 증가한다.
④ 철의 영양상태를 평가하기 위한 보편적인 방법은 헤모글로빈의 농도와 헤마토크리트치가 있다.
⑤ 결핍상태 제2단계에서는 트랜스페린 포화도가 감소하고 적혈구 프로토포르피린은 증가한다.

48 무기질 아연(Zn)에 대한 설명으로 옳지 않은 것은?

① 아연의 주된 급원은 동물성 식품으로 쇠고기 등의 육류, 굴, 게, 새우, 간, 콩류, 전곡, 견과류가 좋은 급원이다.
② 아연의 영양상태를 보통 혈장이나 혈청의 아연농도를 활용하지만, 장기간의 아연상태를 판정하기 위해서는 머리카락을 사용한다.
③ 아연이 결핍되면 성장이나 근육발달이 지연되고 생식기 발달이 저하된다. 또한 면역기능의 저하, 상처회복의 지연, 식욕부진 및 미각과 후각의 감퇴가 나타난다.
④ 아연을 과다하게 섭취할 때 다른 무기질, 즉 철이나 구리의 흡수가 저해되며 이에 따라 빈혈증세가 나타날 수 있다.
⑤ 세포외액에 존재하며 산-염기의 평형에 관여한다.

49 다음에서 아연의 결핍 시 나타나는 증상으로 옳은 것을 모두 고르면?

> ㉠ 근육발달의 지연
> ㉡ 생식기 발달의 저하
> ㉢ 면역기능의 저하
> ㉣ 상처회복의 지연
> ㉤ 식욕부진 및 미각과 후각의 감퇴

① ㉠, ㉡, ㉢, ㉣
② ㉠, ㉡, ㉣, ㉤
③ ㉠, ㉡, ㉢, ㉤
④ ㉡, ㉢, ㉣, ㉤
⑤ ㉠, ㉡, ㉢, ㉣, ㉤

50 요오드의 결핍으로 임신기간 중인 경우 태아의 정신박약, 성장지연, 왜소증 등을 초래하는 병은?

① 구루병
② 크레틴병
③ 바세도우씨병
④ 갑상선종
⑤ 갑상선기능항진증

51 갑상선호르몬의 구성성분으로 체내 대사를 조절하는 무기질은?

① 구리 ② 철
③ 요오드 ④ 아연
⑤ 불소

52 아연섭취의 과잉으로 인한 빈혈 발생 시, 그 흡수에 영향을 받는 영양소는?

① 염산 ② 칼슘
③ 마그네슘 ④ 구리
⑤ 비타민A

53 셀레늄의 역할이 아닌 것은?

① 잔틴 산화효소의 구성성분이다.
② 세포막의 손상방지를 한다.
③ 비타민 E의 절약작용을 한다.
④ 산화적 손상으로부터 세포를 보호한다.
⑤ 항산화작용을 한다.

07장 비타민

01 동물성 식품에만 들어 있으므로 채식주의자에게 결핍되기 쉬운 비타민은?

① 비타민 A
② 비타민 C
③ 비타민 D
④ 비타민 B_6
⑤ 비타민 B_{12}

02 다음 비타민 중에서 지용성 비타민에 해당하는 것은?

① 비타민 A
② 비타민 B_1
③ 비타민 B_6
④ 비타민 B_{12}
⑤ 비타민 C

03 다음 중 비타민 A의 결핍증이 아닌 것은?

① 안구건조증
② 야맹증
③ 상피조직의 각질화
④ 불완전한 치아형성
⑤ 구각염

04 비타민 A의 함유식품이 아닌 것은?

① 간
② 난황
③ 버섯
④ 버터
⑤ 강화마가린

05 카로틴이 체내에서 변하여 형성되는 것은?

① 비타민 A
② 비타민 E
③ 비타민 D
④ 비타민 K
⑤ 비타민 F

06 신선한 환경에서 일광욕을 했을 때 그 효력이 높아지는 비타민은?

① 비타민 A
② 비타민 D
③ 비타민 E
④ 비타민 K
⑤ 비타민 F

07 비타민 D의 결핍증에 걸리기 쉬운 사람은?

① 농부
② 광부
③ 사무원
④ 목수
⑤ 운동선수

08 칼슘(Ca)의 흡수를 촉진시키는 비타민은?

① 비타민 A
② 비타민 D
③ 비타민 E
④ 비타민 K
⑤ 비타민 F

09 에르고스테롤에 자외선을 쪼였을 때 생성되는 것은?

① 비타민 C
② 비타민 A
③ 비타민 D_2
④ 비타민 K
⑤ 비타민 E

10 다음 비타민 중 특히 식물성 기름에 많이 들어 있는 것은?

① 비타민 A
② 비타민 D
③ 비타민 E
④ 비타민 K
⑤ 비타민 F

11 혈액의 응고성과 관계있는 비타민은?

① 비타민 A   ② 비타민 B

③ 비타민 D   ④ 비타민 E

⑤ 비타민 K

12 마늘을 먹음으로써 효력이 촉진되는 비타민은?

① 비타민 B_1 ② 비타민 B_2

③ 비타민 A   ④ 비타민 D

⑤ 비타민 B_6

13 다음 비타민과 그 결핍증을 연결한 것으로 옳지 않은 것은?

① 비타민 B_1 – 각기병

② 비타민 B_2 – 구각염

③ 비타민 C – 괴혈병

④ 비타민 B_{12} – 악성빈혈

⑤ 니아신 – 각막 건조증

14 비타민에 대한 설명으로 옳지 않은 것은?

① 체내에서 생성되지 않으므로 외부로부터 섭취해야 한다.

② 비타민 B군, 니아신은 보효소를 형성하여 활성부를 이룬다.

③ 체내에서 비타민 A가 되는 물질(카로틴)을 프로비타민 A라고 한다.

④ 에르고스테롤을 프로비타민 B라고 한다.

⑤ 지용성 비타민으로는 비타민 A, D, E, K 등이 있다.

15 당질의 소화에 중요한 역할을 하는 비타민은?

① 비타민 A   ② 비타민 B_1

③ 비타민 E   ④ 비타민 K

⑤ 비타민 B_{12}

16 비타민의 일반기능으로 옳지 않은 것은?

① 고유한 생리현상 지배

② 조효소의 구성성분으로 탄수화물 대사작용 및 에너지 대사에 관여

③ 여러 영양소의 효율적 이용에 관여

④ 수분평형유지 및 신경자극 전달

⑤ 질병 등의 예방

17 지용성 비타민의 특성으로 옳지 않은 것은?

① 지방과 지방용매에 용해되고 물에는 불용이다.

② 지방과 흡수되며, 임파계를 통하여 이송된다.

③ 담즙을 통하여 체외로 매우 서서히 방출된다.

④ 필요량을 매일 절대적으로 공급하여야 한다.

⑤ 조리손실이 크지 않다.

18 수용성 비타민 중 결핍 시 각기병에 걸리는 비타민은?

① 비타민 B_1 ② 비타민 B_2

③ 비타민 B_6 ④ 비타민 B_{12}

⑤ 비타민 C

19 항구순구각염 인자인 비타민은?

① 비타민 B_1 ② 비타민 B_2
③ 비타민 B_6 ④ 비타민 B_{12}
⑤ 니아신

20 콜린(Choline)과 관계가 적은 것은?

① 인지질의 구성성분인 비타민
② 간의 이상지방 축적 억제
③ 간의 지방을 제거
④ 동물성 식품에만 존재
⑤ 부족하면 지방간이 됨

21 기질의 인산화반응을 촉진시키는 것은?

① Thiamin ② Riboflavin
③ Biotin ④ Pyridoxine
⑤ Niacin

22 비타민 K의 흡수를 촉진하는 것은?

① 담즙 ② 장내 효소
③ 장내세균 ④ 산
⑤ 장내 pH

23 다음 중 비타민의 기능으로 옳지 않은 것은?

① 조효소의 성분
② 대사촉진
③ 호르몬 분비에 관여
④ 영양소의 효율적인 이용
⑤ 혈액순환의 조절

24 다음에서 설명하는 비타민은?

- 백색결정형 물질이며 물에 쉽게 녹는다.
- 가열되거나 구리이온이 존재할 때는 쉽게 산화된다.
- Tryosine의 정상적인 대사에 반드시 필요하다.
- 결핍증세는 혈청 ascorbic acid의 양이 100ml당 0.2mg 이하일 때 나타날 수 있다.

① 비타민 A ② 비타민 B_1
③ 비타민 C ④ 비타민 D
⑤ 비타민 K

25 다음 비타민 B_1의 결핍증세가 아닌 것은?

① 식욕감퇴 ② 피로감
③ 근육무기력증 ④ 구각염
⑤ 다발성 신경염

26 다음 중 수용성 비타민이 아닌 것은?

① Thiamin ② Riboflavin
③ Niacin ④ Tocopherol
⑤ Pyridoxine

27 다음 비타민 C와 거리가 먼 것은?

① 콜라겐 합성
② 항산화제
③ RNA와 DNA 대사의 보조효소
④ 철분흡수
⑤ 모세혈관기능유지

28 비타민 B₆(Pyridoxine)의 생리적 기능이 아닌 것은?

① 아미노산 대사의 보조효소
② 단백질 대사
③ 적혈구 합성
④ 신경전달체계 대사
⑤ 혈액응고 및 모세혈관 기능유지

29 다음 수용성 비타민 중 당질대사의 보조효소인 것은?

① 비타민 B₁   ② 비타민 B₆
③ 니아신   ④ 비타민 M
⑤ Folic acid

30 다음에서 비타민 A의 활성을 갖는 카로티노이드를 모두 고르면?

> ㉠ α－카로틴   ㉡ β－카로틴
> ㉢ γ－카로틴   ㉣ 크립토크산틴

① ㉠, ㉡, ㉢   ② ㉠, ㉡, ㉣
③ ㉠, ㉢, ㉣   ④ ㉡, ㉢, ㉣
⑤ ㉠, ㉡, ㉢, ㉣

31 지용성 비타민의 특성에 대한 설명으로 옳지 않은 것은?

① 결핍증세가 서서히 발생한다.
② 체내 저장이 가능하다.
③ 가열조리과정에서 쉽게 파괴된다.
④ 과잉증상이 발생할 수 있다.
⑤ 지방의 흡수 및 대사와 관계있다.

32 다음에서 비타민 A의 구성요인을 모두 고르면?

> ㉠ 레티날   ㉡ 레티놀
> ㉢ 레티노익산   ㉣ 베타카로틴

① ㉠, ㉡, ㉢   ② ㉠, ㉡, ㉣
③ ㉠, ㉢, ㉣   ④ ㉡, ㉢, ㉣
⑤ ㉠, ㉡, ㉢, ㉣

33 비타민 A의 형태 중 항암작용이 있는 것은?

① 레티노익산   ② 레티날
③ 카로티노이드 ④ 로돕신
⑤ 레티닐 팔미트산

34 비타민 B₁의 보조효소명은?

① TPP   ② FMN
③ FAD   ④ CoA
⑤ THF

35 비타민 B₁(티아민)의 작용에 대한 설명으로 옳지 않은 것은?

① 조직이나 근육 신경의 정상적 기능에 필요하다.
② 카르복시화 효소의 조효소 작용을 한다.
③ 케톨기 전이효소의 조효소 작용을 한다.
④ 아세틸콜린의 합성을 돕는다.
⑤ 탄수화물대사 과정에서 카르복시기를 제거하는 탈탄산 반응에 관여한다.

36 다음에서 티아민(비타민 B_1)의 결핍증으로 옳은 것을 모두 고르면?

> ㉠ 사지감각장애 ㉡ 심근의 약화
> ㉢ 위산의 과다 ㉣ 운동기능의 장애
> ㉤ 심한 부종

① ㉠, ㉡, ㉢, ㉣
② ㉠, ㉡, ㉣, ㉤
③ ㉠, ㉡, ㉢, ㉤
④ ㉡, ㉢, ㉣, ㉤
⑤ ㉠, ㉡, ㉢, ㉣, ㉤

37 비타민 B_2(리보플라빈)에 대한 설명으로 옳지 않은 것은?

① 지방산과 콜레스테롤 합성에 관여한다.
② 산화-환원 반응의 조효소 작용을 한다.
③ 결핍하면 구순구각염이 생긴다.
④ 다른 비타민B 복합체와 함께 작용한다.
⑤ FMN과 FAD 형태로 조효소 활성을 가진다.

38 다음에서 리보플라빈(비타민 B_2)의 결핍증을 모두 고르면?

> ㉠ 설염 ㉡ 구각염
> ㉢ 구내염 ㉣ 지루성 피부염

① ㉠, ㉡, ㉢
② ㉠, ㉡, ㉣
③ ㉠, ㉢, ㉣
④ ㉡, ㉢, ㉣
⑤ ㉠, ㉡, ㉢, ㉣

39 세포 내 산화-환원 반응의 조효소로 작용하며 체내에서 트립토판으로부터 전환되는 비타민은?

① 티아민 ② 리보플라빈
③ 니아신 ④ 엽산
⑤ 피리독신

40 사람의 체내에서 합성될 수 없는 비타민은?

① 비타민 C ② 비타민 K
③ 비타민 D ④ 비오틴
⑤ 타우린

41 에너지대사과정에서 조효소로 작용하는 비타민이 아닌 것은?

① 비타민 B_1(티아민)
② 비타민 B_2(리보플라빈)
③ 니아신
④ 비타민 A(카로틴)
⑤ 판토텐산

42 다음에서 펠라그라병의 증세를 모두 고르면?

> ㉠ 피부염 ㉡ 설사
> ㉢ 우울증 ㉣ 사망
> ㉤ 치아손상

① ㉠, ㉡, ㉢, ㉣
② ㉠, ㉡, ㉣, ㉤
③ ㉠, ㉢, ㉣, ㉤
④ ㉡, ㉢, ㉣, ㉤
⑤ ㉠, ㉡, ㉢, ㉣, ㉤

43 다음에서 열량의 섭취량이 증가함에 따라 필요량이 증가되어야 하는 비타민을 모두 고르면?

> ㉠ 비타민 B_1　　㉡ 비타민 B_2
> ㉢ 니아신　　　　㉣ 비타민 B_6

① ㉠, ㉡, ㉢　　② ㉠, ㉡, ㉣
③ ㉠, ㉢, ㉣　　④ ㉡, ㉢, ㉣
⑤ ㉠, ㉡, ㉢, ㉣

44 일부 임산부 여성에게 나타나는 월경전증후군(PMS)을 완화시킬 수 있는 영양소는?

① 티아민　　　　② 리보플라빈
③ 니아신　　　　④ 비타민 B_6
⑤ 비타민 B_{12}

45 다음에서 비타민 B_6(피리독신)의 결핍을 특히 우려해야 하는 원인을 모두 고르면?

> ㉠ 고단백 식사　　㉡ 알코올 중독
> ㉢ 임신　　　　　㉣ 간질환
> ㉤ 고령화

① ㉠, ㉡, ㉢, ㉣
② ㉠, ㉡, ㉢, ㉤
③ ㉠, ㉡, ㉣, ㉤
④ ㉡, ㉢, ㉣, ㉤
⑤ ㉠, ㉡, ㉢, ㉣, ㉤

46 비타민의 권장량에서 남녀의 구별이 필요한 차이의 필요 영양소를 다음에서 모두 고르면?

> ㉠ 티아민　　　　㉡ 리보플라빈
> ㉢ 니아신　　　　㉣ 비타민 C

① ㉠, ㉡, ㉢　　② ㉠, ㉡, ㉣
③ ㉠, ㉢, ㉣　　④ ㉡, ㉢, ㉣
⑤ ㉠, ㉡, ㉢, ㉣

47 다음 비타민 중 우리나라에서 권장량이 정해지지 않은 비타민을 모두 고르다면?

> ㉠ 판토텐산　　　㉡ 비타민 B_{12}
> ㉢ 비타민 A　　　㉣ 비타민 B_6

① ㉠, ㉡　　　② ㉠, ㉢
③ ㉠, ㉣　　　④ ㉡, ㉢
⑤ ㉡, ㉣

48 다음 비타민 중 항산화 기능이 있는 비타민은?

① 비타민 A　　　② 비타민 C
③ 비타민 D　　　④ 비타민 K
⑤ 비타민 B_6

49 다음 비타민 중 과잉 복용하여도 부작용이 나타나지 않는 것은?

① 리보플라빈　　② 니아신
③ 비타민 B_6　　④ 비타민 C
⑤ 비타민 D

50 다음에서 비타민으로 전환되는 물질로 옳은 것을 모두 고르면?

> ㉠ 카로티노이드 ㉡ 콜레스테롤
> ㉢ 트립토판 ㉣ 엘고스테롤

① ㉠, ㉡, ㉢
② ㉠, ㉡, ㉣
③ ㉠, ㉢, ㉣
④ ㉡, ㉢, ㉣
⑤ ㉠, ㉡, ㉢, ㉣

51 다음에서 결핍되면 신경조직의 구조와 기능에 결함을 초래하는 영양소를 모두 고르면?

> ㉠ 티아민 ㉡ 니아신
> ㉢ 엽산 ㉣ 비타민 B_{12}
> ㉤ 비타민 A

① ㉠, ㉡, ㉢, ㉣
② ㉠, ㉡, ㉢, ㉤
③ ㉠, ㉡, ㉣, ㉤
④ ㉡, ㉢, ㉣, ㉤
⑤ ㉠, ㉡, ㉢, ㉣, ㉤

■ 08장 물, 체액, 산-염기 평형

01 수분활성도에 대한 설명으로 틀린 것은?

① 수분활성도는 임의의 온도에서 그 식품의 수증기압에 대한 순수한 식품의 수분, 수증기압의 비율을 나타낸 것이다.
② 수분활성도는 채소, 과일류보다 곡류, 설탕이 더 높다.
③ 수분활성도가 낮으면 미생물 생육이 억제된다.
④ 곡류, 육류의 수분활성도는 0.92 이하이다.
⑤ 식품의 수분활성도는 1보다 작다.

02 결합수에 대한 설명으로 틀린 것은?

① 용질에 대해 용매로서 작용하지 않는다.
② 0℃에서는 물론, 그보다 낮은 온도에서도 잘 얼지 않는다.
③ 보통의 물보다 밀도가 작다.
④ 미생물의 번식과 발아에 이용된다.
⑤ 수증기압이 유리수보다 낮다.

03 체내에서 수분의 기능이 아닌 것은?

① 영양소의 운반
② 외부로부터 충격에 대한 보호작용
③ 체온조절작용
④ 체조직의 구성부분
⑤ 신경자극 전달작용

04 근육의 수분함량은?

① 55%　　　　② 60%

③ 68%　　　　④ 75%

⑤ 80%

05 수분 소요량에 영향을 주지 않는 것은?

① 신장의 기능　　② 활동의 정도

③ 식사의 종류　　④ 기온

⑤ 염분의 섭취량

06 인체 내에서 체액의 산·알칼리 평형조절의 기전으로 옳은 것은?

① 신장의 여과기능

② 폐를 통한 이산화탄소의 방출

③ 혈액의 완충작용

④ 체액에 의한 산의 희석작용

⑤ 심한 신체대사 이상이 초래하는 탈수 현상

07 다음 중 알칼리성 식품인 것은?

① 달걀　　　　② 고기

③ 생선　　　　④ 곡류

⑤ 과일

08 체내에서 과잉의 산과 염기에 대한 완충제로 작용하여 세포외액의 pH 변화를 최소화하는 화학적 물질로 옳지 않은 것은?

① 중탄산　　　② 인산

③ 단백질　　　④ 헤모글로빈

⑤ 지방산

09 체내에서 양이온을 형성하는 무기질이 아닌 것은?

① 나트륨　　　② 칼륨

③ 염소　　　　④ 마그네슘

⑤ 칼슘

10 수분의 체내 기능을 설명한 것으로 옳지 않은 것은?

① 여러 가지 영양소를 각 조직에 운반한다.

② 신진대사과정에서 노폐물을 운반한다.

③ 신체 열 발생과 열 방출의 균형을 조절한다.

④ 음식물의 소화과정에 관여한다.

⑤ 단백질의 합성과 분해 작용을 한다.

11 산-염기 평형이상과 원인으로서 CO_2 배출이 잘 안될 때 발생하는 현상은?

① 대사성 산성증

② 대사성 알칼리증

③ 호흡성 산성증

④ 호흡성 알칼리증

⑤ 케토시스

12 산-염기 평형이상과 질환의 관계로, '당뇨병'과 관련이 있는 것은?

① 대사성 산성증

② 호흡성 산성증

③ 대사성 알칼리증

④ 호흡성 알칼리증

⑤ 케토시스

13 혈액의 pH를 항상 일정한 수준으로 유지시키는 완충재 역할을 하는 것은?

① 단백질　　　② 당질
③ 지방　　　　④ 무기질
⑤ 비타민

▌09장 생활주기영양

01 임신 시의 혈액성분의 변화로 옳지 않은 것은?

① 적혈구의 용적비의 증가
② 혈액 내 콜레스테롤 증가
③ 순환 혈액량의 증가
④ 혈장량의 증가
⑤ 총 적혈구 수의 증가

02 다음 호르몬 중 기초대사율을 조절하는 것은?

① 티록신　　　② 옥시토신
③ 프롤락틴　　④ 알도스테론
⑤ 코티손

03 임산부의 부종과 단백뇨의 증상을 보일 때의 처방으로 적절하지 않은 것은?

① 저수분 식이법
② 저식염 식이법
③ 저지방 식이법
④ 저단백질 식이법
⑤ 자극성 시품 제한

04 임신 6개월 이후부터 더 섭취하여야 하는 열량은?

① 200kcal　　② 250kcal
③ 300kcal　　④ 350kcal
⑤ 400kcal

05 태반과 관련된 호르몬이 아닌 것은?

① 프로게스테론　　② 에스트로겐
③ 태반락토겐　　　④ 난막갑상선호르몬
⑤ 프롤락틴

06 다음의 기능을 하는 호르몬은?

- 뼈의 칼슘 방출 증가
- 소장 내 칼슘의 흡수 증가
- 요중 인의 배설 증가

① 티아민　　　　　② 부갑상선
③ 글루카곤　　　　④ 인슐린
⑤ 레닌

07 프로게스테론의 기능과 거리가 먼 것은?

① 위장 근육긴장 저하
② 위 운동의 증가
③ 구토 유발
④ 대량 수분흡수
⑤ 변비유발

08 임산부의 모체변화에 대한 내용으로 옳지 않은 것은?

① 혈액량과 혈당량이 점차 증가하여 9개월에 최고에 이른다.
② 총 적혈구수는 증가하지만 혈장이 더 큰 비율로 증가하기 때문에 임신빈혈을 유발한다.

③ 총 지질은 임신 중 증가해서 고지혈증이 된다.
④ 총 콜레스테롤과 중성지방도 증가한다.
⑤ 혈청 알부민 수준의 증가로 삼투압이 높아지기 때문에 사구체 여과율이 증가한다.

09 임산부의 바람직한 체중증가 정도는?

① 3~4kg　　　　　② 5~6kg
③ 7~10kg　　　　④ 10~13kg
⑤ 15kg 이상

10 입덧치료에 효과적인 것은?

① 비타민 A　　　　② 비타민 D
③ 비타민 B_1　　　④ 비타민 B_2
⑤ 비타민 B_6

11 임신 중 영양관리에서 빈혈과 관련된 것이 아닌 것은?

① 비타민 B_{12}　　　② 비타민 C
③ 비타민 D　　　　④ 니아신
⑤ 철

12 영아의 경우 열량의 40~50%를 공급하는 영양소는?

① 당질　　　　　　② 단백질
③ 무기질　　　　　④ 비타민
⑤ 지질

13 영아기의 영양관리에 대한 설명으로 옳지 않은 것은?

① 체표면적이 없어 열량 필요량이 낮다.
② 단위 체중당 수분 필요량이 성인의 3배이다.
③ 왕성한 체중증가는 물의 축적 때문이다.
④ 열량의 약 40~50%는 지질로 공급된다.
⑤ 특이동적 작용은 성인보다 낮다.

14 다음 중 모유영양의 장점이 아닌 것은?

① 흡수율이 좋다.
② 감염증상에 대한 저항력이 높다.
③ 수유방법이 간단하다.
④ 간편하고 경제적이다.
⑤ 조제분유에 비해 지방함량이 높다.

15 임신 중 영양관리에서 유산, 조산을 예방하기 위한 영양소는?

① 비타민 B_2
② 비타민 A
③ 비타민 K
④ 비타민 B_1
⑤ 비타민 D

16 이유 시의 주의점으로 옳지 않은 것은?

① 이유 전 수유의 시각과 간격을 규칙적으로 한다.
② 건강상태가 좋을 때 시작한다.
③ 겨울보다는 여름에 시작하는 것이 바람직하다.
④ 식품은 폭넓게 선택하고 신선하고 위생적인 보관과 조리를 하여야 한다.
⑤ 공복 시에 먼저 이유식을 주고 그 다음에 모유 또는 우유를 준다.

17 수유부의 유즙분비 능력과 관계가 없는 것은?

① 흥분이나 공포, 불안 등의 감정적 요인이 없어야 한다.
② 유방을 완전히 비운다.
③ 충분한 식사를 한다.
④ 표준체중이 가벼우면 유즙분비가 어렵다.
⑤ 과중한 노동, 수면부족 등은 유즙분비를 저하시킨다.

18 한랭 하의 작업 시 피부와 점막의 저항력 유지를 위해 필요한 비타민은?

① 비타민 B_1
② 비타민 B_6
③ 비타민 A
④ 비타민 D
⑤ 비타민 K

19 노화의 원인과 거리가 먼 것은?

① 신체의 소모
② 신진대사에 의한 유해물질의 축적
③ 콜레스테롤이나 칼슘의 침착
④ 동맥경화, 장관의 위축
⑤ 결합조직의 감소

20 우유에 비하여 모유에 더 많은 비타민으로 옳은 것은?

① 비타민 A, 비타민 E
② 비타민 A, 비타민 D
③ 비타민 E, 비타민 K
④ 비타민 E, 비타민 B_{12}
⑤ 비타민 B_{12}, 비타민 K

21 다음의 내용과 관련되는 비타민은?

> • 야간, 암실 업무 종사자에게 필요
> • 태양광선을 적게 받는 노동환경의 종사자에게 필요

① 비타민 D   ② 비타민 C
③ 비타민 K   ④ 비타민 E
⑤ 비타민 B군

22 초유에 대한 설명으로 적절하지 않는 것은?

① 고열량, 고무기질, 고비타민이다.
② 면역체가 함유되어 있다.
③ 태변·배설 촉진작용을 한다.
④ 성숙유보다 젖당의 함량이 높다.
⑤ 알칼리성으로 저온에서도 쉽게 응고된다.

23 모유와 우유의 칼슘 : 인의 비율은?

① 1:1과 1.5:1   ② 1:2와 1:1
③ 2:1과 1.5:1   ④ 2:1과 1.2:1
⑤ 1.5:1과 1.2:1

24 생후 6개월 전후에서 이유식을 하지 않았을 때 나타나는 현상이 아닌 것은?

① 소화기능의 저하
② 신경증
③ 체중의 증가 정지
④ 빈혈
⑤ 면역체의 저하

25 유아가 성인보다 칼로리, 또는 수분필요량이 높은 이유로 틀린 것은?

① 피부의 온도가 높기 때문이다.
② 체중 1kg당 체표면적이 크기 때문이다.
③ 특이동적 작용이 높기 때문이다.
④ 분변 중 수분의 배설량이 많기 때문이다.
⑤ 체중 1kg당 불감증설 수분량이 크기 때문이다.

정답 및 해설 209p

01장 탄수화물 및 대사

01 단당류에 대한 설명으로 옳지 않은 것은?

① 단당류는 다른 화합물을 환원시키는 성질이 있다.
② 단당류의 실제적인 분자구조는 평면이 아니라 입체적이다.
③ 관능기에 따라 aldose 또는 ketose라 부른다.
④ −OH의 위치가 오른쪽이면 D형, 왼쪽이면 L형으로 표시되는데 이것은 화합물 자체의 선광도를 표시한다.
⑤ Fehling 시약과 반응시키면 유리상태로 존재하는 알데히드기는 산화된다.

02 포도당(Glucose) 1분자가 완전히 산화했을 때 생성되는 ATP의 수는? (단, NADH =3ATP, FADH$_2$=2ATP)

① 4개   ② 8개
③ 10개   ④ 16개
⑤ 38개

03 탄수화물의 대사에 대한 설명으로 옳지 않은 것은?

① 탄수화물은 혈당으로서 혈액 중으로 흡수된다.
② 글리코겐으로 합성되어 간에서 저장된다.
③ 해당계에서 Acetyl−CoA를 거쳐 에너지화된다.
④ 다른 당으로 이행된다.
⑤ 아미노산으로 변화한다.

04 혐기적 해당반응과 거리가 먼 것은?

① 초기의 인산화반응
② 글리코겐의 합성
③ 3탄당으로의 변화
④ 해당으로 생성된 pyruvic acid가 H$_2$O 와 CO$_2$로 산화
⑤ 젖산의 생성

05 Glucose(포도당)의 중합체인 다당류가 아닌 것은?

① Amylose   ② Glycogen
③ Cellulose   ④ Starch
⑤ Lactose

06 다음에서 설명하는 것은?

> • 대사에 있어서 혐기적에서 호기적으로 전환될 때 glucose 이용이 감소
> • 혐기적에서 호기적 조건으로 전환될 때 포도당 생성 ATP분자 수가 18~19배 높음
> • 효소에 의한 해당의 저해

① Hill 반응   ② Pasteur 효과
③ Muni 효과   ④ Polymer 반응
⑤ Crabtree 효과

07 Pyruvate의 산화적 탈탄산 반응 때의 보조 효소가 아닌 것은?

① TPY   ② FAD
③ NAD   ④ Lipoic acid
⑤ Mg^{++}

08 포도당 1분자가 산소가 부족한 상태에서 해당과정을 거쳐 젖산으로 전환될 때 생성되는 ATP는?

① 1개   ② 2개
③ 4개   ④ 8개
⑤ 38개

09 근육에서 글리코겐 분해를 증가시키는 것은?

① 에피네프린   ② 글루코오스
③ 시트르산   ④ 리보오스
⑤ NADPH

10 탄수화물의 섭취가 없을 때 지방이 연소되어 생기는 물질을 에너지원으로 이용할 수 있는 기관이 아닌 것은?

① 뇌   ② 신장
③ 간   ④ 심장
⑤ 근육

11 다음에서 해당과정에 대한 설명으로 옳은 것을 모두 고르면?

> ㉠ 포도당을 피루브산으로 전환한다.
> ㉡ 혐기적 에너지 생성과정이다.
> ㉢ 포도당을 에탄올로 전환한다.
> ㉣ NADH가 많을수록 해당과정이 활성화된다.

① ㉠, ㉡   ② ㉠, ㉡, ㉢
③ ㉠, ㉡, ㉢   ④ ㉣
⑤ ㉡, ㉢, ㉣

12 다음 중 글리코겐의 합성이 일어나는 장소로 옳은 것은?

① 뇌   ② 간
③ 심장   ④ 신장
⑤ 근육

13 글리코겐 생성에 있어서 중간 대사물질은?

① ADP glucose   ② CDP glucose
③ GDP glucose   ④ TDP glucose
⑤ UDP glucose

14 글리코겐의 분해와 저장이 일어나는 곳으로 옳은 것은?

① 간과 근육
② 간과 심장
③ 신장과 심장
④ 혈액과 심장
⑤ 근육과 신장

▌02장 지방질 및 대사

01 다음에서 콜레스테롤 생합성의 중간물질인 것을 모두 고르면?

> ㉠ Squalene　　㉡ Acetyl−CoA
> ㉢ HMG − CoA　㉣ Desmosterol
> ㉤ Choly1 CoA

① ㉠, ㉡, ㉢, ㉣
② ㉠, ㉡, ㉢, ㉤
③ ㉠, ㉡, ㉣, ㉤
④ ㉡, ㉢, ㉣, ㉤
⑤ ㉠, ㉡, ㉢, ㉣, ㉤

02 지방산의 알칼리 가수분해반응을 이르는 말은?

① 탈수 반응
② 축합 반응
③ 에스테르화 반응
④ 비누화 반응
⑤ 수소첨가 반응

03 레시틴(Lecithin)의 구성요소가 아닌 것은?

① 글리세롤
② 지방산
③ 인산
④ Choline
⑤ Inositol

04 지방산의 β−산화에 관한 설명으로 옳지 않은 것은?

① Acetyl-CoA를 생성한다.
② Mitochondria에서 일어난다.
③ β−산화의 주생성물은 acetoacetic acid이다.

④ β-산화를 하면 지방산은 탄소수가 2개 적은 acyl-CoA가 된다.

⑤ 불포화지방산의 β-산화는 Cis형이 트랜스로 바뀌고 난 다음 β-산화가 일어난다.

05 지방산으로부터 케톤체를 합성하는 기관은?

① Brain

② Liver

③ Skeletal muscle

④ Erythrocyte

⑤ Succinate

06 다음 중 유도지질에 속하지 아니하는 것은?

① Fatty acid   ② Wax

③ 고급 알코올   ④ 탄화수소

⑤ 비타민 E

07 콜레스테롤 생합성의 중간생성물은?

① Choline   ② Acetone

③ Squalene   ④ Succinate

⑤ Erythrocyte

08 다음 중 ω-3 지방산은?

① 올레산   ② 리놀레산

③ 아라키돈산   ④ 리놀렌산

⑤ 리포시틀

09 케톤(ketone)체의 설명으로 옳지 않은 것은?

① 케톤체는 요로로 배설된다.

② 케톤체는 당뇨병과 관계가 있다.

③ 케톤체는 단식함으로써 생성된다.

④ 아세톤과 acetoacetate는 케톤체이다.

⑤ Ethanol과 Ether는 케톤체이다.

10 지방산의 산화가 일어나는 곳은?

① 심장   ② 근육

③ 리보솜   ④ 미토콘드리아

⑤ 혈액

11 다음 중 필수지방산은?

① 리놀렌산

② 올레산

③ 팔미트산

④ 아이코시트리에노산

⑤ 이소프레노이드

12 지방산의 β-산화에 대한 내용으로 옳지 않은 것은?

① 지방산은 β-산화계에서 주로 분해된다.

② β-산화는 동물 및 세균의 지방산 분해의 주경로로 지방산의 β위치에서 분해계열을 받아서 acetyl-CoA를 생성한다.

③ β-산화는 1회전할 때마다 8ATP를 얻는다.

④ 지방은 지방산과 글리세롤로 분해된다.

⑤ 한 분자의 acetyl-CoA는 TCA 회로로 12ATP를 생성하고 최초의 활성화에 1ATP가 소비된다.

13 지방의 특성으로 옳지 않은 것은?

① 섭취 지질 외에 당질이나 단백질로부터 생합성이 된다.

② 주로 지방조직으로 저장된다.

③ 물과의 친화력이 매우 약하다.

④ 지방산에서 탄소의 수가 많고, 불포화도가 낮을수록 융점은 낮아진다.

⑤ 지방산의 분자량이 클수록, 불포화도가 높을수록 가열 및 산화에 의하여 굴절률이 증가하고, 산도가 높아지면 저하된다.

14 다음 중 복합지질이 아닌 것은?

① 인지방질　　② 중성지방

③ 황지방질　　④ 당지방질

⑤ 단백지방질

15 분자 내 이중결합이 없는 지방산은?

① 포화지방산　　② 불포화지방산

③ 필수지방산　　④ 이소프레노이드

⑤ 지용성 비타민

16 지방산의 생합성에 대한 설명으로 옳지 않은 것은?

① malonyl-CoA는 한번 순환시 탄소 2개씩 제공한다.

② 간에서 이루어진다.

③ 짝수지방산 형태로 합성한다.

④ 중성지방으로 된 후 VLDL에 의해 지방조직으로 수송된다.

⑤ Glucuronic acid로 변하여 해독작용을 한다.

▌03장 단백질 및 대사

01 다음 중 단순단백질이 아닌 것은?

① 알부민　　　② 글로불린

③ 분해단백질　　④ 글루텔린

⑤ 프롤라민 히스톤

02 단백질 중에 polypeptide 사슬이 여러 개 모여서 공유결합이 아닌 다른 방법으로 화합함으로써 안정된 복합체를 만드는 것은?

① 1차 구조　　② 2차 구조

③ 3차 구조　　④ 4차 구조

⑤ 5차 구조

03 단백질의 변성을 일으키는 조건으로 옳지 않은 것은?

① pH　　　　② 높은 염류농도

③ 합성세제　　④ 유기용매

⑤ 삼투압

04 다음 단백질 소화효소 중 췌액이 아닌 것은?

① Pepsin

② Trypsin

③ Chymotrypsin

④ Carboxypeptidise A

⑤ Carboxypeptidise B

05 한 아미노산의 아미노기가 어떤 α−케톤산으로 이동하여 새로운 아미노산과 새로운 α−케톤산으로 만드는 반응은?

① 아미노기 전달 반응

② 탈아미노 반응

③ 탈탄산 반응

④ 지질화 반응

⑤ 케톤화 반응

06 요소회로에서 1mol의 요소를 합성하는 데 필요한 ATP는?

① 1mol　　　　② 2mol

③ 4mol　　　　④ 8mol

⑤ 16mol

07 어류의 단백질 분해 대사의 최종 질소 배설 형태는?

① 요소　　　　② 요산

③ 암모니아　　④ 크레아틴

⑤ 인산크레아틴

08 뇌조직에서 해로운 암모니아를 간으로 운반하는 형태는?

① Lysine　　　② Histidine

③ Glutamine　④ Glutamic acid

⑤ Aspartic acid

09 아미노산에서 양(+) 및 음(−) 전하의 이온이 같을 때 용액의 pH를 이르는 말은?

① 변성　　　　② 쌍자이온

③ 평형점　　　④ 등전점

⑤ 전기영동

10 단백질의 3차 구조를 유지하는 데 크게 기여하는 것은?

① 수소결합

② 이온결합

③ Van der Waals

④ Peptide

⑤ Disulfide

11 단백질의 2차 구조를 이루게 하는 주 화학결합은?

① 이온결합　　② 공유결합

③ 수소결합　　④ 친수성결합

⑤ 소수성 친화력결합

12 근육에서 Glutamate로부터 α−아미노기를 받아 간으로 운반하는 형태는?

① Alanine　　② Glucose

③ Glycerol　　④ Lactic acid

⑤ Pyruvate

13 단백질의 1차 구조를 이루는 주된 결합은?

① 수소결합　　② 이온결합

③ 공유결합　　④ 염기결합

⑤ Peptide결합

14 티록신이 유도되는 아미노산은?

① Aspartate　　② Glutamine

③ Glycine　　④ Tyrosine

⑤ Purine

04장 핵산

01 다음 중 DNA에 존재하는 것이 아닌 것은?

① adenine　　② guanine

③ cytosine　　④ thymine

⑤ uracil

02 핵산의 기본단위는 nucleotide인데 nucleotide를 가수분해하면 발생되는 물질을 모두 고르면?

㉠ 함질소염기	㉡ 당분
㉢ 인산	㉣ 지방산

① ㉠, ㉡, ㉢　　② ㉠, ㉡, ㉣

③ ㉠, ㉢, ㉣　　④ ㉡, ㉢, ㉣

⑤ ㉠, ㉡, ㉢, ㉣

03 3차원의 구조를 갖고 있지 않고 리보솜으로 이동하여 리보솜의 단백질과 결합하여 새로운 단백질을 합성하는 것은?

① m-RNA　　② t-RNA

③ r-RNA　　④ m-DNA

⑤ t-DNA

04 세포 내의 50∼60%를 차지하는 RNA는?

① m-RNA　　② t-RNA

③ r-RNA　　④ s-RNA

⑤ u-RNA

05 다음 중 DNA의 구조는?

① 이중나선구조　　② 판상구조

③ 회전구조　　　　④ 고리구조

⑤ 트랜스구조

06 유전정보를 DNA로부터 리보솜으로 운반하는 역할을 하는 것은?

① m-RNA　　　　② t-RNA

③ r-RNA　　　　　④ u-RNA

⑤ q-RNA

07 DNA의 이중 나선구조와 관련된 결합 형태는?

① 공유결합　　　　② 이온결합

③ 반데르발스결합　④ 수소결합

⑤ 소수성결합

08 m-RNA에 대한 설명으로 옳지 않은 것은?

① 자기복제를 할 수 있다.

② 핵 밖으로 유전정보를 전달한다.

③ 부분적으로 이중 나선구조이다.

④ 유전정보를DNA로부터 리보솜으로 운반하는 역할을 한다.

⑤ 3차 구조를 가지고 있다.

09 유전정보가 단백질로 발현되는 과정이 순서대로 잘 배열된 것은?

> ㉠ DNA 복제
> ㉡ m-RNA로의 전사
> ㉢ t-RNA로의 전이
> ㉣ 단백질 합성

① ㉠, ㉡, ㉢, ㉣　　② ㉠, ㉢, ㉡, ㉣

③ ㉡, ㉠, ㉢, ㉣　　④ ㉡, ㉢, ㉠, ㉣

⑤ ㉢, ㉠, ㉡, ㉣

10 다음 중 t-RNA에 대한 설명으로 옳지 않은 것은?

① m-RNA codon 식별

② 아미노산 운반

③ 유전자 정보전달

④ 전달RNA

⑤ 단백질에 고유한 아미노산 결합 서열을 결정

11 전구체 m-RNA에서 성숙 m-RNA를 만드는 과정을 이르는 말은?

① 접합　　　　　　② 회복

③ 중합　　　　　　④ 번역

⑤ 전사

12 글리코겐 합성에 이용되는 nucleotide는?

① NAD   ② NADP
③ UTP   ④ FAD
⑤ GTP

13 t-RNA에 관한 설명으로 옳지 않은 것은?

① t-RNA의 3차구조는 L형의 형태이다.
② 각 아미노산에 한 개씩 최소한 20개의 서로 다른 형이 있어야 한다.
③ 아미노산의 활성에 필요한 요소이다.
④ 단백질 합성에 관한 정보를 갖는다.
⑤ 뉴클레오타이드 잔기수는 보통 73~93 사이이다.

14 DNA에 대한 설명으로 옳지 않은 것은?

① 유전정보를 가지고 있다.
② 핵에 있다.
③ DNA를 구성하는 염기조성은 종에 따라 다르다.
④ 소의 간과 뇌에서 분리한 DNA 염기조성은 같다.
⑤ 단백질 합성에 주형 역할을 한다.

05장 효소

01 효소반응에 미치는 요인에 속하지 않는 것은?

① 기질농도   ② 효소농도
③ 온도   ④ pH
⑤ 압력

02 Rennin의 작용으로 옳은 것은?

① 젖산 생성
② 지질 분해
③ 탄수화물 분해
④ 단백질 분해
⑤ Casein을 Paracasein으로 변화시킴

03 다음 중 위액이 아닌 것은?

① Mucin   ② Pepsin
③ Lipase   ④ Rennin
⑤ Sucrase

04 니아신의 보조효소 형태인 것은?

① FAD   ② NADP
③ FMN   ④ DEF
⑤ UPT

05 효소반응 Km에 관한 설명으로 옳은 것은?

① 효소-기질 복합체의 해리정수가 같은 것이다.
② 효소반응에 따르는 기질의 성질을 나타낸 것이다.

③ 1/2Vmax를 이루기 위하여 필요한 기질의 농도이다.

④ Vmax를 이루기 위하여 필요한 기질농도의 1/2이다.

⑤ Vmax를 이루기 위하여 필요한 기질의 농도이다.

06 효소에 관한 설명으로 옳지 않은 것은?

① 효소는 반응 후에도 변화가 없다.

② 모든 효소의 최적pH와 최적 온도는 같다.

③ 효소는 단백질에 비단백질 부분이 결합되어야만 작용한다.

④ 1개의 효소는 몇 가지 기질에 작용한다.

⑤ 효소는 생체 내 반응속도를 감소시킨다.

07 다음 효소에 대한 설명으로 옳지 않은 것은?

① 효소의 촉매작용은 특이적이며, 한 가지 효소는 여러 가지 반응에 촉매역할을 한다.

② 효소는 단백질로서 그 표면의 아미노기나 카르복시기의 이온화는 pH에 의하여 변한다.

③ 최적 활성pH는 5.0~9.0 사이이다.

④ 열, 강산, 강염기, 유기용매 등에 의하여 촉매작용이 상실된다.

⑤ 생세포가 만들어 내는 protein이다.

08 효소에 대한 설명 중 옳은 것으로 묶인 것은?

⊙ 효소는 일종의 탄수화물이다.
ⓛ 반응 후에도 효소 자신은 변함이 없다.
ⓒ 모든 효소는 최적 pH와 최적온도가 같다.
ⓔ 효소에 따라 비타민이 조효소로 되는 것도 있다.

① ⊙, ⓛ, ⓒ   ② ⊙, ⓒ

③ ⓛ, ⓔ   ④ ⓔ

⑤ ⊙, ⓛ, ⓒ, ⓔ

09 효소반응계의 최종산물이 그 효소계의 최초 효소작용을 저해하는 반응을 이르는 말은?

① Transition state

② Active center

③ Feedback repression

④ Feedback inhibition

⑤ Competitive inhibition

06장 비타민

01 토코페롤의 작용으로 옳은 것은?

① 산화촉진제

② 항산화작용

③ 결체조직의 성분

④ 항빈혈인자

⑤ Transamination의 조효소

02 비타민 A가 주로 저장되고 대사되는 장소는?

① 간   ② 비장

③ 근육   ④ 신장

⑤ 혈액

03 식품 속에 주로 함유되어 있는 비타민 A의 주된 저장형태는?

① 로돕신

② 베타 카로틴

③ 11-cis 레티놀

④ 레티닐 에스테르

⑤ All-trans 레티날

04 비타민 A의 활성을 갖지 않는 카로티노이드는?

① α-카로틴   ② β-카로틴

③ γ-카로틴   ④ 리코펜

⑤ 크립토크산틴

05 결핍 시 용혈성 빈혈이나 신경장애를 초래하는 비타민은?

① 비타민 A   ② 비타민 C

③ 비타민 D   ④ 비타민 E

⑤ 비타민 K

06 리보플라빈에 대한 설명으로 옳지 않은 것은?

① 우유, 치즈가 급원식품이다.

② 항산화 반응의 조효소로 작용한다.

③ 결핍이면 구순구각염이 생긴다.

④ FMN과 FAD 형태로 조효소 활성을 가진다.

⑤ 다른 비타민 B 복합체와 함께 작용한다.

07 과잉증이 우려되는 영양소가 아닌 것은?

① 리보플라빈   ② 니아신

③ 비타민 B_6 ④ 비타민 C

⑤ 비타민 D

08 비타민 C의 기능이 아닌 것은?

① 철분 흡수 증진

② 면역 작용

③ 유리 라디칼 제거

④ 콜라겐 합성

⑤ 부신피질호르몬 합성에 관여

09 비타민 유사물질의 기능으로 옳지 않은 것은?

① 콜린 신경전달물질의 합성
② 카르니틴은 포도당의 미토콘드리아 내막 통과를 돕는 역할
③ 이노시톨 칼슘이온 농도 상승
④ 타우린 담즙산염의 형성
⑤ 리포산 피부르산에서 이산화탄소를 제거하여 Acetyl-CoA 합성

10 니아신을 전구체로 하는 조효소 기능의 설명으로 옳지 않은 것은?

① NAD는 해당과정에서 전자수용체로 작용한다.
② NADPH는 스테로이드 합성에 필요하다.
③ NADP는 지방산 합성의 환원력을 제공한다.
④ NADH는 TCA 회로에서 탈수소효소의 조효소로 작용한다.
⑤ NADP는 오탄당 인산경로에서 조효소로 작용한다.

11 비타민 D에 대한 설명으로 틀린 것은?

① 비타민D의 섭취는 rickets를 예방한다.
② 장으로부터 칼슘의 흡수를 도와준다.
③ 활성형태는 1, 25-dihydroxy cholecalciferol이다.
④ 부족하면 빈혈증상이 생기며 결핍 시 야맹증에 걸린다.
⑤ 칼슘과 인의 비율을 유지시켜 준다.

12 다음에서 비타민 조효소형으로 옳은 것을 모두 고르면?

㉠ 니아신 THFA
㉡ 리보플라빈 PLP
㉢ 비타민 B_6 CoA
㉣ 티아민 TPP

① ㉠, ㉡, ㉢   ② ㉠, ㉢
③ ㉡, ㉣   ④ ㉣
⑤ ㉠, ㉡, ㉢, ㉣

13 다음에서 물질과 그 물질을 합성하는 데 필수적인 비타민의 연결이 옳은 것을 모두 고르면?

㉠ 티아민 - TPP
㉡ 리보플라빈 - FMN
㉢ 니아신 - NAD^+
㉣ 판토텐산 - PLP

① ㉠, ㉡, ㉢   ② ㉠, ㉢
③ ㉡, ㉣   ④ ㉣
⑤ ㉠, ㉡, ㉢, ㉣

2과목
생화학

3 과목

영양교육

NUTRITIONIST

정답 및 해설 216p

01장 영양교육 일반

01 영양교육의 의의로 맞지 않는 것은?

① 대상자의 영양을 개선한다.
② 건강을 증진시킨다.
③ 질병을 예방한다.
④ 국민건강을 위한 의료비용을 절감한다.
⑤ 의료사업을 활성화한다.

02 영양교육의 최종적인 목표는?

① 식생활의 개선
② 영양의 섭취
③ 즐거운 식사
④ 경제적인 식생활
⑤ 건강 증진

03 영양개선의 문제점에 대한 설명으로 옳지 않은 것은?

① 소득수준의 차이, 계층별 및 지역 간에 차이가 줄어들고, 영양불균형과 부족현상을 보이지 않고 있다.
② 영양에 대한 행정체계의 각종 기초자료가 미비하다.
③ 국민영양사업을 향상시키기 위한 법적·제도적 장치가 미비하다.

④ 정부와 일반국민들의 영양에 관한 인식이 부족하다.
⑤ 국민 자질향상을 위한 조기 영양관리지도 기능이 미약하다.

04 영양교육에 있어 방법의 순서가 바르게 나열된 것은?

① 대상의 파악 → 영양진단 → 실시 → 평가 → 재교육
② 영양진단 → 실시 → 대상의 파악 → 평가 → 재교육
③ 영양진단 → 실시 → 평가 → 대상의 파악 → 재교육
④ 실시 → 평가 → 대상의 파악 → 재교육 → 영양진단
⑤ 대상의 파악 → 실시 → 평가 → 영양진단 → 재교육

05 다음에서 영양조사원의 자격요건이 되지 않는 사람을 모두 고르면?

| ㉠ 의사 | ㉡ 간호사 |
| ㉢ 영양사 | ㉣ 약사 |

① ㉠, ㉡, ㉢
② ㉠, ㉢
③ ㉡, ㉣
④ ㉣
⑤ ㉠, ㉡, ㉢, ㉣

06 다음에서 균형식에 대한 교육내용으로 옳은 것을 모두 고르면?

> ㉠ 올바른 식습관을 형성할 수 있도록 교육한다.
> ㉡ 궁합에 맞는 식품에 대해 교육한다.
> ㉢ 식사구성안의 식품군을 골고루 먹도록 교육한다.
> ㉣ 경제수준에 따라 다르게 교육한다.

① ㉠, ㉡, ㉢　　　② ㉠, ㉢
③ ㉡, ㉣　　　　　④ ㉣
⑤ ㉠, ㉡, ㉢, ㉣

07 다음에서 영양교육의 목표를 모두 고르면?

> ㉠ 영양에 관한 지식을 보급하여 영양수준을 향상시킨다.
> ㉡ 영양을 개선하여 질병을 예방하고 건강증진을 꾀한다.
> ㉢ 체력향상과 경제발전을 꾀하여 생활문화 향상에 공헌한다.
> ㉣ 국민의 복지와 번영에 기여한다.

① ㉠, ㉡, ㉢　　　② ㉠, ㉢
③ ㉡, ㉣　　　　　④ ㉣
⑤ ㉠, ㉡, ㉢, ㉣

08 우리나라 식생활 양상의 변화로 옳지 않은 것은?

① 외식의 점차적인 증가
② 동물성 식품소비의 증가
③ 쌀 소비의 감소
④ 인스턴트식품의 소비 증가
⑤ 가공식품의 소비 감소

09 다음 중 응용영양사업을 주관하는 기관은?

① 보건복지부　　　② 농림축산식품부
③ 농촌진흥청　　　④ 행정안전부
⑤ 교육부

10 영양교육을 할 때의 어려운 점에 해당되지 않는 것은?

① 대상자의 식습관이나 기호의 차이
② 대상자의 경제수준의 차이
③ 피교육자의 나이, 성별의 차이
④ 대상자의 교육수준의 차이
⑤ 영양에 관한 지식의 부족

11 다음에서 영양개선의 근본이론으로 알맞은 것을 모두 고르면?

> ㉠ 실천방법　　　㉡ 실태파악
> ㉢ 반복지도　　　㉣ 경제상태

① ㉠, ㉡, ㉢　　　② ㉠, ㉢
③ ㉡, ㉣　　　　　④ ㉣
⑤ ㉠, ㉡, ㉢, ㉣

12 다음에서 영양교육의 목표를 모두 고르면?

> ㉠ 영양지식의 이해　㉡ 식태도의 변화
> ㉢ 식행동의 변화　　㉣ 식습관의 변화

① ㉠, ㉡, ㉢　　　② ㉠, ㉢
③ ㉡, ㉣　　　　　④ ㉣
⑤ ㉠, ㉡, ㉢, ㉣

▎02장 영양교육 실시

01 좌담회에서 좌장이 유념할 점으로 옳지 않은 것은?

① 즐거운 분위기가 되도록 한다.
② 참가자 전원이 발언할 수 있도록 한다.
③ 발언하는 순서는 앉는 차례대로 한다.
④ 처음부터 결론적인 해설은 하지 않도록 한다.
⑤ 시간을 오래 끌지 못하도록 한다.

02 조리하는 직원에게 기초식품군에 관한 교육을 준비하기 위하여 소수의 영양사들이 모임을 가질 경우에 가장 효과적인 모임 방법은?

① 강단식 토의법　② 사례연구
③ 집단토의 결정　④ 연구집회
⑤ 두뇌충격법

03 제시된 아이디어에 대하여 충분한 토론을 거친 후 가장 좋은 아이디어를 선택하도록 하는 것은?

① 두뇌충격법　② 연구집회
③ 사례연구　④ 역할연기법
⑤ 부분식 토의법

04 영양판정에 대한 방법 중 가장 정확하면서도 주관적이지 않은 방법은?

① 생화학적인 진단
② 임상적 진단
③ 사회경제적 진단
④ 식이 조사
⑤ 신체계측 진단

05 영양교육의 개인지도 방법에 속하지 않는 것은?

① 강의식 토의방법　② 가정방문
③ 임상방문　④ 전화상담
⑤ 서신지도

06 다음 중 보건소의 업무가 아닌 것은?

① 보건교육 및 구강건강에 관한 사항
② 식품검사에 관한 사항
③ 영양개선과 식품위생에 관한 사항
④ 정신보건에 관한 사항
⑤ 모자보건과 가족계획에 관한 사항

07 다음에서 행정기구와 식품영양관리 업무가 바르게 연결된 것을 모두 고르면?

> ㉠ 보건복지부 : 영양개선사업
> ㉡ 행정안전부 : 식품수급계획
> ㉢ 교육부 : 학교급식
> ㉣ 식품의약품안전처 : 영양사에 관한 규칙

① ㉠, ㉡, ㉢　② ㉠, ㉢
③ ㉡, ㉣　④ ㉣
⑤ ㉠, ㉡, ㉢, ㉣

08 영양교육방법 중 교육자와 대상자가 긴밀히 상호작용을 하면서 정보를 교환하는 형태로 가장 효과적이나 많은 시간과 인원이 필요하여 비능률적인 방법은?

① 개인형 교육방법
② 강의형 교육방법
③ 토의형 교육방법
④ 실험형 교육방법
⑤ 단체형 교육방법

09 다음에서 식이섭취조사방법 중 식품섭취빈도조사의 특징으로 옳은 것을 모두 고르면?

> ㉠ 소요시간이 짧다.
> ㉡ 서신으로도 가능하다.
> ㉢ 쉽게 데이터를 모을 수 있다.
> ㉣ 식품섭취량을 정확히 알 수 있다.

① ㉠, ㉡, ㉢
② ㉠, ㉢
③ ㉡, ㉣
④ ㉣
⑤ ㉠, ㉡, ㉢, ㉣

10 다음에서 설명하는 영양교육 지도방법은?

> • 영양중재 프로그램 등에 참여하도록 독려할 수 있다.
> • 교육대상자의 생활환경을 직접 보고 파악할 수 있어서 개인의 특성에 따른 상담이 가능하다.

① 가정방문
② 상담소 방문
③ 전화상담
④ 서신지도
⑤ 사례연구

11 서신지도에 대한 설명으로 옳지 않은 것은?

① 교육자의 인력부족으로 인해 가정방문이 어려운 경우에 이용한다.
② 시간과 경비를 절약할 수 있다.
③ 전화상담과 같은 직접교육으로 효과가 크다.
④ 교통이 불편하고 주거지역이 먼 거리일 때 이용한다.
⑤ 그 지역의 방문대상이 적을 때 이용한다.

12 다음에서 설명하는 집단지도 방법은?

> 다수를 대상으로 지도가 이루어지므로 대상자들의 다양한 능력, 지식, 경험 등이 고려될 여지가 거의 없이 획일적이고 일률적인 교육이 되므로 대상자 개개인의 지식, 태도 및 행동의 변화유도가 쉽지 않다.

① 강의형 집단지도
② 토의형 집단지도
③ 배석식 토의형
④ 공론식 토의형
⑤ 6.6식 토의형

13 같은 수준의 동격자들이 참가하여 토의시간을 가지고 토의주제와 관련된 각자의 체험이나 의견을 발표한 후 좌장이 전체의 의견을 종합하는 영양교육 방법은?

① 강의식 토의
② 원탁식 토의
③ 배석식 토의
④ 강단식 토의
⑤ 공론식 토의

14 한 가지 주제에 대하여 서로 다른 의견이 제시되는 공청회 형식의 집단지도 방법은?

① 공론식 토의법 ② 배석식 토의법
③ 원탁식 토의법 ④ 두뇌충격법
⑤ 연구집회 방법

15 공통적인 문제를 가진 사람들이 모여 서로 경험하고 연구하고 있는 것을 토의하는 영양교육방법은?

① 강단식 토의법 ② 시범교수법
③ 연구집회 ④ 역할연기법
⑤ 배석식 토의법

16 활동의 결과를 보여주면서 설명하는 것으로 일종의 사례연구인 영양교육방법은?

① 견학방법 ② 두뇌충격방법
③ 방법시범교수법 ④ 결과시범교수법
⑤ 강단식 토의법

17 두뇌충격법의 특징과 거리가 먼 것은?

① 참가자들의 흥미 유발
② 참가자들의 적극적 참여
③ 참가자들의 발언 활발
④ 참가자들의 사기 고조
⑤ 참가자들의 아이디어 제한적 채택

18 다음에서 집단지도방법으로 적당한 것을 모두 고르면?

> ㉠ 강연회 ㉡ 좌담회
> ㉢ 연구집회 ㉣ 상담

① ㉠, ㉡, ㉢ ② ㉠, ㉢
③ ㉡, ㉣ ④ ㉣
⑤ ㉠, ㉡, ㉢, ㉣

19 전 인류의 건강 및 영양의 장애원인의 제거를 목적으로 인류 보건 향상과 관련된 계획, 회의, 연구, 실시의 업무를 수행하는 기구는?

① FAO ② WHO
③ UNICEF ④ UNCTAD
⑤ ILO

20 단상에서 전문가들이 자유롭게 토의한 후 강사 간의 토의내용을 소재로 청중들과 질의 토론하는 영양교육방식은?

① 강단식 토의법 ② 배석식 토의법
③ 강연식 토의법 ④ 원탁식 토의법
⑤ 공론식 토의법

21 원탁식 토의에 대한 내용으로 알맞지 않은 것은?

① 참가자들은 같은 수준으로 10~20명이 적당하다.

② 참가자 전원이 토의 주제와 관련된 각자의 경험이나 의견을 발표한다.
③ 회의 시간은 2~3시간이 적당하다.
④ 청중이 없다.
⑤ 일종의 연습우발극이라고도 한다.

22 다음 중 산업체 급식의 목적이 아닌 것은?

① 개인의 영양보충
② 집단의 생산성
③ 집단의 능률성
④ 집단의 경제성
⑤ 공동의식의 고취

23 다음 중 제기된 문제를 해결해 나가는 과정을 단계적으로 천천히 정확하게 시범을 보이면서 교육하는 것은?

① 심포지움　　　② 역할연기법
③ 결과시범교수법　④ 방법시범교수법
⑤ 강연식 토의법

24 다음에서 성격이 같은 것을 모두 고르면?

> ㉠ 역할연기법
> ㉡ 연습우발극
> ㉢ 시뮬레이션의 일종
> ㉣ 시연 및 강연

① ㉠, ㉡, ㉢　　②㉠, ㉢
③ ㉡, ㉣　　　　④ ㉣
⑤ ㉠, ㉡, ㉢, ㉣

25 각 영양소의 권장량에 대한 섭취비율은?

① 영양소 섭취 적정도
② 영양밀도지수
③ 섭취밀도지수
④ 영양함유지수
⑤ 영양권장지수

26 다음에서 영양교육매체를 선택할 때 고려하여야 할 기준으로 옳은 것을 모두 고르면?

> ㉠ 적절성　　　㉡ 신빙성
> ㉢ 흥미성　　　㉣ 조직과 균형

① ㉠, ㉡, ㉢　　②㉠, ㉢
③ ㉡, ㉣　　　　④ ㉣
⑤ ㉠, ㉡, ㉢, ㉣

27 그림이 많지 않으며 일반 신문과 같이 해설적이므로 읽는 데 다소 시간이 걸리는 인쇄매체는?

① 벽신문　　　② 광고지
③ 포스터　　　④ 팸플릿
⑤ 리플릿

28 원을 분할하여 전체에 대한 각 부분의 비율을 백분율로 나타내는 도표는?

① 파이도표　　② 도수분포표
③ 점도표　　　④ 막대그래프
⑤ 입체도표

29 다음 중 국민건강영양조사의 내용에 포함된 것이 아닌 것은?

① 건강면접조사
② 보건의식행태조사
③ 검진 및 계측조사
④ 식품섭취조사
⑤ 전염병 감염여부 조사

30 국민건강영양조사 중 건강면접조사의 내용과 거리가 먼 것은?

① 가구조사
② 질병의 이환조사
③ 활동제한조사
④ 의료이용조사
⑤ 식품섭취빈도조사

31 다음에서 신체계측조사에 해당하는 것을 모두 고르면?

> ㉠ 체중과 신장
> ㉡ 총 콜레스테롤
> ㉢ 허리둘레와 엉덩이둘레
> ㉣ 혈당과 혈압

① ㉠, ㉡, ㉢　　② ㉠, ㉢
③ ㉡, ㉣　　　　④ ㉣
⑤ ㉠, ㉡, ㉢, ㉣

32 비만 예방을 위한 영양지도에 해당되지 않는 것은?

① 섭취열량과 소비열량의 균형을 유지한다.
② 적당한 운동을 한다.
③ 단백질 식품은 성장을 위하여 줄여서는 안 된다.
④ 열량을 줄이기 위해 당질과 지방의 섭취를 줄인다.
⑤ 1일 1식이나 2식만 한다.

33 다음에서 행동변화단계 모델에 의한 행동의 변화 순서가 바르게 나열된 것은?

> ㉠ 전고려단계　　㉡ 고려단계
> ㉢ 준비단계　　　㉣ 실천단계
> ㉤ 유지단계

① ㉠ - ㉡ - ㉢ - ㉣ - ㉤
② ㉡ - ㉠ - ㉢ - ㉣ - ㉤
③ ㉡ - ㉢ - ㉠ - ㉣ - ㉤
④ ㉢ - ㉠ - ㉡ - ㉣ - ㉤
⑤ ㉢ - ㉡ - ㉠ - ㉣ - ㉤

34 교육과정의 구성요소가 아닌 것은?

① 교육목표　　　② 교육내용
③ 교육방법　　　④ 교수-학습과정
⑤ 교육평가

35 다음에서 영양상담의 진행과정이 순서대로 바르게 나열된 것은?

> ㉠ 문제제시
> ㉡ 목표설정과 구조화
> ㉢ 문제해결의 노력
> ㉣ 실천행동의 계획
> ㉤ 평가와 종결

① ㉠ - ㉡ - ㉢ - ㉣ - ㉤
② ㉠ - ㉣ - ㉢ - ㉡ - ㉤
③ ㉠ - ㉣ - ㉡ - ㉢ - ㉤
④ ㉡ - ㉠ - ㉢ - ㉣ - ㉤
⑤ ㉢ - ㉠ - ㉡ - ㉣ - ㉤

36 식품, 의약품, 위생용품, 화장품 등에 관한 검정 및 평가기관은?

① 보건복지부
② 보건소
③ 질병관리청
④ 식품의약품안전처
⑤ 한국보건사회연구원

37 다음에서 보건소의 역할을 모두 고르면?

> ㉠ 국민의 건강증진
> ㉡ 영양개선사업
> ㉢ 응급의료에 관한 사항
> ㉣ 국민의 보건향상에 관한 업무와 영양사의 자격시험의 관장

① ㉠, ㉡, ㉢   ② ㉠, ㉢
③ ㉡, ㉣   ④ ㉣
⑤ ㉠, ㉡, ㉢, ㉣

38 영양교육을 할 때 먼저 고려해야 할 항목을 대상별로 연결한 것으로 옳지 않은 것은?

① 학생 : 체위를 향상시킨다.
② 농촌 : 식생활을 향상시킨다.
③ 단체급식 : 구성원 간의 일체감을 조성한다.
④ 병원급식 : 환자의 입맛을 조절한다.
⑤ 가정 : 음식물을 알맞게 배분한다.

39 다음에서 FAO의 업무를 모두 고르면?

> ㉠ 식량생산의 증가
> ㉡ 인류의 보건 향상
> ㉢ 생활수준의 향상
> ㉣ 어린이와 모자건강 및 영양향상

① ㉠, ㉡, ㉢   ② ㉠, ㉢
③ ㉡, ㉣   ④ ㉣
⑤ ㉠, ㉡, ㉢, ㉣

40 학교급식의 목적과 거리가 먼 것은?

① 학생의 건강을 증진시키기 위해서
② 결식아동을 위해서
③ 편식을 바로잡기 위해서
④ 보건지식을 향상시키기 위해서
⑤ 정부의 식량정책에 대한 이해를 높이기 위해서

01장 식사요법과 병원식

01 다음 중 경식에 대한 내용으로 옳지 않은 것은?

① 진밥식
② 회복식
③ 죽식
④ 연식에서 일반식으로 전환하는 중간에 사용하는 식사
⑤ 소화하기 쉽고 위에 부담을 주지 않는 식품을 선택

02 경식으로 피해야 할 식사원칙이 아닌 것은?

① 튀긴 음식
② 기름이 많은 음식
③ 자극적인 식품
④ 섬유소가 많은 생채소나 과일
⑤ 기름기가 적고 부드러운 육류

03 다음 병원식에 대한 내용이 다른 하나는?

① 일반식   ② 상식
③ 연식   ④ 보통식
⑤ 표준식

04 실내 온도에서 액체이거나 액체화되는 음식은?

① 보통식   ② 상식
③ 경식   ④ 유동식
⑤ 회복식

05 경관급식을 하여야 하는 대상으로 거리가 먼 것은?

① 연하곤란   ② 위장관 수술
③ 식욕왕성   ④ 식도의 장애
⑤ 구강 내 수술

06 약물이 영양에 미치는 것으로 이에 속하지 않는 것은?

① 식욕의 변화
② 영양소의 대사과정
③ 영양소의 소화
④ 영양소의 흡수
⑤ 영양소의 증가

07 경관급식의 가장 일반적인 합병증은?

① 당뇨병   ② 위산과다
③ 설사   ④ 위염
⑤ 과민성대장염

08 구강이나 위장관으로 영양공급이 어려울 때 사용하는 방법은?

① 경장영양 ② 정맥영양
③ 경구급식 ④ 위장관급식
⑤ 경관급식

09 맑은 유동식을 위한 식단으로 가장 바람직한 것은?

① 맑은 과일주스, 미음, 우유, 젤라틴으로 만든 묵
② 콩나물국, 소금 약간 첨가한 크림수프, 아이스크림
③ 끓여서 식힌 물, 얼음, 콩나물 국물, 연한 홍차
④ 된장 국물, 채소 으깬 것, 우유
⑤ 미음, 맑은 된장국, 옥수수차

10 다음에서 곡류군 1교환단위의 식품과 영양소 함량으로 옳은 것을 모두 고르면?

㉠ 밥 1/3공기(70g), 당질 17g, 단백질 2g
㉡ 떡 3쪽(50g), 당질 15g, 단백질 2g
㉢ 식빵 1쪽, 당질 23g, 단백질 1g
㉣ 감자 1개(130g), 당질 23g, 단백질 2g

① ㉠, ㉡, ㉢ ② ㉠, ㉢
③ ㉡, ㉣ ④ ㉣
⑤ ㉠, ㉡, ㉢, ㉣

11 식사요법의 목적과 거리가 먼 것은?

① 질병을 예방한다.
② 질병을 치료한다.
③ 질병의 재발을 방지한다.
④ 영양상태를 증진시킨다.
⑤ 질병의 치료를 위한 보조적 역할에 한정한다.

12 1교환단위당 에너지 함량이 가장 적은 군은?

① 곡류군 ② 우유군
③ 과일군 ④ 지방군
⑤ 고지방 어육류군

13 다음 중 알코올이 장내흡수를 저해하는 영양소가 아닌 것은?

① 티아민 ② 무기질
③ 비타민 B_{12} ④ 엽산
⑤ 비타민 C

14 환자의 식사와 관련된 내용으로 옳지 않은 것은?

① 소화가 잘 되는 음식을 선택한다.
② 환자의 식품기호를 가능한 맞춘다.
③ 맑은 유동식의 주목적은 수분공급이다.
④ 환자의 영양권장량을 100% 충족시킨다.
⑤ 보통 연식은 기질적 연식보다 맛이 담백하다.

15 약물과 상호작용을 하는 성분에 대한 설명으로 옳은 것은?

① 섬유질 – 약물의 흡수속도 증가
② 알코올 – 독성을 일으킬 수 있음
③ 카페인 – 약물의 흡수속도 억제
④ 타닌 – 약물의 흡수를 촉진
⑤ 단백질 – 모든 약물의 대사 촉진

02장 소화기계 질환

01 다음에서 위산분비를 촉진시키는 것을 모두 고르면?

> ㉠ 쇠고기의 살코기   ㉡ 찰떡
> ㉢ 콘소메   ㉣ 꿀
> ㉤ 지방

① ㉠, ㉡, ㉢, ㉣
② ㉠, ㉡, ㉢, ㉤
③ ㉠, ㉡, ㉣, ㉤
④ ㉡, ㉢, ㉣, ㉤
⑤ ㉠, ㉡, ㉢, ㉣, ㉤

02 위궤양 환자의 증상으로 적당하지 않은 것은?

① 피부염 발생
② 빈혈증 발생
③ 체중감소
④ 알칼리 혈증
⑤ 칼로리와 단백질 결핍증

03 위궤양 환자에게 제한되어야 할 식품이 아닌 것은?

① 경질식품
② 단백질 및 철분식품
③ 섬유질 식품
④ 육즙, 콘소메
⑤ 산미가 강한 식품

04 다음에서 소장의 췌장선에서 분비되는 소화효소를 모두 고르면?

> ㉠ 아밀롭신   ㉡ 트립신
> ㉢ 카이모트립신   ㉣ 스테압신

① ㉠, ㉡, ㉢   ② ㉠, ㉢
③ ㉡, ㉣   ④ ㉣
⑤ ㉠, ㉡, ㉢, ㉣

05 다음 중 저산성 위염 환자의 식사요법으로 적당하지 않은 것은?

① 충분한 섬유소 섭취
② 향기 좋은 과일 섭취
③ 과즙 섭취
④ 향신료 섭취
⑤ 영양가가 높고 소화가 잘되는 식품을 소량 섭취

06 과산성 위염과 저산성 위염의 구별 기준은?

① 위액의 점도 여부
② 위액의 산농도
③ 위액의 분비횟수
④ 위액의 분비빈도
⑤ 위액의 묽기 여부

07 장내에 락타아제의 부족으로 젖당이 단당류로 가수분해 되지 못해서 생기는 증상은?

① 유당불내증   ② 덤핑증후군
③ 저산성위염   ④ 과민성위염
⑤ 소화성장염

08 다음 중 저산성 위염환자의 영양관리방법으로 옳지 않은 것은?

① 식욕을 촉진하기 위하여 적당한 양념 사용
② 굴, 흰살 생선 등으로 단백질과 철분을 보충
③ 소화가 잘되는 단백질의 섭취
④ 빈혈예방을 위한 철분섭취
⑤ 위산분비 촉진을 위한 지방의 충분한 섭취

09 소화성 궤양의 원인이 아닌 것은?

① 스트레스
② 헬리코박터파일로리 감염
③ 항생제 남용
④ 필수아미노산 과다
⑤ 알코올 남용

10 저산성위염의 특징과 거리가 먼 것은?

① 단백질의 소화장애
② 식욕부진
③ 철의 흡수장애
④ 음식물의 살균작용 장애
⑤ 소화능력 증가

11 소화성 궤양의 치료법으로 옳지 않은 것은?

① 제산제 사용
② 위산분비 촉진제
③ 원인균 제거를 위한 항생제
④ 규칙적인 생활
⑤ 정서적 안정

12 다음에서 덤핑증후군 환자의 식사로 옳은 것을 모두 고르면?

> ㉠ 고단백 ㉡ 저지방
> ㉢ 중등지방 ㉣ 저탄수화물

① ㉠, ㉡, ㉢　　　　② ㉠, ㉢
③ ㉡, ㉣　　　　④ ㉣
⑤ ㉠, ㉡, ㉢, ㉣

13 덤핑증후군의 증상과 거리가 먼 것은?

① 철분흡수 감소
② 단백질 소화불량
③ 비타민 B_{12}의 흡수저하
④ 췌장 소화효소의 희석
⑤ 십이지장의 수축

14 위 절제수술 후 동반되는 영양장애에 대한 설명으로 틀린 것은?

① 내인자 분비 감퇴
② 비타민 B_{12}의 흡수 저하
③ 위산부족으로 인한 단백질 소화와 철분흡수 감소
④ 질소대사 항진, 소변 중의 질소 배설량 감소
⑤ 혈중 수분의 장내이동으로 혈액량 감소

15 위 절제수술 후 덤핑증후군의 영양관리 원칙과 거리가 먼 것은?

① 열량, 단백질 및 비타민의 충분한 섭취
② 단순당의 섭취를 제한하고 복합당질 섭취
③ 식사 중간의 수분제한
④ 유당함유 식품의 제한 및 조절
⑤ 수분 함량이 많은 부드러운 액체형 음식 제공

16 다음에서 이완성 변비의 식사에 대한 요법이 옳은 것을 모두 고르면?

> ㉠ 섬유질이 적은 식사
> ㉡ 꿀의 유기산은 배변운동 촉진
> ㉢ 알코올은 배변에 방해
> ㉣ 충분한 과일, 채소 등의 공급

① ㉠, ㉡, ㉢　　　　② ㉠, ㉢
③ ㉡, ㉣　　　　④ ㉣
⑤ ㉠, ㉡, ㉢, ㉣

17 다음 중 위액 분비와 위 운동을 촉진하는 인자가 아닌 것은?

① 스트레스
② ACTH(부신피질자극호르몬)
③ 조미료, 농축된 당
④ 과일이나 채소와 같은 섬유성 식품
⑤ 지방이나 락타아제

03장 간장과 담낭, 췌장 질환

01 다음 중 간의 기능과 거리가 먼 것은?

① 해독작용
② 담즙 합성
③ 지용성 비타민의 저장
④ 담즙의 저장
⑤ 혈당형성

02 간경변증의 원인과 거리가 먼 것은?

① 지방섭취 부족
② 만성적 알코올 중독
③ 영양 결핍
④ 콜린의 부족
⑤ 과로

03 다음에서 지방간의 항지방간인자를 모두 고르면?

㉠ methionine	㉡ choline
㉢ 비타민 E	㉣ Se(셀레늄)

① ㉠, ㉡, ㉢
② ㉠, ㉢
③ ㉡, ㉣
④ ㉣
⑤ ㉠, ㉡, ㉢, ㉣

04 간경변증과 수반되는 비타민 결핍증은?

① 괴혈병
② 야맹증
③ 다발성 신경염
④ 피부염
⑤ 구순각염

05 복수가 심한 간경변증 환자의 식사요법과 거리가 먼 것은?

① 고열량 식사
② 고단백질 식사
③ 고비타민 식사
④ 저나트륨 식사
⑤ 고나트륨 식사

06 혈액 중에 암모니아와 아민류의 증가로 인한 간질환은?

① 급성간염
② 만성간염
③ 간경변
④ 간성혼수
⑤ 지방간

07 급성간염 환자의 식사요법과 거리가 먼 것은?

① 고열량 식사
② 고단백질 식사
③ 중등지방 식사
④ 고비타민 식사
⑤ 고염식 식사

08 간기능에 대한 설명으로 적절하지 않은 것은?

① 담즙의 합성
② 혈청 알부민의 합성
③ 인슐린과 글루카곤의 분비
④ 알코올 대사 기능
⑤ 암모니아의 요소로 전환

09 간성혼수에 영향을 미치는 물질은?

① 암모니아
② 지방산
③ 요산
④ 콜레스테롤
⑤ 케톤체

10 간성뇌증의 영양치료 목표로 거리가 먼 것은?

① 간조직의 재생촉진
② 수분 및 전해질 균형예방 또는 치료
③ 체조직의 이화촉진
④ 출혈 및 장내 혈액손실 예방 또는 치료
⑤ 영양결핍 예방

11 간성혼수 환자의 식사요법에서 가장 주의해야 할 것은?

① 열량 섭취량   ② 지방 섭취량
③ 염분 섭취량   ④ 비타민 섭취량
⑤ 단백질 섭취량

04장 비만증과 체중부족

01 단식 초기의 급격한 체중감소의 주원인으로 옳은 것은?

① 체지방 감소에 의한 것
② 체단백 감소에 의한 것
③ 혈당 감소에 의한 것
④ 탈수와 나트륨 배설에 의한 것
⑤ 체내 무기질 성분의 감소에 의한 것

02 비만의 원인 중 신체 내적요인에 의한 경우는?

① 단순성 비만
② 운동부족
③ 내분비성 장애
④ 정신 · 심리적 인자
⑤ 가족의 식습관

03 체조직에서 LBM이 의미하는 것은?

① 고형물 성분 + 지방 성분
② 고형물 성분 + 수분
③ 고형물 성분 + 호르몬
④ 고형물 성분 + 무기질
⑤ 고형물 성분 + 염기

04 비만인 식사요법을 위한 식행동 평가 항목에 들지 않는 것은?

① 식사 횟수   ② 식사 속도
③ 식사 예절   ④ 식사 규칙성
⑤ 야식

05 비만증 환자의 식사요법으로 옳지 않은 것은?

① 당질 제한   ② 지방 제한

③ 단백질 제한   ④ 열량 제한

⑤ 콜레스테롤 제한

06 성인비만과 어린이비만의 비교설명으로 옳은 것은?

① 성인비만은 지방세포 수가 많다.

② 성인비만은 지방세포 크기가 크다.

③ 어린이비만은 지방세포 크기가 크다.

④ 양자모두 지방세포의 수가 크다.

⑤ 양자모두 지방세포의 크기가 크다.

07 비만에 의한 합병증과 관계가 먼 것은?

① 관절염   ② 간경변

③ 지방간   ④ 당뇨병

⑤ 저혈압

08 비만에 의한 합병증과 관계가 먼 것은?

① 관절염   ② 간경변

③ 지방간   ④ 당뇨병

⑤ 저혈압

09 다음 중 비만의 원인으로 옳지 않은 것은?

① 정서불안으로 과식하는 경우

② 갑상선호르몬 분비 증가

③ 시상하부의 포만중추에 이상이 생겼을 때

④ 운동부족

⑤ 임신과 출산 후의 과식습관

10 다음에서 어린이비만에 대한 설명으로 옳은 것을 모두 고르면?

> ㉠ 어린이비만이 성인비만이 되기 쉽다.
> ㉡ 성인비만에 비해 체중감소가 쉽다.
> ㉢ 어린이 체중증가 요인은 현대의 식생활 변화에 영향을 받는다.
> ㉣ 어린이비만은 주로 지방세포의 크기가 증가하여 발생한다.

① ㉠, ㉡, ㉢   ② ㉠, ㉢

③ ㉡, ㉣   ④ ㉣

⑤ ㉠, ㉡, ㉢, ㉣

▌05장 심장순환계통 질환

01 다음에서 심장병의 원인과 관계있는 것을 모두 고르면?

> ㉠ 열량 과다섭취 ㉡ 스트레스
> ㉢ 염분 과다섭취 ㉣ 비타민 과다섭취

① ㉠, ㉡, ㉢   ② ㉠, ㉢
③ ㉡, ㉣   ④ ㉣
⑤ ㉠, ㉡, ㉢, ㉣

02 나트륨의 제한식사에 허용되는 식품이 아닌 것은?

① 우유   ② 커피
③ 참기름   ④ 베이킹파우더
⑤ 감자

03 곡류와 과일로 구성한 식이로서 극도의 저나트륨 식사이며 고혈압이 심할 때 쓰이는 것은?

① Sippy diet   ② Kempner diet
③ Shaw diet   ④ Karrel diet
⑤ Giordano diet

04 안지오텐신을 활성화시켜 신장 내 혈관수축으로 혈압을 상승시키는 호르몬은?

① 레닌   ② 알도스테론
③ 항이뇨호르몬   ④ 노어아드레날린
⑤ 스테압신

05 신세뇨관에서 나트륨의 재흡수를 증가시키는 호르몬으로 혈압조절에 직접 관여하는 호르몬은?

① 노어아드레날린   ② 항이뇨호르몬
③ 알도스테론   ④ 레닌
⑤ 에스트로겐

06 협심증의 발작으로 입원한 환자의 식사관리로 제한해야 하는 것이 아닌 것은?

① 커피   ② 홍차
③ 흥분제   ④ 생선
⑤ 새우젓

07 심·뇌혈관 질환을 예방하기 위해 이상적인 혈중 중성지방 농도는?

① 200mg/dl 미만   ② 200~250mg/dl
③ 250~300mg/dl   ④ 300~350mg/dl
⑤ 400mg/dl 이상

08 동맥경화의 고지혈증에서 중성지방이 증가한 경우의 식사요법에서 특히 제한하여야 할 것은?

① 당질   ② 지질
③ 단백질   ④ 비타민
⑤ 콜레스테롤

09 심장병의 식사요법으로 옳지 않은 것은?

① 저칼로리 식사   ② 나트륨 제한식사
③ 수분 제한식사   ④ 고단백질 식사
⑤ 충분한 비타민 식사

10 중성지방을 가장 많이 포함한 단백질은?

① LDL   ② HDL

③ VLDL   ④ IDL

⑤ Chylomicron

▌06장 빈혈

01 엽산의 결핍으로 발생하는 빈혈은?

① 정상색소성 빈혈

② 정상적 혈구성 빈혈

③ 낫세포 빈혈

④ 악성 빈혈

⑤ 재생불량성 빈혈

02 용혈성 빈혈의 원인이 아닌 것은?

① 비타민 E의 부족

② 과다한 불포화지방 섭취

③ 겸상적혈구 빈혈

④ 화학약품에의 노출

⑤ 위절제에 따른 내적인자 분비 결함

03 다음 중 빈혈과 관계가 적은 영양소는?

① 철분   ② 엽산

③ 불소   ④ 피리독신

⑤ 비타민 B_{12}

04 악성 빈혈과 관련이 먼 것은?

① 적혈구 감소

② 백혈구 감소

③ 혈소판의 수 감소

④ 거대적 아구성 빈혈

⑤ 헤모글로빈의 아미노산 구성의 결함이 원인

05 조직 내 철분 저장 정도를 알아보기 위한 지표로서 옳은 것은?

① 적혈구 수   ② 헤모글로빈 농도
③ 혈중 페리틴 농도   ④ 요중 철 배설
⑤ 대변 중 철 배설

06 다음 중 빈혈 발생에 관여하는 영양소가 아닌 것은?

① 엽산   ② 철분
③ 피리독신   ④ 비타민 E
⑤ 단백질

07 다음에서 철분이 주로 저장되는 기관을 모두 고르면?

㉠ 간	㉡ 지라
㉢ 골수	㉣ 신장

① ㉠, ㉡, ㉢   ② ㉠, ㉢
③ ㉡, ㉣   ④ ㉣
⑤ ㉠, ㉡, ㉢, ㉣

08 어린이, 임산부, 수유부와 같이 특수군에서 발생빈도가 높은 빈혈은?

① 출혈성 빈혈
② 악성 빈혈
③ 철결핍성 빈혈
④ 거대적 아구성 빈혈
⑤ 저색소형 빈혈

09 다음 중 비타민 B_{12}의 결핍 원인과 거리가 먼 것은?

① 채식주의   ② 위액분비 저하
③ 철분의 과다   ④ 회장의 병변
⑤ 위 절제수술

10 비타민 E가 부족되어 나타나는 빈혈은?

① 용혈성 빈혈
② 저색소성 소혈구성 빈혈
③ 거대적 아구성 빈혈
④ 철 결핍성 빈혈
⑤ 악성 빈혈

11 철결핍 시 나타나는 빈혈은?

① 정혈구성 저색소성 빈혈
② 소혈구성 저색소성 빈혈
③ 대혈구성 고색소성 빈혈
④ 소혈구성 고색소성 빈혈
⑤ 정혈구성 저색소증 빈혈

12 다음에서 악성 빈혈과 관계있는 것을 모두 고르면?

㉠ 거대적 아구성 빈혈
㉡ 비타민 B_{12} 결핍
㉢ 엽산의 결핍
㉣ 낫세포 빈혈

① ㉠, ㉡, ㉢   ② ㉠, ㉢
③ ㉡, ㉣   ④ ㉣
⑤ ㉠, ㉡, ㉢, ㉣

13 다음에서 철결핍성 빈혈환자의 식사요법의 기본방침으로 옳은 것을 모두 고르면?

> ㉠ 고열량식 ㉡ 고단백질식
> ㉢ 비타민 C 권장 ㉣ 고철분식

① ㉠, ㉡, ㉢ ② ㉠, ㉢

③ ㉡, ㉣ ④ ㉣

⑤ ㉠, ㉡, ㉢, ㉣

07장 비뇨계통 질환

01 신장질환의 일반적인 증상과 거리가 먼 것은?

① 부종 ② 단백뇨

③ 고혈압 ④ 질소혈증

⑤ 혼수

02 다음에서 만성 신부전에 대한 설명으로 틀린 것을 모두 고르면?

> ㉠ 만성 사구체 신염은 드물게 나타나는 원인이다.
> ㉡ 중성지방과 VLDL이 증가하는 고지혈증이 나타난다.
> ㉢ 골이양증, 즉 골격의 탈무기질화 경향이 나타난다.
> ㉣ 인슐린의 말초저항 증가로 포도당 내구력이 감소되기도 한다.

① ㉠ ② ㉠, ㉢

③ ㉡, ㉣ ④ ㉠, ㉣

⑤ ㉠, ㉡, ㉢, ㉣

03 골이영양증과 관련 있는 것끼리 묶여진 것은?

① 인과 칼슘 ② 인과 아연

③ 인과 에너지 ④ 인과 비타민 D

⑤ 칼슘과 비타민 E

04 신장결석의 90~95%를 차지하는 결석은?

① 인 결석
② 라이신
③ 칼슘결석
④ 시스틴
⑤ 콜레스테롤

05 요독증 환자의 식사방법으로 옳은 것은?

① 열량을 완전히 제거
② 단백질을 완전히 제거
③ 지질을 완전히 제거
④ 당질을 완전히 제거
⑤ 무기질을 완전히 제거

06 투석하지 않는 신부전 환자의 식사요법으로 옳지 않은 것은?

① 수분의 제한
② 단백질 섭취 제한
③ 충분한 열량의 제공
④ 나트륨 제한
⑤ 근육의 이화작용 예방

07 다음에서 신증후군의 전형적인 증상에 속하지 않는 것을 모두 고르면?

> ㉠ 부종
> ㉡ 단백뇨
> ㉢ 고지혈증
> ㉣ 황달

① ㉠, ㉡, ㉢
② ㉠, ㉢
③ ㉡, ㉣
④ ㉣
⑤ ㉠, ㉡, ㉢, ㉣

08 다음에서 만성 신부전 환자에게 나타날 수 있는 증상을 모두 고르면?

> ㉠ 고지혈증
> ㉡ 적혈구성 빈혈
> ㉢ 에리트로포이에틴의 합성 감소
> ㉣ 피하지방의 축적

① ㉠, ㉡, ㉢
② ㉠, ㉢
③ ㉡, ㉣
④ ㉣
⑤ ㉠, ㉡, ㉢, ㉣

09 요독증 환자에게 저단백질 식사를 권장하는 이유로 옳은 것은?

① 요독증 환자의 단백질 필요량은 정상인보다 적으므로
② 대부분의 요독증 환자는 간장에도 질환이 있어 단백질 대사에 지장이 있으므로
③ 단백질을 많이 섭취하면 다른 합병증을 유발하기 쉬우므로
④ 단백질을 많이 섭취하면 효소의 합성이 많아지고 이것이 신장에 부담을 주게 되므로
⑤ 단백질을 많이 섭취하면 암모니아 중독에 걸리기 쉬우므로

10 다음에서 요독증의 증상을 모두 고르면?

> ㉠ 혼수
> ㉡ 야뇨증
> ㉢ 질소혈증
> ㉣ 고칼륨혈증

① ㉠, ㉡, ㉢
② ㉠, ㉢
③ ㉡, ㉣
④ ㉣
⑤ ㉠, ㉡, ㉢, ㉣

11 급성 사구체 신염의 증상으로 옳지 않은 것은?

① 고혈압증　　　② 혈뇨

③ 부종　　　　　④ 다뇨

⑤ 단백뇨

12 다음 중 신장염 환자의 경우 소변에서 검출되는 물질은?

① 알부민과 농　　　② 포도당과 농

③ 포도당과 철분　　④ 철분과 농

⑤ 포도당과 나트륨

13 저단백질 식사를 해야 하는 경우는?

① 고혈압, 결핵

② 당뇨병, 심장병

③ 만성 신염, 위궤양

④ 급성 신염, 간성혼수

⑤ 만성 간장질환, 비만증

14 신장질환 중 단백질의 공급을 증가시켜야 하는 경우가 아닌 것은?

① 신증후군

② 만성 사구체 신염

③ 혈액 투석

④ 복막 투석

⑤ 요독증

▌08장 감염 및 호흡기 질환

01 다음에서 폐결핵 환자에게 권장하여야 할 식품을 모두 고르면?

㉠ 불고기	㉡ 두부
㉢ 우유	㉣ 고구마

① ㉠, ㉡, ㉢　　　② ㉠, ㉢

③ ㉡, ㉣　　　　　④ ㉣

⑤ ㉠, ㉡, ㉢, ㉣

02 발열 시 체온이 1℃ 오르는 경우 기초대사량의 증가 정도는?

① 3%　　　② 5%

③ 10%　　　④ 13%

⑤ 25%

03 콜레라 환자에게 우선적으로 공급해야 하는 식사요법은?

① 고단백질 공급

② 고열량 공급

③ 고당질 공급

④ 염분과 알칼리 공급

⑤ 저잔사식 공급

04 다음 중 급성 감염성 질병이 아닌 것은?

① 콜레라　　　② 폐렴

③ 장티푸스　　④ 류머티스열

⑤ 폐결핵

05 장티푸스의 식사요법이 아닌 것은?

① 고열량식   ② 고단백질식

③ 고당질식   ④ 고잔사식

⑤ 저섬유식

06 심장 판막에 연쇄구균이 감염되어 증상을 일으키는 질병은?

① 폐렴   ② 류머티스열

③ 회백수염   ④ 콜레라

⑤ 장티푸스

07 다음에서 회백수염 환자의 식사요법으로 옳은 것을 모두 고르면?

> ㉠ 고단백질 식사   ㉡ 고열량 식사
> ㉢ 고비타민 식사   ㉣ 고나트륨 식사

① ㉠, ㉡, ㉢   ② ㉠, ㉢

③ ㉡, ㉣   ④ ㉣

⑤ ㉠, ㉡, ㉢, ㉣

08 폐결핵 치료를 위한 방법이 아닌 것은?

① 휴식   ② 항제제

③ 신선한 공기   ④ 충분한 영양보충

⑤ 저열량식

▌09장 선천성 대사장애 질환과 당뇨병

01 PKU(페닐케톤뇨증)의 증세가 아닌 것은?

① 발작증세

② 저능아

③ 혈액의 페닐아세틱산 증가

④ 멜라닌 색소의 증가

⑤ 뇌의 손상

02 다음에서 PKU와 관계되는 것을 모두 고르면?

> ㉠ 글리코겐 합성 장애
> ㉡ Cystine 분해 장애
> ㉢ Methionine 합성 장애
> ㉣ Tyrosine 합성 장애

① ㉠, ㉡, ㉢   ② ㉠, ㉢

③ ㉡, ㉣   ④ ㉣

⑤ ㉠, ㉡, ㉢, ㉣

03 다음에서 PKU 식사요법에서 주의해야 할 식품을 고르면?

> ㉠ 모든 빵류   ㉡ 모든 치즈류
> ㉢ 달걀   ㉣ 말린 채소

① ㉠, ㉡, ㉢   ② ㉠, ㉢

③ ㉡, ㉣   ④ ㉣

⑤ ㉠, ㉡, ㉢, ㉣

04 통풍 질환의 원인물질이 되는 것은?

① 요산　　　　② 포도당
③ 세크레틴　　④ Lactose
⑤ Citric acid

05 퓨린의 함량이 높은 식품이 아닌 것은?

① 어란　　　　② 정어리
③ 우유　　　　④ 멸치
⑤ 고기국물

06 당질을 극도로 제한한 식이를 취하면 일어날 수 있는 증상은?

① 염기성증　　② 산독증
③ 부종　　　　④ 고혈압
⑤ 저혈압

07 다음에서 통풍 환자의 식사요법으로 옳은 것을 모두 고르면?

┌─────────────────────────┐
│ ㉠ 표준체중의 유지
│ ㉡ 퓨린 함량이 많은 식품 제한
│ ㉢ 술의 제한
│ ㉣ 충분한 수분섭취
└─────────────────────────┘

① ㉠, ㉡, ㉢　　② ㉠, ㉢
③ ㉡, ㉣　　　　④ ㉣
⑤ ㉠, ㉡, ㉢, ㉣

08 당뇨병의 발생원인과 거리가 먼 것은?

① 운동부족에 의한 비만
② 과식에 의한 비만
③ 임신에 의한 호르몬 변화
④ 유전적 요인
⑤ 유아기의 경우 Type Ⅱ 발생

09 당뇨병의 주요 증세가 아닌 것은?

① 공복감　　　　② 식욕감퇴
③ 케톤증　　　　④ 전신권태
⑤ 갈증

10 다음 호르몬 중 혈당을 감소시키는 것은?

① 인슐린　　　　② 글루카곤
③ 에피네프린　　④ 갑상선호르몬
⑤ 성장호르몬

11 당뇨성 케톤증의 증세와 거리가 먼 것은?

① 구토　　　　　② 탈수
③ 부종　　　　　④ 호흡곤란
⑤ 아세톤 냄새(호흡 시)

12 인슐린의 지질대사에 관한 내용으로 옳지 않은 것은?

① 지단백 분해효소 활성도 증가
② 지방조직으로의 유리지방산 유입 증가
③ 지방산 합성 증가
④ 글리세롤 인산 형성 증가
⑤ 지방분해 증가

13 인슐린의 탄수화물 대사에 미치는 작용이 아닌 것은?

① 포도당의 이용증진

② 포도당 신생작용의 증가

③ 글리코겐 저장증가

④ 글리코겐 분해감소

⑤ 포도당 산화증가

14 다음에서 저혈당의 원인을 모두 고르면?

> ㉠ 인슐린의 과다사용
> ㉡ 식전의 과다한 운동
> ㉢ 구토나 설사
> ㉣ 식사량의 부족 및 결식

① ㉠, ㉡, ㉢ ② ㉠, ㉢

③ ㉡, ㉣ ④ ㉣

⑤ ㉠, ㉡, ㉢, ㉣

15 산독증상과 거리가 먼 것은?

① 지질대사의 이상

② 지방산화 촉진

③ 케톤체의 다량 방출

④ 산·염기의 균형 파괴

⑤ 인슐린 부족

16 다음에서 당뇨병의 급성 합병증을 모두 고르면?

> ㉠ 케톤산증
> ㉡ 고혈당 비케톤성 혼수
> ㉢ 저혈당증
> ㉣ 심혈관계 합병증

① ㉠, ㉡, ㉢ ② ㉠, ㉢

③ ㉡, ㉣ ④ ㉣

⑤ ㉠, ㉡, ㉢, ㉣

17 저혈당으로 인슐린 쇼크가 일어났을 때 가장 적합한 응급조치방법은?

① 우유를 공급한다.

② 소금물을 공급한다.

③ 토마토 주스를 공급한다.

④ 고기국물을 공급한다.

⑤ 설탕물이나 꿀물을 공급한다.

▌10장 수술·화상·알레르기·골다공증

01 스트레스 상황 하에서 증가되는 호르몬이 아닌 것은?

① 에피네프린　　② 노르에피네프린
③ 글루카곤　　　④ 인슐린
⑤ 코티솔

02 수술 후 스트레스 상황에서 나타나는 반응이 아닌 것은?

① 에피네프린 분비가 증가한다.
② 소변의 나트륨 배설이 감소된다.
③ 소변의 질소 배설이 증가한다.
④ 기초대사율이 낮아진다.
⑤ 알도스테론이나 항이뇨호르몬 분비가 증가한다.

03 다음에서 뼈의 생성에 필요한 영양소를 모두 고르면?

> ㉠ 비타민 E　　　㉡ 비타민 C
> ㉢ 아연　　　　　㉣ 칼슘

① ㉠, ㉡, ㉢　　　② ㉠, ㉢
③ ㉡, ㉣　　　　　④ ㉣
⑤ ㉠, ㉡, ㉢, ㉣

04 다음에서 화상 환자에게 적합한 식사요법을 모두 고르면?

> ㉠ 고열량식　　　㉡ 고단백식
> ㉢ 고비타민식　　㉣ 고섬유식

① ㉠, ㉡, ㉢　　　② ㉠, ㉢
③ ㉡, ㉣　　　　　④ ㉣
⑤ ㉠, ㉡, ㉢, ㉣

05 칼슘 배설량을 높이는 요인이 아닌 것은?

① 고단백식　　　② 고염분식
③ 알코올　　　　④ 카페인
⑤ 고무기질

06 선천성 질환인 Galactosemia의 유아에게 줄 수 있는 것은?

① 우유　　　② 모유
③ 양유　　　④ 두유
⑤ 분유

07 다음은 알레르기를 일으키는 식품에 대한 설명이다. 옳지 않은 것은?

① 담수어에 비해 해수어는 항원이 되는 비율이 적다.
② 붉은 살 생선이 항원이 되기 쉽다.
③ 익혀 먹으면 반응이 더 적다.
④ 메밀, 옥수수 등의 곡류도 항원이 될 수 있다.
⑤ 사람에 따라 식품에 따라 반응이 다르다.

▌11장 암

01 다음에서 지방의 과잉섭취로 발생할 수 있는 암을 모두 고르면?

> ㉠ 대장암   ㉡ 유방암
> ㉢ 전립선암   ㉣ 폐암

① ㉠, ㉡, ㉢   ② ㉠, ㉢
③ ㉡, ㉣   ④ ㉣
⑤ ㉠, ㉡, ㉢, ㉣

02 암세포의 발전을 둔화시키거나 예방하는 데 가장 효력이 높은 비타민은?

① 비타민 A   ② 비타민 D
③ 비타민 K   ④ 비타민 C
⑤ 비타민 B 복합체

03 다음 암의 종류 중 알코올과 관련이 깊은 것은?

① 유방암   ② 위암
③ 간암   ④ 구강암
⑤ 설암

04 암예방을 위한 식사방안으로 옳지 않은 것은?

① 탄 음식   ② 해조류
③ 녹황색채소   ④ 마늘 및 양파
⑤ 버섯

05 각 암의 발생과 관련된 식이요인으로 그 연결이 잘못된 것은?

① 구강암 – 뜨거운 음식
② 간암 – 알코올 과다섭취
③ 대장암 – 고섬유소 식사
④ 위암 – 짠 음식
⑤ 유방암 – 고지방 식사

생리학

01장 생리학 일반

01 세포의 구성성분 중 가장 많은 비율을 차지하는 것은?

① 물
② 단백질
③ 무기질
④ 지질
⑤ 당질

02 세포의 구조기능에서 호흡효소를 함유하여 ATP를 생성하는 소기관은?

① 리보솜
② 리소좀
③ 미토콘드리아
④ 핵
⑤ 골지장치

03 다음에서 선세포의 역할을 모두 고르면?

㉠ 호르몬 분비
㉡ 소화액의 합성 · 분비
㉢ 포도당, 지방의 저장
㉣ 신체의 보호

① ㉠, ㉡
② ㉠, ㉢
③ ㉠, ㉣
④ ㉡, ㉢
⑤ ㉡, ㉣

04 세포막에 대한 내용으로 옳지 않은 것은?

① 무수한 구멍이 나 있다.
② 표면장력이 높다.
③ 전기적 하전을 띠고 있다.
④ 세포 내부와 외부의 경계이다.
⑤ 세포 내 · 외로 물질 운반 및 조절로 세포 내 · 외를 항정상태로 유지한다.

05 폐포 안팎의 가스를 교환하는 물질이동 방법은?

① 확산
② 여과
③ 삼투
④ 능동적 운반
⑤ 음세포 운반

06 세포막의 국소부위가 일그러져 물질을 세포 내로 도입시키는 물질이동 방법은?

① 수동적 운반: 확산
② 수동적 운반: 여과
③ 수동적 운반: 삼투
④ 능동적 운반
⑤ 음세포 작용

07 다음 세포의 물질이동 방법 중 능동적 운반과 거리가 먼 것은?

① 에너지를 이용한다.
② 운반체가 없다.
③ 운반체의 특이성을 가진다.
④ 포화현상이 있다.
⑤ 체내의 영양소를 운반한다.

08 다음 물질이동 중 삼투압에 의한 수동적 운반의 예인 것은?

① 폐포 안팎의 가스교환
② 신장 사구체에서의 여과
③ 저장액 속 적혈구의 용혈현상
④ 체내의 영양소 운반
⑤ 호르몬, 단백질 등 거대물질분자 이동

09 세포막에 존재하는 지질은?

① 지방산과 인지질
② 인지질과 콜레스테롤
③ 중성지방과 인지질
④ 중성지방과 콜레스테롤
⑤ 당지질과 지단백질

10 세포 내로 포도당을 이동시키는 물질 운반과정은?

① 확산방법   ② 여과방법
③ 삼투압방법   ④ 능동적 수송
⑤ 음세포 작용

11 세포막의 주된 구성성분은?

① 탄수화물과 단백질, 무기질
② 탄수화물과 지질, 단백질
③ 지질과 단백질, 비타민
④ 탄수화물과 무기질, 비타민
⑤ 단백질과 무기질, 비타민

12 다음 중 식균 작용이 있는 세포는?

① 난자   ② 골모세포
③ 적혈구   ④ 백혈구
⑤ 신경세포

13 세포질에서 단백질 생합성에 필요한 RNA를 많이 함유하고 있는 소기관은?

① 핵   ② 리소좀
③ 리보솜   ④ 미토콘드리아
⑤ 골지장치

14 원형질의 성분으로 가장 큰 비중을 차지하는 것은?

① 당질   ② 단백질
③ 지질   ④ 무기질
⑤ 비타민

15 생체 내에서의 물질이동 과정에서 에너지를 필요로 하는 것은?

① 수동적 이동   ② 능동적 이동
③ 여과방법   ④ 삼투압방법
⑤ 확산방법

▌02장 신경과 근육생리

01 뉴런과 뉴런의 접속부분은?

① 시냅스　　　② 축삭돌기
③ 수상돌기　　④ 세포체
⑤ 수초

02 신경섬유의 안정막의 전압차로 옳은 것은?

① $-10 \sim -20mV$
② $-30 \sim -40mV$
③ $-50 \sim -70mV$
④ $-70 \sim -90mV$
⑤ $-90 \sim -110mV$

03 신경을 흥분시킬 수 있는 최소한의 자극을 이르는 말은?

① 역치자극　　② 역하자극
③ 자극의 가중　④ 실무율
⑤ 불응기

04 다음에서 횡문근에 속하는 것을 모두 고르면?

| ㉠ 골격근 | ㉡ 장기 평활근 |
| ㉢ 심장근 | ㉣ 다단위 평활근 |

① ㉠, ㉡　　　② ㉠, ㉢
③ ㉠, ㉣　　　④ ㉡, ㉢
⑤ ㉡, ㉣

05 다음에서 골격근의 기능으로 옳은 것을 모두 고르면?

| ㉠ 운동 | ㉡ 자세유지 |
| ㉢ 열 생산 | ㉣ 원형질의 변화 |

① ㉠, ㉡, ㉢　　　② ㉠, ㉡, ㉣
③ ㉠, ㉢, ㉣　　　④ ㉡, ㉢, ㉣
⑤ ㉠, ㉡, ㉢, ㉣

06 다음 근육수축 시 소모되는 물질이 아닌 것은?

① ATP　　　② 당질
③ 산소　　　④ 유기인산염
⑤ 탄산가스

07 근수축의 수축모습에 따른 분류로, 운동신경으로부터 부분적인 자극으로 인해 근육의 부분적인 수축이 지속되는 것은?

① 긴장　　　② 강축
③ 연축　　　④ 강직
⑤ 분열

08 골격근에 대한 설명으로 옳지 않은 것은?

① 골격근의 수축에는 아세틸콜린이 관여한다.
② 골격근 수축 시에는 ATP가 사용된다.
③ 근육의 수축과 이완에는 칼슘이온이 관여한다.
④ 골격근은 평활근에 속한다.
⑤ 골격근의 근원섬유는 미오신과 액틴이라는 단백질로 이루어져 있다.

09 교감신경이 흥분되면 일어나는 반응으로 옳은 것은?

① 혈압이 오른다.
② 혈압이 내린다.
③ 혈관이 이완된다.
④ 소화기능이 활발해진다.
⑤ 심박동이 느려진다.

10 체온조절중추가 있는 곳은?

① 시상하부　　② 소뇌
③ 대뇌　　　　④ 척수
⑤ 숨골

11 벨–마간디 법칙과 가장 관계가 깊은 것은?

① 심장반사　　② 척수반사
③ 각막반사　　④ 구토반사
⑤ 조건반사

12 다음 중 뉴런의 구성 성분이 아닌 것은?

① 시냅스　　　② 연수
③ 수상돌기　　④ 축삭
⑤ 란비어마디

13 다음 설명 중 옳지 않은 것은?

① 근섬유 중 적근은 미오글로빈의 함량이 높고, 수축속도가 백근에 비해 빠르다.
② 심장근은 혈액을 혈관으로 수송하는 역할을 하는 일종의 근조직이다.
③ 골격근의 수축에는 아세틸콜린이 관여한다.
④ 골격근의 수축과 이완에는 칼슘이온이 관여한다.
⑤ 근섬유는 적근과 배근으로 나누어진다.

14 신경섬유의 안정막 전압 및 신경의 흥분전도에 대한 설명으로 옳지 않은 것은?

① 주로 $K+$의 평형전압이다.
② 신경섬유 내외의 전압차는 대개 $-70 \sim 90mV$이다.
③ 세포 안쪽이 +로 대전되어 있다.
④ 신경의 흥분전도 소도는 신경섬유의 굵기에 비례한다.
⑤ 산소가 부족할 경우 신경흥분전도가 차단된다.

15 시상하부의 기능과 거리가 먼 것은?

① 내분비 기능
② 정서반응
③ 신진대사 및 체온조절
④ 수면
⑤ 기억의 중추

16 다음 중 부교감신경계의 활동이 아닌 것은?

① 공동의 수축　　② 방광의 수축
③ 타액 분비의 증가　④ 심박 수의 감소
⑤ 기관지의 확장

17 다음에서 교감신경계의 역할을 모두 고르면?

> ㉠ 동공 수축근의 이완
> ㉡ 기관지 근육의 이완
> ㉢ 장관이나 평활근 등의 활동성 증진
> ㉣ 담즙분비나 요의 배설 촉진

① ㉠, ㉡, ㉢
② ㉠, ㉡, ㉣
③ ㉠, ㉢, ㉣
④ ㉡, ㉢, ㉣
⑤ ㉠, ㉡, ㉢, ㉣

18 다음에서 근 수축에 관여하는 단백질을 모두 고르면?

> ㉠ 트로포닌
> ㉡ 미오신
> ㉢ 트로포미오신
> ㉣ 미오글로빈
> ㉤ 헤모글로빈

① ㉠, ㉡, ㉢
② ㉠, ㉡, ㉣
③ ㉠, ㉡, ㉤
④ ㉠, ㉢, ㉤
⑤ ㉡, ㉢, ㉣

03장 체액과 혈액생리

01 염증이 발생한 경우 다음 중 그 수가 증가하는 것은?

① 적혈구
② 백혈구
③ 혈장
④ 혈소판
⑤ 임파구

02 다음 중 옳지 않은 설명은?

① 혈액에서 분리한 혈장 중에는 알부민과 글로불린이 있다.
② 혈액은 크게 세포성분과 혈장으로 분리되며 세포성분 중에는 적혈구, 백혈구, 혈소판이 속한다.
③ 백혈구에는 호중구, 호산구, 호염기구, 림프구, 단핵구가 있다.
④ 혈장의 6~8% 정도는 알부민, 글로불린 등의 혈장단백질이 함유되어 있다.
⑤ 혈액 중에서 백혈구가 차지하는 용적 %를 헤마토크릿이라고 한다.

03 성인 남자의 경우, 체액량은 몸무게에 대해 어느 정도 비중을 차지하는가?

① 30%
② 50%
③ 60%
④ 70%
⑤ 80%

04 1일 필요한 수분량으로 적당한 것은?

① 500ml
② 1,000ml
③ 1,200ml
④ 2,000ml
⑤ 2,500ml

05 탈수가 심한 경우 일어나는 현상과 거리가 먼 것은?

① 산증
② 체온상승
③ 맥박감소
④ 피부건조
⑤ 갈증

06 다음 중 혈장의 구성요소가 아닌 것은?

① 무기염류
② 섬유소원
③ 혈구
④ 효소
⑤ 항체

07 다음 적혈구에 대한 설명으로 옳지 않은 것은?

① 적혈구는 골수에서 생성되어 혈관으로 나오기 직전에 탈핵된다.
② 혈액의 고형성분 중 가장 작은 것은 혈소판이다.
③ 적혈구의 수명은 평균 120일 정도이다.
④ 적혈구의 수는 혈액1mm3 당 450~500만 개이다.
⑤ 대기압의 상승은 조혈촉진 요인이 된다.

08 혈액응고에 작용하는 트롬빈의 생성과정에 관여하는 무기이온은?

① 나트륨
② 칼륨
③ 칼슘
④ 마그네슘
⑤ 아연

09 다음 적혈구에 대한 설명으로 옳지 않은 것은?

① 적혈구 조혈인자가 신장의 사구체에서 분비된다.
② 세포에 산소가 부족하면 적혈구 조혈은 활발해진다.
③ 대기압의 저하는 조혈촉진 요인이 된다.
④ 혈액의 고형성분 중 그 크기가 가장 작다.
⑤ 적혈구의 조혈은 적색골수에서 활발히 일어난다.

10 다음에서 혈압에 영향을 미치는 요인으로 옳게 묶여진 것은?

| ㉠ 혈류량 | ㉡ 심장주기 |
| ㉢ 혈류저항 | ㉣ 맥압 |

① ㉠, ㉡
② ㉠, ㉢
③ ㉠, ㉣
④ ㉡, ㉢
⑤ ㉡, ㉣

11 결핍 시 악성빈혈을 초래하는 물질은?

① 코발아민
② 쿠마린
③ 플라스민
④ 헤파린
⑤ 세로토닌

12 다음 중 혈액구성 성분이 아닌 것은?

① 적혈구
② 백혈구
③ 혈소판
④ 혈장
⑤ 림프구

13 항체의 주성분으로 옳은 것은?

① 알부민　　　　② 글로불린
③ 글로빈　　　　④ 케라톤
⑤ 헴

14 정상혈압의 수축기 혈압은?

① 50mmHg　　　② 80mmHg
③ 90mmHg　　　④ 100mmHg
⑤ 120mmHg

15 히스타민과 헤파린을 방출하면서 알레르겐의 노출 시 특이반응을 일으키는 세포는?

① T-세포　　　　② 대식세포
③ 암세포　　　　④ 비만세포
⑤ B-세포

16 혈액 내 가장 많은 무기질은?

① Na　　　　② Mg
③ Ca　　　　④ K
⑤ P

17 혈액 응고과정 중 혈소판 파괴 시 생성되는 물질은?

① 쿠마린　　　　② EDTA
③ 세로토닌　　　④ 플라스민
⑤ 헤파린

18 다음에서 혈액의 응고에 관여하는 물질을 모두 고르면?

㉠ 혈소판　　　㉡ 트롬보키나아제 ㉢ 칼슘　　　　㉣ 섬유소 ㉤ 인터페론

① ㉠, ㉡, ㉢, ㉣
② ㉠, ㉡, ㉢, ㉤
③ ㉠, ㉡, ㉣, ㉤
④ ㉡, ㉢, ㉣, ㉤
⑤ ㉠, ㉡, ㉢, ㉣, ㉤

19 백혈구 중 강한 식균작용을 하는 것은?

① 호중성구　　　② 호염기성구
③ 호산성구　　　④ 임파구
⑤ 단핵구

20 백혈구 중 알레르기 질환에 대처하는 것은?

① 호중성구　　　② 호염기성구
③ 호산성구　　　④ 임파구
⑤ 단핵구

21 다음에서 백혈구가 생성되는 곳으로 옳은 것을 모두 고르면?

㉠ 골수 간세포　　㉡ 심장 ㉢ 림프조직　　　㉣ 근육

① ㉠, ㉡　　　　② ㉠, ㉢

③ ㉠, ㉣ ④ ㉡, ㉢

⑤ ㉡, ㉣

22 이물질에 대한 생체방어기능에 관여하는 물질은?

① 혈소판 ② 칼슘

③ 인터페론 ④ 섬유소

⑤ 트롬보키나아제

04장 심장과 순환

01 심장촉진중추와 심장억제중추가 있는 곳은?

	심장촉진중추	심장억제중추
①	척수	연수
②	연수	척수
③	연수	연수
④	연수	뇌하수체
⑤	교뇌	척수

02 관상동맥에 죽상경화가 일어나 심장에 혈액 공급이 부족하게 됨으로써 발생하는 것은?

① 협심증 ② 허혈증

③ 심부전 ④ 심근경색

⑤ 동맥경화증

03 림프계에 대한 설명으로 옳지 않은 것은?

① 림프관은 한 쪽 끝이 막힌 맹관이다.

② 림프액의 흐름은 정맥혈류보다 속도가 느리다.

③ 림프절에는 식균작용이 있다.

④ 림프관에는 판막이 있어 림프액의 흐름을 돕는다.

⑤ 림프절을 통하여 식세포가 세균으로 처리하여 혈관으로 들어가게 한다.

04 어느 한도 내에서 심장근 섬유의 길이가 길어지면 길어질수록 심수축력은 증가한다는 법칙은?

① Starling의 심근법칙
② 심박출량 최소의 법칙
③ 심장근섬유 확장의 법칙
④ 심근수축의 법칙
⑤ HCT의 심장법칙

05 혈관수축에 관여하는 것은?

① 에피네프린　　② 아세틸콜린
③ 알부민　　　　④ 글로불린
⑤ 세크레틴

06 다음 설명 중 틀린 것은?

① 좌심실은 체순환을 시작하는 곳이다.
② 우심실은 폐순환을 시작하는 곳이다.
③ 폐의 순환에는 작은 힘만으로도 가능하다.
④ 좌심실이 우심실보다 더 두꺼운 벽을 가지고 있다.
⑤ 1회 박동 시 심실에서 나오는 혈액은 약 200ml가 된다.

07 심박 수를 좌우하는 영향과 거리가 먼 것은?

① 체온　　　　② 신경
③ 호르몬　　　④ 화학물질
⑤ 혈액량

08 심장의 자동성과 관련된 것은?

① 승모판　　　　② 동방결절
③ 히스줄기　　　④ 퍼킨제 섬유
⑤ 심장충격

09 심근의 경우 신경의 지배 없이도 움직이는 성질은?

① 불응기　　　　② 열
③ 활동전압　　　④ 자동성
⑤ 횡문성

10 심실 수축기 초에 방실판이 닫히는 진동음은?

① 제1심음　　　② 제2심음
③ 제3심음　　　④ 제4심음
⑤ 제5심음

11 심음이 발생하는 원인이 아닌 것은?

① 심장근 수축
② 판막의 개방
③ 혈액의 흐름
④ 판막의 폐쇄
⑤ 대동맥벽에 혈액의 부딪힘

12 전체 체중에서 세포외액이 차지하는 비율은?

① 1/2　　　② 1/3
③ 1/4　　　④ 1/5
⑤ 1/8

13 혈류속도에 영향을 주는 요인으로 거리가 먼 것은?

① 혈액의 점성
② 혈관의 단면적
③ 혈관의 두께
④ 혈관의 길이
⑤ 혈관 양단의 압력차

14 혈액순환에 대한 설명으로 옳지 않은 것은?

① 혈압은 대동맥으로부터 말초세동맥으로 갈수록 낮아진다.
② 대정맥의 혈압은 20mmHg 이하이다.
③ 혈액량은 혈압에 비례하므로 혈압이 높을수록 많아진다.
④ 혈류저항은 점성과 혈관의 길이에 비례한다.
⑤ 혈류저항은 내경의 4승에 반비례한다.

15 혈관의 구조에 대한 설명으로 옳지 않은 것은?

① 모든 혈관이 내피세포층, 근층, 결합조직층의 3층 구조를 가지고 있다.
② 동맥과 정맥은 3층 구조를 다 가지고 있다.
③ 모세혈관과 세정맥에는 근층이 없다.
④ 세동맥은 내피층과 근층으로 되어 있다.
⑤ 세정맥은 내피층과 결합조직으로 되어 있다.

▌05장 호흡생리

01 호흡중추가 있는 곳은?

① 척수와 연수
② 연수와 뇌교
③ 중뇌와 간뇌
④ 척수와 뇌하수체
⑤ 연수와 뇌하수체

02 다음 중 호흡속도가 빨라지는 경우로 옳은 것은?

① CO_2량과 O_2량이 균형을 이룰 경우
② CO_2량이 많고, O_2량이 많을수록
③ CO_2량이 적고, O_2량이 많을수록
④ CO_2량이 많고, O_2량이 적을수록
⑤ CO_2량이 적고, O_2량이 적을수록

03 폐에서 일어나는 작용은?

① 영양소의 교환
② 혈액의 교환
③ 가스의 교환
④ 물질의 교환
⑤ 물의 교환

04 인체 세포 가운데서 산소분압이 낮음에 대하여 가장 인내력이 큰 세포는?

① 신경세포
② 상피세포
③ 골격근세포
④ 심근세포
⑤ 결합조직세포

05 폐환기량에 가장 큰 영향을 미치는 것은?

① 혈액 수분량   ② 혈당량

③ 혈장칼슘농도   ④ 혈장단백량

⑤ 혈액 CO_2 함유량

06 건강한 성인 남자의 무효공간 용적으로 옳은 것은?

① 약 50ml   ② 약 100ml

③ 약 150ml   ④ 약 200ml

⑤ 약 250ml

07 폐포 내의 공기 산소분압은?

① 30mmHg   ② 50mmHg

③ 70mmHg   ④ 100mmHg

⑤ 120mmHg

08 대동맥의 화학감수기가 농도변화에 가장 예민하게 반응하는 물질은?

① Na^+ ② Cl^-

③ H^+ ④ CH^-

⑤ N_2

09 들숨과 날숨 공기의 조성을 비교할 경우 거의 차이가 없는 것은?

① O_2 분압   ② CO_2 분압

③ N_2 분압   ④ H_2O 분압

⑤ Na 분압

10 순환하는 혈액 중의 산소농도를 감지하는 화학수용체가 위치하는 곳은?

① 뇌간

② 뇌간과 경동맥

③ 뇌간과 대동맥

④ 경동맥과 대동맥

⑤ 경동맥과 모세혈관

11 다음 설명으로 옳지 않은 것은?

① 중추와 말초의 화학수용체가 기체의 분압 농도를 감지하여 호흡을 조절하지만 혈류의 흐름은 관여하지 않는다.

② 우리가 잠시 숨을 멈출 경우, 폐혈류의 변화는 심박출량이 달라지지 않는 한 일정한 상태를 유지한다.

③ 호흡의 조절로 혈액의 산염기 평형을 조절하는 기능이 있다.

④ 호흡이 과다하여 혈액의 이산화탄소 농도가 감소하면 호흡성 산성증으로 된다.

⑤ 호흡운동 조절중추는 뇌교에 있다.

06장 신장생리

01 사구체의 1일 평균 여과량은?

① 30L　　　② 50L
③ 90L　　　④ 100L
⑤ 180L

02 요(尿)의 배출순서로 옳은 것은?

㉠ 신장	㉡ 요관
㉢ 방광	㉣ 요도

① ㉠ → ㉡ → ㉢ → ㉣
② ㉠ → ㉢ → ㉡ → ㉣
③ ㉠ → ㉣ → ㉡ → ㉢
④ ㉠ → ㉣ → ㉢ → ㉡
⑤ ㉡ → ㉠ → ㉢ → ㉣

03 다음에서 네프론의 구성요소를 모두 고르면?

㉠ 사구체	㉡ 보먼주머니
㉢ 세뇨관	㉣ 부신

① ㉠, ㉡, ㉢　　　② ㉠, ㉡, ㉣
③ ㉠, ㉢, ㉣　　　④ ㉡, ㉢, ㉣
⑤ ㉠, ㉡, ㉢, ㉣

04 신장에서 전해질과 영양소의 재흡수를 하는 것은?

① 사구체　　　② 보먼주머니
③ 세뇨관　　　④ 요도
⑤ 방광

05 다음 중 신장의 기능이 아닌 것은?

① 노폐물의 제거
② 수분과 전해질의 조절
③ 삼투압 균형조절
④ 산염기 평형유지
⑤ 요소합성

06 부신피질에서 분비되어 나트륨 흡수를 촉진하는 것은?

① 항이뇨호르몬　　　② 알도스테론
③ 크레아티닌　　　④ 인슐린
⑤ 글루카곤

07 세뇨관에서의 칼슘 재흡수를 촉진하는 것은?

① 심장의 펌프작용　　　② 삼투압
③ 부갑상선호르몬　　　④ 알도스테론
⑤ ADH

08 몸 안에서 무기염류의 양을 조절하는 가장 중요한 기관은?

① 부신　　　② 신장
③ 간　　　④ 위장의 벽
⑤ 소장의 벽

09 사구체의 여과율을 측정하는 데 이용되는 것은?

① 알부민　　　② 인슐린
③ 이눌린　　　④ 글루코오스
⑤ 갈락토오스

10 세뇨관에서 분비되는 물질이 아닌 것은?

① 페니실린　② 크레아티닌
③ PAH　④ K^+
⑤ 아미노산

11 다음에서 정상인의 요성분으로 적당한 요소를 모두 고르면?

> ㉠ 단백질　　㉡ 크레아틴
> ㉢ 요산　　　㉣ 소금

① ㉠, ㉡, ㉢　② ㉠, ㉡, ㉣
③ ㉠, ㉢, ㉣　④ ㉡, ㉢, ㉣
⑤ ㉠, ㉡, ㉢, ㉣

12 삼투질 농도조절을 통하여 세포외액의 함량을 낮추기 위해 배출하는 것으로서 세포외액의 주요 양이온인 것은?

① Mg　② Na
③ Ca　④ Mn
⑤ Fe

13 다음에서 사구체 여과과정에 작용하는 힘의 요인을 모두 고르면?

> ㉠ 동맥혈압
> ㉡ 단백질에 의한 교질삼투압
> ㉢ 수압
> ㉣ 총 혈장량

① ㉠, ㉡, ㉢　② ㉠, ㉡, ㉣
③ ㉠, ㉢, ㉣　④ ㉡, ㉢, ㉣
⑤ ㉠, ㉡, ㉢, ㉣

■ 07장 소화생리

01 위의 운동에 대한 설명으로 옳은 것은?

① 교감신경에 의한 촉진
② 부교감신경에 의한 촉진
③ 타액에 의한 항진
④ 위산에 의한 항진
⑤ 부교감신경에 의한 억제

02 하루 분비되는 위액의 양은?

① 약 500ml　② 약 800ml
③ 약 1,000ml　④ 약 1,200ml
⑤ 약 2,000ml

03 위의 구조와 기능에 대한 내용으로 옳지 않은 것은?

① 위와 식도가 연결되는 부위에는 분문괄약근이 존재한다.
② 위와 십이지장이 연결되는 부위에는 유문괄약근이 있다.
③ 위선의 주세포는 펩신을 분비한다.
④ 위의 벽세포는 염산을 분비한다.
⑤ 위액의 분비를 촉진시키는 호르몬은 알도스테론이다.

04 소화관벽의 구조의 구성층이 아닌 것은?

① 점막층　② 점막하부층
③ 유층　④ 근층
⑤ 장막층

111

05 소화과정 없이 위에서 흡수되는 것은?

① 당질　　　　② 알코올
③ 무기염류　　④ 맥아당
⑤ 서당

06 음식물의 섭취를 조절하는 중추가 있는 곳은?

① 연수　　　　② 뇌교
③ 대뇌　　　　④ 뇌하수체
⑤ 시상하부

07 프티알린에 의해 탄수화물을 분해하는 곳은?

① 구강　　　　② 위장
③ 간장　　　　④ 췌장
⑤ 소장

08 위액의 분비를 억제하고 췌장액 분비를 촉진하는 호르몬은?

① 세크레틴　　② 가스트린
③ 펩시노겐　　④ 뮤신
⑤ 스테압신

09 비타민 B_{12}의 흡수를 돕는 위액은?

① 내적인자　　② 가스트린
③ 세크레틴　　④ 펩시노겐
⑤ 뮤신

10 위의 주세포에서 분비되는 물질은?

① 내적인자　　② 펩시노겐
③ 뮤신　　　　④ 세크레틴
⑤ 가스트린

11 위에서의 내용물(미즙)을 배출하는 데 영향을 주는 인자에 대한 설명으로 옳지 않은 것은?

① 엔테로가스트론은 위 내용물의 배출속도를 감소시킨다.
② 십이지장 내에 미즙의 양이 많을수록 위 배출속도는 느려진다.
③ 위 내 미즙의 유동성이 클수록 배출속도는 빨라진다.
④ 위 내 미즙의 부피가 클수록 위 내용물의 배출속도는 빨라진다.
⑤ 위 내 지방과 단백질의 분해산물이 많으면 위 운동이 촉진된다.

12 간 문맥혈관에 대한 설명으로 틀린 것은?

① 해독작용을 위해 간으로 보내지는 혈액의 통로이다.
② 영양소의 함량이 높다.
③ 간동맥보다 많은 양의 혈액을 간에 공급한다.
④ 동맥혈을 함유한다.
⑤ 위, 소장, 대장을 거쳐 간으로 가는 정맥혈이다.

13 위액의 분비 촉진을 위한 가스트린 호르몬을 분비하는 세포는?

① G-세포　　　② 벽세포

③ 주세포　　　④ 점막세포

⑤ 경세포

14 위 점막을 보호하는 물질은?

① 펩시노겐　　② 뮤신

③ 세크레틴　　④ 염산

⑤ 내적인자

15 담즙에 대한 설명으로 옳지 않은 것은?

① Oddi 괄약근이 이완되면서 담즙은 분비된다.

② 십이지장으로 분비되어 지방을 유화시킨다.

③ 간에서 생성되어 담낭에 저장된다.

④ 리파아제가 들어 있어서 지방을 분해한다.

⑤ 담즙에는 소화효소가 없다.

16 췌장액의 분비를 촉진하는 호르몬으로 소장 상부 점막에서 분비되는 것은?

① 카르복시펩디아제

② 아밀라아제

③ 세크레틴

④ 스테압신

⑤ 키모트립신

17 췌액에 대한 설명으로 옳지 않은 것은?

① 췌액의 pH는 약알칼리성이다.

② 세크레틴은 췌액의 분비를 촉진시킨다.

③ 중탄산이온을 다량 함유하고 있다.

④ pH 8~8.5의 소화액이다.

⑤ 소장 상부 점막에서 분비된다.

▌08장 내분비생리

01 뇌하수체에서는 분비되는 호르몬이 아닌 것은?

① 칼시토닌
② 성장호르몬
③ 갑상선자극호르몬
④ 부신피질자극호르몬
⑤ 황체형성호르몬

02 호르몬에 대한 내용 중 옳지 않은 것은?

① 혈액에 의해 표적기관까지 운반된다.
② 호르몬은 세포 내로 들어가 작용하기도 한다.
③ 호르몬은 내분비 물질로 분비선에서 혈액으로 분비된다.
④ 표적기관으로 운반되어 작용한다.
⑤ 신경계에 비하여 반응시간이 빠르다.

03 부신수질호르몬의 역할이 아닌 것은?

① 심박 수 증가
② 혈압 상승
③ 글리코겐 분해 촉진
④ 혈당 상승
⑤ 포도당 대사관여

04 혈중의 칼슘농도가 정상범위 이상으로 상승하였을 때 분비되어 뼈에서 칼슘이 용출되는 속도를 둔화시키는 호르몬은?

① 옥시토신
② 프로락틴
③ 칼시토닌
④ 프로게스테론
⑤ 알데스테론

05 유아에 존재하며 강력한 카세인 응고기능이 있는 호르몬은?

① 레닌
② 가스트린
③ 세로토닌
④ 콜레시스토키닌
⑤ 소마토스타틴

06 칼슘대사를 조절하는 호르몬을 분비하는 내분비선은?

① 신장
② 갑상선
③ 부신
④ 흉선
⑤ 췌장

07 자궁을 수축시켜 정상분만을 유도하는 호르몬은?

① 에스트로겐
② 프로게스테론
③ 테스토스테론
④ 옥시토신
⑤ 아드레날린

08 혈압을 높이고 심근을 강력하게 수축시키며 간의 글리코겐 분해효과를 갖는 호르몬이 분비되는 곳은?

① 갑상선
② 시상하부
③ 췌장
④ 부신
⑤ 뇌하수체

09 부신피질호르몬에 대한 내용으로 옳지 않은 것은?

① 포도당 대사에 관여한다.
② 체액량을 조절한다.
③ 교감신경계의 말단에서 분비된다.
④ 스테로이드성 호르몬이다.
⑤ 당과 염류 대사에 관여한다.

10 당신생을 촉진하는 호르몬은?

① 아드레날린
② 트립신
③ 엔테로크리닌
④ 세크레틴
⑤ 판크레오자이민

11 포도당을 글리코겐으로 전환시키는 호르몬은?

① 인슐린
② 세크레틴
③ 티록신
④ 아드레날린
⑤ 프로락틴

09장 감각생리와 생식생리

01 어떤 수용기를 흥분시키는 가장 낮은 역치를 가진 자극을 이르는 말은?

① 과대자극
② 최소자극
③ 적당자극
④ 과밀자극
⑤ 소외자극

02 다음에서 성호르몬 분비에 관여하는 것을 모두 고르면?

| ㉠ 시상하부 | ㉡ 연수 |
| ㉢ 뇌하수체 | ㉣ 성선 |

① ㉠, ㉡, ㉢
② ㉠, ㉡, ㉣
③ ㉠, ㉢, ㉣
④ ㉡, ㉢, ㉣
⑤ ㉠, ㉡, ㉢, ㉣

03 사람의 감각 중 가장 예민하고 순응이 빠르지만 가장 피로하기 쉬운 것은?

① 후각
② 청각
③ 미각
④ 촉각
⑤ 피부감각

04 다음에서 에스트로겐의 작용으로 맞는 것을 모두 고르면?

㉠ 난자를 발육시킨다.
㉡ 2차성징이 나타나게 한다.
㉢ 임신 시 자궁의 수축을 돕는다.
㉣ 자궁의 발달을 돕는다.

① ㉠, ㉡, ㉢ 　　② ㉠, ㉡, ㉣
③ ㉠, ㉢, ㉣ 　　④ ㉡, ㉢, ㉣
⑤ ㉠, ㉡, ㉢, ㉣

05 다음 중 맛의 기본감각에 속하지 않는 것은?
① 단맛　　② 매운맛
③ 쓴맛　　④ 짠맛
⑤ 신맛

06 냉각과 통각이 속하는 감각은?
① 미각　　② 후각
③ 시각　　④ 청각
⑤ 피부감각

07 감각의 수용기에서 감수성이 저하되는 현상은?
① 순응　　② 투사
③ 반영　　④ 실무율
⑤ 웨버의 법칙

08 통각에 대한 설명으로 옳지 않은 것은?
① 통점은 신체의 거의 모든 부분에 분포되어 있다.
② 통각감수기는 신경의 자유말단이다.
③ 통각은 순환기와 호흡기에도 영향을 준다.
④ 통각은 순응이 잘 일어나는 편이다.
⑤ 통각은 유해신호에 대한 신체의 보호기전이다.

10장 운동생리

01 심한 신체운동으로 인해 부족하게 된 산소의 양은?
① 산소과다　　② 산소부채
③ 산소미량　　④ 산소섭취
⑤ 산소사용

02 다음에서 운동 중 혈류량의 변화로 옳은 것을 모두 고르면?

㉠ 근육의 혈류량이 늘어난다.
㉡ 피부의 혈류량이 증가한다.
㉢ 소화기의 혈류량은 감소한다.
㉣ 뇌의 혈류량은 감소한다.

① ㉠, ㉡, ㉢ 　　② ㉠, ㉡, ㉣
③ ㉠, ㉢, ㉣ 　　④ ㉡, ㉢, ㉣
⑤ ㉠, ㉡, ㉢, ㉣

03 다음에서 운동 시 배설이 많아지는 것을 모두 고르면?

㉠ 아드레날린　　㉡ 탄산
㉢ 젖산　　㉣ 포도당

① ㉠, ㉡, ㉢ 　　② ㉠, ㉡, ㉣
③ ㉠, ㉢, ㉣ 　　④ ㉡, ㉢, ㉣
⑤ ㉠, ㉡, ㉢, ㉣

04 공복 시 운동을 강행하면 비율이 증가하는 에너지원은?

① 당질　　　　② 지방
③ 단백질　　　④ 무기염류
⑤ 비타민

05 운동 시의 주 에너지원은?

① 탄수화물　　② 지방
③ 단백질　　　④ 무기염류
⑤ 비타민

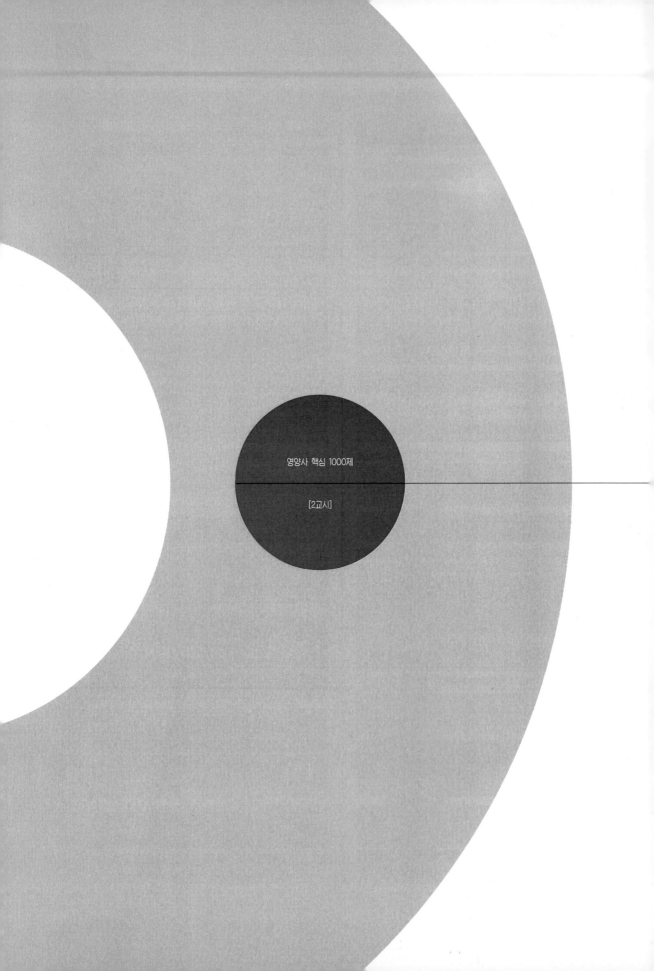

영양사 핵심 1000제

[2교시]

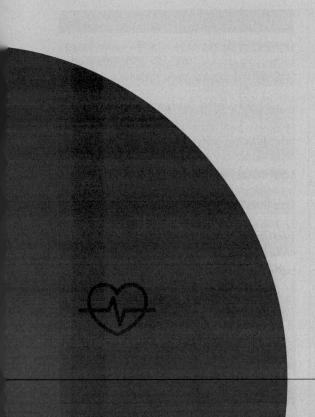

2교시
실전문제

NUTRITIONIST

정답 및 해설 244p

▌01장 식품학

01 다음 건조에 강한 순서대로 연결된 것은?

① 효모 – 곰팡이 – 세균
② 세균 – 곰팡이 – 효모
③ 곰팡이 – 효모 – 세균
④ 곰팡이 – 세균 – 효모
⑤ 효모 – 세균 – 곰팡이

02 다음의 단백질의 성질 중 등전점에서 커지는 것은?

① 기포력, 흡착력
② 용해도, 삼투압
③ 점도, 기포력
④ 흡착력, 점도
⑤ 삼투압, 흡착력

03 새우나 게를 가열했을 때 붉은색으로 나타나는 색소는?

① Metmyoglobin
② Hemin
③ Astacin
④ Nitrosomyoglobin
⑤ Lutein

04 다음에서 유산의 발효를 이용한 것을 모두 고르면?

| ㉠ 요구르트 | ㉡ 치즈 |
| ㉢ 버터 | ㉣ 김치 |

① ㉠, ㉡, ㉢
② ㉠, ㉢
③ ㉡, ㉣
④ ㉣
⑤ ㉠, ㉡, ㉢, ㉣

05 당장법에서의 설탕 농도는?

① 10~20%
② 20~30%
③ 30~40%
④ 50~60%
⑤ 70~80%

06 과실, 채소의 건조에는 부적당하나 조작이 간편하며 어류, 패류, 김, 오징어 등을 말릴 수 있는 건조법은?

① 열풍건조법   ② 고온건조법
③ 고주파건조법   ④ 일광건조법
⑤ 염장건조법

07 다음에서 밀가루의 성분 중 글루텐을 구성하는 주요 단백질을 모두 고르면?

㉠ 글루테닌	㉡ 호르데인
㉢ 글리아딘	㉣ 제인

① ㉠, ㉡, ㉢   ② ㉠, ㉢
③ ㉡, ㉣   ④ ㉣
⑤ ㉠, ㉡, ㉢, ㉣

08 어류나 육류의 비린내를 발생시키는 물질은?

① 트리메틸아민   ② 아세트알데히드
③ 아세톤   ④ 프로피온산
⑤ 팔미트산

09 이스트 발효빵에서 이스트의 영양물은?

① 당   ② 지방
③ 단백질   ④ 비타민
⑤ 무기질

10 밀가루로 빵을 만드는 과정에서 설탕의 사용 목적이 아닌 것은?

① 빵껍질의 빛깔에 관여
② 효모의 영양원
③ 유해균 발효 억제
④ 식품의 노화 방지 및 저장성 부여
⑤ 단백연화 작용

11 건조식품에서 가장 문제가 되는 미생물은?

① 효모   ② 곰팡이
③ 세균   ④ 바이러스
⑤ 기생충

12 다음 중 불건성유에 속하는 것은?

① 해바라기유   ② 아마인유
③ 들기름   ④ 호두유
⑤ 피마자유

13 식품의 4가지 기본 맛에 속하지 않는 것은?

① 단맛   ② 쓴맛
③ 신맛   ④ 짠맛
⑤ 매운맛

14 포도의 신맛을 내는 산과 관련이 있는 것은?

① 젖산(락트산)
② 구연산(시트르산)
③ 주석산(타르타르산)
④ 사과산(말산)
⑤ 소르빈산

15 신맛이 너무 강할 때 신맛을 감소시켜 줄 수 있는 맛은?

① 단맛
② 쓴맛
③ 짠맛
④ 매운맛
⑤ 떫은맛

16 쓴약을 먹은 뒤 곧 물을 마시면 단맛이 나는데 이러한 현상을 이르는 말은?

① 대비현상
② 맛의 상승
③ 변조현상
④ 미맹현상
⑤ 맛의 억제

17 다음 중 식물성 식품의 색소가 아닌 것은?

① 클로로필
② 카로티노이드
③ 안토시아닌
④ 플라보노이드
⑤ 미오글로빈

18 토마토의 붉은색이 속하는 색소는?

① 클로로필
② 카로틴
③ 안토시안
④ 헤모글로빈
⑤ 미오글로빈

19 쇠고기와 같은 근육의 적색 색소는?

① 안토시아닌계
② 플라보노이드계
③ 카로틴계
④ 클로로필
⑤ 미오글로빈

20 다음에서 식품의 변질에 대한 설명으로 옳은 것을 모두 고르면?

> ㉠ 산패는 유지식품이 산화되어 냄새발생, 색채가 변화된 상태이다.
> ㉡ 변패는 탄수화물, 지방에 미생물이 번식하여 먹을 수 없는 상태이다.
> ㉢ 변질은 식품에 있어서 식품고유의 성분이 효소, 수분, 일광, 산소 등에 의해 변하는 것이다.
> ㉣ 부패는 단백질이 미생물에 의해 분해되어서 이로운 물질을 발생시키는 것이다.

① ㉠, ㉡, ㉢
② ㉠, ㉢
③ ㉡, ㉣
④ ㉣
⑤ ㉠, ㉡, ㉢, ㉣

21 식품의 부패 시 나타나는 현상과 가장 관계가 없는 것은?

① 습도
② 냄새
③ 점도
④ 광택
⑤ 경도

22 산패가 의미하는 것은?

① 단백질의 변질
② 탄수화물의 변질
③ 단백질의 산화
④ 유지의 산화
⑤ 당질의 변화

23 다음 중 식품이 부패하여도 변하지 않는 것은?

① 색
② 형태
③ 맛
④ 냄새
⑤ 경도

24 식품의 변질원인으로 가장 거리가 먼 것은?

① 효소
② 산소
③ 압력
④ 금속
⑤ 미생물

25 기름의 산화적 부패를 가장 촉진시키는 금속은?

① Cu
② Zn
③ Mn
④ Al
⑤ Se

26 다음 중 다당류에 속하는 것은?

① 포도당
② 전분
③ 설탕
④ 과당
⑤ 젖당

27 알칼리성 식품의 함유요소가 아닌 것은?

① Na
② K
③ Ca
④ Cl
⑤ Mg

28 유지류의 산패를 효과적으로 억제하는 색은?

① 백색
② 청색
③ 적색
④ 노란색
⑤ 오렌지색

29 식품 저장시 갈색화 반응에 의해 색깔이 갈변하여 품위를 저하시키는데 이를 방지하기 위해서 해야 할 일은?

① 가열
② 냉동
③ 염장
④ 건조
⑤ 훈증

30 다음 중 고추의 매운 맛을 내는 성분은?

① 캡사이신
② 에틸 아세테이트
③ 유황 화합물
④ 아세트 알데히드
⑤ 카페인

31 산 저장에서의 pH 값으로 알맞은 것은?

① 8.5
② 7
③ 6
④ 5.5
⑤ 4.5

32 냉동에서 가장 많이 이용되는 열은?

① 증발열
② 승화열
③ 융해열
④ 잠열
⑤ 현열

33 살균이 끝난 통조림의 급랭 온도와 가장 가까운 것은?

① 0℃ ② 5℃
③ 10℃ ④ 20℃
⑤ 40℃

34 근육 자체의 효소에 의해서 단백질이 아미노산까지 분해되는 현상은?

① 가수분해 ② 자가소화
③ 사후강직 ④ 숙성
⑤ 변패

35 다음 중 카로티노이드계 색소가 가장 많은 것은?

① 당근 ② 가지
③ 배 ④ 무
⑤ 배추

36 다음에서 CA 저장에 관련된 가스를 모두 고르면?

┌─────────────────────────┐
│ ㉠ 탄산가스   ㉡ 산소   │
│ ㉢ 질소가스   ㉣ 수소가스 │
└─────────────────────────┘

① ㉠, ㉡, ㉢ ② ㉠, ㉢
③ ㉡, ㉣ ④ ㉣
⑤ ㉠, ㉡, ㉢, ㉣

37 유지의 산패는 여러 가지 인자에 의해 촉진되는데, 다음 중 산패를 촉진하지 않는 것은?

① 높은 온도 ② 질소가스
③ 광선 ④ 금속
⑤ 산화방지제

38 동결어 해동에서 체액의 일부가 밖으로 유출되는 현상은?

① 용혈 현상 ② 프로져브 현상
③ 리스팅 현상 ④ 드립 현상
⑤ 캐러멜 현상

39 다음 중 진저론(Zingeron)이 들어 있는 식품은?

① 생강 ② 마늘
③ 후추 ④ 고추
⑤ 산초

40 캐러멜이라는 물질로 변화되는 식품 성분은?

① 당류 ② 단백질
③ 지방 ④ 비타민
⑤ 무기질

▌02장 식품미생물학

01 다음 중 미생물 생육과 가장 관계가 적은 것은?

① 산소　　　　② 빛
③ 온도　　　　④ pH
⑤ 수분함량

02 다음에서 Penicillium속과 무관한 것을 모두 고르면?

> ㉠ 치즈 숙성　　㉡ 연부병
> ㉢ 항생제　　　　㉣ 아이스크림

① ㉠, ㉡, ㉢　　　② ㉠, ㉢
③ ㉡, ㉣　　　　　④ ㉣
⑤ ㉠, ㉡, ㉢, ㉣

03 다음에서 세균의 일반적인 형태가 아닌 것은?

> ㉠ 구균　　　　㉡ 간균
> ㉢ 나선균　　　㉣ 박스균

① ㉠, ㉡, ㉢　　　② ㉠, ㉢
③ ㉡, ㉣　　　　　④ ㉣
⑤ ㉠, ㉡, ㉢, ㉣

04 다음의 식품 미생물 중 세균류를 모두 고르면?

> ㉠ 바실루스균
> ㉡ 에스케리치아균
> ㉢ 클로스트리디움균
> ㉣ 리조푸스균

① ㉠, ㉡, ㉢　　　② ㉠, ㉢
③ ㉡, ㉣　　　　　④ ㉣
⑤ ㉠, ㉡, ㉢, ㉣

05 청국장을 만들 때 40~45℃에서 끈끈한 점질물을 생성하는 균은?

① 황곡균　　　　② 젖산균
③ 부패균　　　　④ 납두균
⑤ 간균

06 다음 중 병원미생물인 것은?

① 식중독균　　　② 유산균
③ 납두균　　　　④ 식초균
⑤ 젖산균

07 다음 중 진핵세포 미생물이 아닌 것은?

① 곰팡이　　　　② 효모
③ 조류　　　　　④ 원생동물
⑤ 방선균

08 세포구성물질 중 단백질을 합성하는 곳은?

① 세포막
② 핵
③ 미토콘드리아
④ 리보솜
⑤ 리소좀

09 곰팡이의 특징으로 옳지 않은 것은?

① 분류학상으로 진균류에 속한다.
② 포자에 의해 증식한다.
③ 진핵세포를 갖는 고등 미생물이다.
④ 균사체는 영양기관이다.
⑤ 대부분 단세포 미생물이다.

10 다음 중 소독약의 살균력 지표로 사용되는 물질은?

① 클로르칼키
② 석탄산
③ 승홍
④ 알코올
⑤ 크레졸

11 다음과 같은 업적을 남긴 사람은?

> • 미생물의 소수분리 성공
> • 미생물학의 실험기법 확립

① Antony van Leeuwenhoek
② Louis Pasreur
③ Robert Koch
④ Lindner
⑤ Emil Christian Hansen

12 곰팡이의 번식에 있어서 유성포자가 아닌 것은?

① 난포자
② 접합포자
③ 분열포자
④ 자낭포자
⑤ 담자포자

13 곰팡이의 분류 중 자낭균류에 속하지 않는 것은?

① Aspergillus
② Penicillium
③ Monascus
④ Neurospora
⑤ Thamnidium

14 다음 중 효모의 특징과 거리가 먼 것은?

① 진균류이다.
② 출아법으로 증식한다.
③ Aflatoxin이라는 발암물질이다.
④ 진핵세포를 갖는다.
⑤ 고등미생물이다.

15 곰팡이의 조상균류에 대한 설명으로 틀린 것은?

① 균사에 격벽이 없다.
② 무성생식때는 내생포자로 증식한다.
③ 유성생식때는 접합포자로 증식한다.
④ 균사 끝에 중축이 생기고 그곳에 포자낭이 형성되어 포자낭포자를 만든다.
⑤ 대표균은 누룩곰팡이, 푸른곰팡이이다.

16 다음의 자낭균류 곰팡이 중 Aspergillus속에 속하는 것을 모두 고르면?

> ㉠ 황국균 　㉡ 흑국균
> ㉢ Aflatoxin 　㉣ Yellow rice

① ㉠, ㉡, ㉢　　② ㉠, ㉢
③ ㉡, ㉣　　　④ ㉣
⑤ ㉠, ㉡, ㉢, ㉣

17 아포를 형성하는 세균을 소독하기에 가장 좋은 방법은?

① 건열멸균　　② 냉동멸균
③ 고압증기멸균　④ 역성비누소독
⑤ 일광소독

18 다음에서 세균의 분류학상 중요한 기준을 모두 고르면?

> ㉠ 편모의 수　㉡ 편모의 유무
> ㉢ 편모의 위치　㉣ 편모의 형태

① ㉠, ㉡, ㉢　　② ㉠, ㉢
③ ㉡, ㉣　　　④ ㉣
⑤ ㉠, ㉡, ㉢, ㉣

19 세균의 구조에서 중앙이 관으로 구성된 DNA 물질의 이동통로와 부착기관은?

① 편모　　② 선모
③ 협막　　④ 핵막
⑤ 미토콘드리아

20 다음 중 건조한 환경에서 생육하는 능력이 강한 것은?

① 바이러스　　② 리케차
③ 박테리아　　④ 곰팡이
⑤ 효모

21 방선균에 대한 설명으로 옳지 않은 것은?

① 사상세균이다.
② 곰팡이와 세균의 중간 형상을 하고 있다.
③ 토양 및 퇴비에 존재한다.
④ 흙냄새의 주요 원인이 된다.
⑤ 고유 숙주를 가지는 숙주 특이성을 가진다.

22 독자적인 대사기능이 불가능하여 반드시 생세포 내에서만 증식하므로 생물과 무생물의 중간적 존재는?

① 곰팡이　　② 효모
③ 세균　　　④ 박테리아파아지
⑤ 방선균

23 미생물의 증식곡선 과정에서의 유도기의 특성이 아닌 것은?

① RNA 함량의 증가
② 단백질의 분해
③ 호흡기능 활발
④ 대사활동 활발
⑤ 새로운 환경에 대한 적응효소 생성

24 미생물 증식곡선에서 생균수가 거의 일정하고 세포수가 최대에 달하는 시기는?

① 유도기　　　② 대수기
③ 정지기　　　④ 사멸기
⑤ 쇠퇴기

25 미생물 효소 이용의 장점이 아닌 것은?

① 독성이 없다.
② 맛과 냄새가 없다.
③ 식품의 가치를 향상시킨다.
④ 값이 싸다.
⑤ 낮은 온도에서도 반응이 신속히 일어난다.

26 알코올램프에 의한 살균으로 백금선류, 핀셋, 배양용기 입구 및 금속붙이 등을 살균하는 것은?

① 화염살균　　　② 건열살균
③ 습열살균　　　④ 여과제균
⑤ 살균제에 의한 살균

27 다음 중 위생지표 세균에 속하는 것은?

① 대장균군　　　② 캔디다균
③ 리조푸스균　　④ 페니실리움균
⑤ 곰팡이균

28 다음 중 박테리아의 특징이 아닌 것은?

① 다세포로서 핵막이 있다.
② 운동성이 있는 것이 있다.
③ 그람염색성, 산소요구성, 형태 등에 의해 분류한다.
④ 무성적인 분열을 한다.
⑤ 핵막, 인, 미토콘드리아가 없다.

29 다음에서 미생물의 생장증식에 영향을 주는 인자 중 환경적 요인을 모두 고르면?

| ㉠ 온도 | ㉡ pH |
| ㉢ 식염농도 | ㉣ 공기량 |

① ㉠, ㉡, ㉢　　　② ㉠, ㉢
③ ㉡, ㉣　　　④ ㉣
⑤ ㉠, ㉡, ㉢, ㉣

30 포도상구균이 속하는 세균의 형태는?

① 구균　　　② 간균
③ 나선균　　④ 막대형
⑤ 나선형

31 다음에서 설명하는 내용이 가리키는 것은?

• 원형, 타원형, 아령형이 있으며 벼룩, 이, 진드기 등과 같은 절족동물에 기생하고 이것을 매개체로 하여 사람에게 병을 옮긴다.
• 발진티푸스, 쓰쓰가무시병의 원인균으로 알려져 있다.

① 세균류   ② 곰팡이류

③ 효모류   ④ 리케차

⑤ 바이러스

32 단세포식물과 다세포식물의 중간형 미생물로 나선상 가느다란 원충모양의 세균이며 운동성이 있으며 매독의 병원체는?

① 효모   ② 곰팡이

③ 스피로헤타   ④ 바이러스

⑤ 리케차

33 다음에서 편성혐기성균을 모두 고르면?

> ㉠ 보툴리누스균   ㉡ 웰치균
> ㉢ 파상풍균   ㉣ 장염비브리오균

① ㉠, ㉡, ㉢   ② ㉠, ㉢

③ ㉡, ㉣   ④ ㉣

⑤ ㉠, ㉡, ㉢, ㉣

34 다음에서 고온균에 속하는 것을 모두 고르면?

> ㉠ 젖산균   ㉡ 곰팡이
> ㉢ 유황세균   ㉣ 효모

① ㉠, ㉡, ㉢   ② ㉠, ㉢

③ ㉡, ㉣   ④ ㉣

⑤ ㉠, ㉡, ㉢, ㉣

35 병원체가 인체에 침입한 후 자각적·타각적 임상 증상인 발병까지의 기간은?

① 이환기   ② 잠복기

③ 전염기   ④ 세대기

⑤ 유도기

36 다음에서 어패류가 다른 육류에 비하여 부패하기 쉬운 이유를 모두 고르면?

> ㉠ Autolysis가 육류보다 강하다.
> ㉡ 수분함량이 육류보다 높다.
> ㉢ 글리코겐 함량이 육류보다 낮다.
> ㉣ 육류보다 지방층이 많다.

① ㉠, ㉡, ㉢   ② ㉠, ㉢

③ ㉡, ㉣   ④ ㉣

⑤ ㉠, ㉡, ㉢, ㉣

37 살균작용이 강한 순서대로 바르게 나타낸 것은?

> ㉠ 멸균   ㉡ 소독
> ㉢ 방부

① ㉠ > ㉡ > ㉢   ② ㉠ > ㉢ > ㉡

③ ㉡ > ㉠ > ㉢   ④ ㉡ > ㉢ > ㉠

⑤ ㉢ > ㉠ > ㉡

03장 조리원리

01 냄비에 우유를 넣고 끓일 때 냄비 표면에 피막을 형성하는 단백질끼리 바르게 짝지어진 것은?

① 락트알부민, 카세인
② 카세인, 글로불린
③ 락토오스, 글로불린
④ 락트알부민, 글로불린
⑤ 락트알부민, 락토오스

02 육류 단백질이 응고되기 시작하는 온도는?

① 30℃   ② 40℃
③ 50℃   ④ 60℃
⑤ 70℃

03 다음 식품 중 난백의 기포력을 돕는 물질은?

① 샐러드유   ② 우유
③ 레몬주스   ④ 난황
⑤ 설탕

04 다음 중 엿기름에 사용되는 곡류는?

① 메밀   ② 귀리
③ 수수   ④ 보리
⑤ 호밀

05 다음에서 튀김에 사용한 기름의 변화로 옳은 것을 모두 고르면?

> ㉠ 점도 증가   ㉡ 요오드가 감소
> ㉢ 영양가 감소   ㉣ 유리지방산 감소

① ㉠, ㉡, ㉢   ② ㉠, ㉢
③ ㉡, ㉣   ④ ㉣
⑤ ㉠, ㉡, ㉢, ㉣

06 다음에서 밥짓기에 대한 설명으로 옳은 것을 모두 고르면?

> ㉠ 물의 양은 일반미일 때에 쌀 부피의 1.2배, 현미일 때는 1.5배를 넣는다.
> ㉡ 밥을 짓기 전에 미리 쌀을 수침하는 것은 가열식 열전도율을 좋게 하기 위해서이다.
> ㉢ 조리용기의 재질 및 연료에 따른 밥맛의 차이는 불을 끈 후에 여열의 이용 차이 때문이다.
> ㉣ 쌀의 입자는 온도상승에 따라 30℃에서 팽윤되다가 40~50℃에서 호화가 시작된다.

① ㉠, ㉡, ㉢   ② ㉠, ㉢
③ ㉡, ㉣   ④ ㉣
⑤ ㉠, ㉡, ㉢, ㉣

07 다음에서 고기를 요리할 때 사용되는 연화제를 모두 고르면?

> ㉠ 염화칼슘   ㉡ 파파인
> ㉢ 참기름   ㉣ 배즙

① ㉠, ㉡, ㉢   ② ㉠, ㉢

③ ㉡, ㉣   ④ ㉣

⑤ ㉠, ㉡, ㉢, ㉣

11 조리할 때 물의 기능에 대한 설명으로 옳지 않은 것은?

① 비위생적인 물질을 제거한다.

② 식품의 물성을 호전시킨다.

③ 건식품의 연화에 관여한다.

④ 비타민과 무기질의 용출을 초래한다.

⑤ 기름보다 열전도율이 높아져 조리시간이 빠르다.

08 다음에서 플라본계 색소에 의한 변화를 모두 고르면?

> ㉠ 밀감의 과피
> ㉡ 양파의 외피
> ㉢ 메밀가루의 거무스레한 빛깔
> ㉣ 노란콩

① ㉠, ㉡, ㉢   ② ㉠, ㉢

③ ㉡, ㉣   ④ ㉣

⑤ ㉠, ㉡, ㉢, ㉣

12 다음에서 효율적인 열 관리에 대한 설명으로 옳은 것을 모두 고르면?

> ㉠ 연료를 완전히 연소시키지 않는다.
> ㉡ 식품을 절단하여 조리한다.
> ㉢ 비열이 작은 용기에 보관한다.
> ㉣ 열효율이 큰 연료를 사용한다.

① ㉠, ㉡, ㉢   ② ㉠, ㉢

③ ㉡, ㉣   ④ ㉣

⑤ ㉠, ㉡, ㉢, ㉣

09 다음 중 육류 근육의 사후강직과 관계있는 물질은?

① Pectin   ② Galactose

③ Inulin   ④ Glycogen

⑤ Starch

13 조리할 때 영양소의 손실을 최소한으로 줄이기 위한 목적으로 옳지 않은 것은?

① 감자는 통째로 씻어서 원하는 대로 썬다.

② 시금치를 데칠 때는 소금을 약간 넣어 준다.

③ 마른 표고버섯을 불려 낸 물은 찌개에 이용한다.

④ 튀김의 질감을 좋게 하기 위해 중조를 조금 넣어준다.

⑤ 밥을 지을 때 쌀을 침수 시켰던 물은 버리지 않고 밥물로 사용한다.

10 식품의 산성 및 알칼리성을 결정하는 기준 성분은?

① 구성 무기질

② 필수아미노산 존재 유무

③ 구성 탄수화물

④ 필수지방산 존재 유무

⑤ 당질의 존재 유무

14 전분의 노화에 대한 설명 중 옳지 않은 것은?

① 0~4℃에서 잘 일어난다.

② 수분함량이 30~70%일 때에 잘 일어난다.

③ Amylopectin의 양이 많을수록 빨리 일어난다.

④ 겨울철에 떡이나 밥 등이 쉽게 굳는다.

⑤ 수분을 10% 이하로 하면 노화방지가 된다.

15 유지의 품질에 대한 지표가 되는 것은?

① 포화지방산 　② 필수지방산

③ 글리세이드 양 　④ 리파아제의 양

⑤ 유리지방산

16 다음에서 유지류와 함께 섭취해야 흡수되는 비타민을 모두 고르면?

> ㉠ 비타민 A 　㉡ 비타민 D
> ㉢ 비타민 E 　㉣ 비타민 K

① ㉠, ㉡, ㉢ 　② ㉠, ㉢

③ ㉡, ㉣ 　④ ㉣

⑤ ㉠, ㉡, ㉢, ㉣

17 다음에서 빵을 만들 때의 설명으로 옳은 것을 모두 고르면?

> ㉠ 설탕을 반죽에 넣으면 연해진다.
> ㉡ Gas체들은 글루텐 그물 형태를 다공질로 만든다.
> ㉢ 쇼트닝을 반죽에 넣으면 글루텐 그물이 서로 붙는 것을 억제한다.
> ㉣ 설탕은 밀가루 반죽에 많이 넣을수록 글루텐이 더 잘 형성된다.

① ㉠, ㉡, ㉢ 　② ㉠, ㉢

③ ㉡, ㉣ 　④ ㉣

⑤ ㉠, ㉡, ㉢, ㉣

18 각 제품에 적당한 밀가루의 종류가 바르게 연결되지 않은 것은?

① 케이크 – 박력분

② 식빵 – 강력분

③ 이스트 브레드 – 박력분

④ 국수 – 중력분

⑤ 튀김옷 – 박력분

19 다음에서 계란의 가열응고에 대한 설명으로 틀린 것을 모두 고르면?

> ㉠ 난백이 난황에 비해 먼저 응고되지만 완전응고는 늦다.
> ㉡ 15분 이상 과숙하면 FeS 생성으로 난황이 암록색으로 변한다.
> ㉢ 우유 및 새우젓 등을 첨가하면 부드러운 겔 상태로 응고한다.
> ㉣ 60~70℃에서 가열하면 시간은 많이 걸리나 조직이 부드러워진다.

① ㉠, ㉡, ㉢   ② ㉠, ㉢

③ ㉡, ㉣   ④ ㉣

⑤ ㉠, ㉡, ㉢, ㉣

20 신선란에 대한 설명으로 옳은 것은?

① 기공이 크다.

② Curticle 층이 있다.

③ 난황이 널찍하게 퍼진다.

④ 수양난백이 농후난백보다 많다.

⑤ 삶았을 때 난황 표면이 쉽게 암록색으로 변한다.

21 녹색채소로 김치를 담갔을 때 숙성에 따라 녹갈색으로 변화한다. 이때 클로로필이 변화하여 만들어지는 것은?

① Chlorophyllin

② Chlorophyllide

③ Cupperchlorophyll

④ Pheophytin

⑤ Fe−Chlorophyll

22 다시마의 특징으로 옳지 않은 것은?

① 지방이 적게 들어 있다.

② 비린내가 난다.

③ 칼슘과 요오드가 많다.

④ 빛깔이 검고 조직이 두꺼울수록 나쁜 제품이다.

⑤ 건조제품의 영양성분 중 당질이 51.9%이다.

23 젤라틴 겔에 대한 설명으로 옳지 않은 것은?

① 젤라틴은 콜라겐이 주성분이다.

② 용해된 젤라틴은 온도가 낮을수록 빨리 응고한다.

③ 용해된 젤라틴은 농도가 높을수록 빨리 응고한다.

④ 과일 주스를 다량 첨가하면 응고되지 않는다.

⑤ 설탕은 많이 첨가한다고 하더라도 겔의 강도에 영향을 미치지 않는다.

24 육류의 사후경직이 일어나는 원인이 아닌 것은?

① Ca^{++}의 작용이 억제되지 않는다.

② 근육의 pH가 저하된다.

③ Phosphatase가 활성화된다.

④ Inosinic Acid가 생성된다.

⑤ ATP가 분해된다.

25 쇠고기 부위와 적당한 조리방법이 잘못 연결된 것은?

① 장조림 − 홍두깨살

② 육포 − 등심, 안심

③ 탕 − 사태육, 장정육

④ 구이 − 안심, 갈비

⑤ 편육 − 양지육, 사태육

26 결합수의 특성으로 옳지 않은 것은?

① 보통의 물보다 밀도가 크다.
② 미생물의 번식과 발아에 이용된다.
③ 압력을 가해 압착해도 제거되지 않는다.
④ 용질에 대하여 용매로 작용하지 못한다.
⑤ 0℃ 이하에서도 얼지 않는다.

27 식품조리의 목적에 들지 않는 것은?

① 영양성   ② 기호성
③ 안전성   ④ 보충성
⑤ 저장성

28 어묵의 제조에 대한 설명으로 옳은 것은?

① 생선의 단백질을 농축한 것이다.
② 생선의 단백질을 산에 의해 변성시킨 것이다.
③ 생선에 소금을 넣어 만들어진 고기풀의 젤화를 이용한 것이다.
④ 생선과 젤라틴을 결합하여 가열한 것이다.
⑤ 생선의 단백질을 냉동처리에 의해 변성시킨 것이다.

29 콩을 물에 불렸을 때 거품 성분은?

① 사포닌   ② 단백질
③ 지방   ④ 유기산
⑤ 비타민

30 다음에서 습열조리를 모두 고르면?

| ㉠ 끓이기 | ㉡ 찌기 |
| ㉢ 조리기 | ㉣ 굽기 |

① ㉠, ㉡, ㉢   ② ㉠, ㉢
③ ㉡, ㉣   ④ ㉣
⑤ ㉠, ㉡, ㉢, ㉣

31 반죽에서 달걀의 중요한 역할과 거리가 먼 것은?

① 맛을 좋게 한다.
② 색을 좋게 한다.
③ 팽창제의 역할을 한다.
④ 유화성을 가진다.
⑤ 단백질의 연화작용을 돕는다.

32 다음 중 밀가루 반죽시 팽창제 역할을 하지 못하는 것은?

① 탄산가스   ② 물
③ 난백거품   ④ 설탕
⑤ 밀가루를 체로 침

33 밥맛을 좌우하는 요소로 잘못된 것은?

① 밥물의 산도가 높아질수록 밥맛이 좋아진다.
② 0.03%의 소금첨가로 밥맛이 좋아진다.
③ 쌀은 수확 후 오래되면 밥맛이 나빠진다.
④ 쌀의 일반 성분은 밥맛과 거의 관계가 없다.
⑤ 수용성 질소화물 및 가용성 유미 물질이 많으면 밥맛이 좋다.

34 다음 밥짓기에 대한 설명으로 옳지 않은 것은?

① 쌀을 미리 물에 불리는 것은 가열시 열전도를 좋게 하여 주기 위함이다.

② 밥물은 쌀 중량의 1.2배, 부피의 1.5배 되도록 붓는다.

③ 쌀의 전분이 완전히 α화 되려면 98℃ 이상에서 20분 걸린다.

④ 밥맛을 좋게 하기 위하여 0.03% 정도의 소금을 넣을 수 있다.

⑤ 쌀의 수확 후 시일이 오래 지나면 밥맛이 나빠진다.

35 쌀로 밥을 지으면 조리 후 늘어나는 쌀의 중량은?

① 1.2배   ② 1.5배

③ 2.0배   ④ 2.5배

⑤ 3.0배

36 건조된 콩을 삶았을 때 삶기 전과 비교하여 불어나는 양은?

① 약 1.5배   ② 약 2배

③ 약 3배   ④ 약 4배

⑤ 약 5배

37 날콩에 들어 있는 독성 성분으로 가열하면 소실되는 성분은?

① 알부민   ② 케라틴

③ 글로불린   ④ 안티트립신

⑤ 테트로도톡신

38 식빵을 만드는 데 가장 적합한 종류의 밀가루는?

① 강력분   ② 중력분

③ 박력분   ④ 혼합밀가루

⑤ 글루텐의 함량이 적은 것

39 다음에서 기름의 발연점이 낮아지는 이유를 모두 고르면?

> ㉠ 유리지방산이 많을 때
> ㉡ 기름에 이물질이 많을 때
> ㉢ 여러 번 반복하여 사용할 때
> ㉣ 그릇의 표면적이 좁을 때

① ㉠, ㉡, ㉢   ② ㉠, ㉢

③ ㉡, ㉣   ④ ㉣

⑤ ㉠, ㉡, ㉢, ㉣

40 두부제조 시 응고제로 가장 많이 사용하는 것은?

① 황산칼슘   ② 초산칼슘

③ 황화철   ④ 산화철

⑤ 염화나트륨

41 녹색채소를 조리하는 데 가장 좋은 방법은?

① 냉수에 넣어 천천히 조리한다.

② 끓는 물에 넣어 신속히 조리한다.

③ 끓는 물에 넣어 서서히 조리한다.

④ 미지근한 물에 넣어 서서히 조리한다.

⑤ 냉수에 넣어 신속히 조리한다.

42 생선의 비린내를 없애는 방법으로 적당하지 않은 것은?

① 생선을 조리하기 전에 우유에 담가 둔다.
② 된장, 고추장을 넣는다.
③ 선도가 떨어지는 생선은 먼저 열탕처리한 후 조리한다.
④ 파, 마늘은 처음부터 생선과 같이 넣어 조리한다.
⑤ 비린내를 없애기 위한 생강과 술을 넣는다.

43 다음에서 방부작용을 가지는 것을 모두 고르면?

| ㉠ 생강 | ㉡ 소금 |
| ㉢ 식초 | ㉣ 고추 |

① ㉠, ㉡, ㉢
② ㉠, ㉢
③ ㉡, ㉣
④ ㉣
⑤ ㉠, ㉡, ㉢, ㉣

44 계란의 녹변현상이 잘 일어나는 조건이 아닌 것은?

① 가열온도가 높을수록 잘 일어난다.
② 가열시간이 길수록 잘 일어난다.
③ 오래된 계란일수록 잘 일어난다.
④ 신선한 계란일수록 잘 일어난다.
⑤ 완숙 후 냉수에서 빨리 식히지 않을 때 더욱 잘 일어난다.

45 숙성에 의해 맛이 더 나빠지는 것은?

① 쇠고기
② 돼지고기
③ 고등어
④ 닭고기
⑤ 염소고기

46 냉동된 육류를 해빙하는 데 가장 좋은 방법은?

① 뜨거운 물
② 냉수
③ 오븐
④ 전자레인지
⑤ 냉장고

47 이스트 발효빵에서 이스트의 영양물은?

① 비타민
② 무기질
③ 단백질
④ 지질
⑤ 당

48 다음에서 제빵을 할 때 재료 성분 중 지방의 역할로 옳은 것을 모두 고르면?

| ㉠ 연화작용을 촉진시킨다. |
| ㉡ 빵 표면의 갈색화를 촉진시킨다. |
| ㉢ 제품의 결을 고르게 해준다. |
| ㉣ 글루텐의 작용을 증진시킨다. |

① ㉠, ㉡, ㉢
② ㉠, ㉢
③ ㉡, ㉣
④ ㉣
⑤ ㉠, ㉡, ㉢, ㉣

49 다음에서 채소를 조리하는 목적으로 옳은 것을 모두 고르면?

> ㉠ 맛을 내게 하고 좋지 못한 맛을 제거하게 한다.
> ㉡ 섬유소를 강화시킨다.
> ㉢ 색깔을 보존하기 위해서이다.
> ㉣ 탄수화물과 단백질을 보다 소화하기 쉽도록 하려는 데 있다.

① ㉠, ㉡, ㉢   ② ㉠, ㉢
③ ㉡, ㉣   ④ ㉣
⑤ ㉠, ㉡, ㉢, ㉣

50 다음에서 찜의 장점에 대한 설명을 모두 고르면?

> ㉠ 모양이 흐트러지지 않는다.
> ㉡ 풍미유지에 좋다.
> ㉢ 수용성 성분의 손실이 끓이기에 비하여 적다.
> ㉣ 수증기의 잠재열을 이용하므로 시간이 절약된다.

① ㉠, ㉡, ㉢   ② ㉠, ㉢
③ ㉡, ㉣   ④ ㉣
⑤ ㉠, ㉡, ㉢, ㉣

51 다음에서 튀김에 대한 설명으로 옳은 것을 모두 고르면?

> ㉠ 밀가루는 박력분을 사용하는 것이 좋다.
> ㉡ 튀김 기름은 발연점이 높은 것을 사용하는 것이 좋다.
> ㉢ 튀김 온도는 170~190℃에서 튀기는 것이 좋다.
> ㉣ 튀김반죽을 해서 두었다가 사용하는 것이 좋다.

① ㉠, ㉡, ㉢   ② ㉠, ㉢
③ ㉡, ㉣   ④ ㉣
⑤ ㉠, ㉡, ㉢, ㉣

52 전자오븐의 조리원리는?

① 복사에 의해서   ② 전도에 의해서
③ 대류에 의해서   ④ 초단파에 의해서
⑤ 직화에 의해서

53 일반적으로 조미료의 침투 속도를 고려할 때 조미 순서가 바르게 나열된 것은?

> ㉠ 설탕   ㉡ 소금(간장)
> ㉢ 식초   ㉣ 화학조미료

① ㉠ → ㉡ → ㉢ → ㉣
② ㉠ → ㉢ → ㉡ → ㉣
③ ㉡ → ㉠ → ㉢ → ㉣
④ ㉡ → ㉢ → ㉠ → ㉣
⑤ ㉢ → ㉠ → ㉡ → ㉣

54 다음에서 조리의 목적을 모두 고르면?

> ㉠ 식품의 기호성 증진
> ㉡ 시각적 · 미각적 효과 제고
> ㉢ 식품의 부패 방지
> ㉣ 식품의 영양가와 소화성 증진

① ㉠, ㉡, ㉢   ② ㉠, ㉢
③ ㉡, ㉣   ④ ㉣
⑤ ㉠, ㉡, ㉢, ㉣

55 다음 가열조리에서 열전달에 대한 설명으로 틀린 것은?

① 끓이기와 삶기는 대류와 전도에 의해 열이 전달된다.
② 튀김은 대류와 전도에 의해 열이 전달된다.
③ 구이는 복사와 전도열에 의한 조리법이다.
④ 전자레인지는 열효율이 크기 때문에 단시간에 조리가 가능하다.
⑤ 기름은 물보다 비열이 크기 때문에 일정하게 온도를 유지하기가 어렵다.

56 다음에서 물의 대류에 의해 열이 식품의 표면에서 내부로 이동되며, 수용성 비타민의 손실이 큰 조리방법을 모두 고르면?

> ㉠ 끓이기   ㉡ 튀기기
> ㉢ 삶기   ㉣ 볶기

① ㉠, ㉡, ㉢   ② ㉠, ㉢
③ ㉡, ㉣   ④ ㉣
⑤ ㉠, ㉡, ㉢, ㉣

57 다음에서 조리시 첨가되는 소금의 역할을 모두 고르면?

> ㉠ 과일이나 채소의 조리시 비타민 C의 파괴 억제
> ㉡ 두부를 삶을 때 두부를 연하게 함
> ㉢ 채소를 삶을 때 엽록소의 변색 억제
> ㉣ 육류 조리시 보수성이 감소함

① ㉠, ㉡, ㉢   ② ㉠, ㉢
③ ㉡, ㉣   ④ ㉣
⑤ ㉠, ㉡, ㉢, ㉣

58 전분의 호화에 영향을 주는 요인에 대한 설명으로 옳지 않은 것은?

① 수분의 함량이 많을수록 호화가 쉽게 일어난다.
② 산성에서 호화가 촉진된다.
③ 염류는 OH^-, CNS^-, Br^-, Cl^-기 등이다.
④ 일부 당류가 gel 형성능력과 점도를 증가시켜 준다.
⑤ 전분의 종류에 따라 호화에 차이가 있다.

59 전분의 노화에 영향을 주는 요인으로 옳지 않은 것은?

① 전분의 종류
② 수분의 함량
③ 온도
④ 전분의 농도
⑤ 영양분의 함유 정도

60 다음에서 전분의 노화억제 방법을 모두 고르면?

> ㉠ 수분함량의 감소
> ㉡ 계면활성제의 사용
> ㉢ 설탕의 첨가
> ㉣ 소금의 첨가

① ㉠, ㉡, ㉢   ② ㉠, ㉢
③ ㉡, ㉣   ④ ㉣
⑤ ㉠, ㉡, ㉢, ㉣

61 다음에서 설명하는 것은?

> 전분에 물을 가하지 않고 비교적 높은 온도에서 가열하면 가용성 전분을 거쳐 덱스트린으로 가수분해되어 일어나는 현상이다.

① 전분의 호정화   ② 전분의 호화
③ 전분의 노화   ④ 전분의 당질화
⑤ 전분의 산패화

62 다음에서 아밀로펙틴만으로 구성된 것을 모두 고르면?

> ㉠ 고구마 전분   ㉡ 찹쌀 전분
> ㉢ 보리 전분   ㉣ 찰옥수수 전분

① ㉠, ㉡, ㉢   ② ㉠, ㉢
③ ㉡, ㉣   ④ ㉣
⑤ ㉠, ㉡, ㉢, ㉣

63 다음에서 조리시 중조를 첨가하게 되면 일어나는 변화를 모두 고르면?

> ㉠ 티아민의 파괴
> ㉡ 아스코르브산의 파괴
> ㉢ 섬유소의 연화
> ㉣ 클로로필린의 생성

① ㉠, ㉡, ㉢   ② ㉠, ㉢
③ ㉡, ㉣   ④ ㉣
⑤ ㉠, ㉡, ㉢, ㉣

64 두류의 조리시 단시간에 연하게 하는 방법은?

① 탄산수소나트륨의 첨가
② 단백질의 첨가
③ 비타민K의 첨가
④ 설탕의 첨가
⑤ 수분의 증가

65 과일의 숙성 중 변화가 아닌 것은?

① 크기의 증가
② 유기산의 함량 감소
③ 당 함량의 증가
④ 수용성 타닌의 증가
⑤ 과일 특유의 색으로 전환

66 난백에 엷은 녹황색을 띠게 하는 성분은?

① 리보플라빈   ② 엽록소
③ 카로틴   ④ 비타민 C
⑤ 비타민 B_{12}

67 분질감자의 특징으로 옳지 않은 것은?

① 전분의 함량이 높다.

② 비중이 크다.

③ 으깬 감자의 요리로 적당하다.

④ 비중이 높을수록 잘 부서진다.

⑤ 가열하면 투명해 보인다.

68 다음에서 감자의 갈변을 막을 수 있는 경우를 모두 고르면?

> ㉠ 물에 담근다
> ㉡ 껍질을 벗긴다
> ㉢ 가열한다
> ㉣ 감자를 썰어 둔다

① ㉠, ㉡, ㉢ ② ㉠, ㉢

③ ㉡, ㉣ ④ ㉣

⑤ ㉠, ㉡, ㉢, ㉣

69 다음에서 곡류 외피의 주요 성분을 모두 고르면?

> ㉠ 조섬유 ㉡ 조단백
> ㉢ 회분 ㉣ 지방

① ㉠, ㉡, ㉢ ② ㉠, ㉢

③ ㉡, ㉣ ④ ㉣

⑤ ㉠, ㉡, ㉢, ㉣

70 다음에서 밥을 지을 때의 물의 양 기준이 아닌 것을 모두 고르면?

> ㉠ 쌀의 특성 ㉡ 쌀의 품종
> ㉢ 가열조건 ㉣ 밥솥의 종류

① ㉠, ㉡, ㉢ ② ㉠, ㉢

③ ㉡, ㉣ ④ ㉣

⑤ ㉠, ㉡, ㉢, ㉣

71 다음에서 밀가루 반죽시 글루텐 형성을 방해하는 것을 모두 고르면?

> ㉠ 소금의 첨가 ㉡ 지방의 첨가
> ㉢ 물의 첨가 ㉣ 설탕의 첨가

① ㉠, ㉡, ㉢ ② ㉠, ㉢

③ ㉡, ㉣ ④ ㉣

⑤ ㉠, ㉡, ㉢, ㉣

72 제빵시 첨가되는 수분의 역할로 적절하지 않은 것은?

① 글루텐의 형성

② 전분의 노화

③ 증기에 의한 팽창효과

④ 각 성분의 용매

⑤ 베이킹 파우더의 반응유도

73 다시마나 미역 등에 함유된 끈적끈적한 물질은?

① 한천   ② 라미나린
③ 알긴산   ④ 카라기난
⑤ 푸코산

74 다음에서 유지의 융점이 높아지는 경우를 모두 고르면?

㉠ 탄소수가 많을수록
㉡ 탄소수가 적을수록
㉢ 포화도가 높을수록
㉣ 불포화지방산이 많을수록

① ㉠, ㉡, ㉢   ② ㉠, ㉢
③ ㉡, ㉣   ④ ㉣
⑤ ㉠, ㉡, ㉢, ㉣

75 튀김시 생기는 유지의 변화로 적당하지 않은 것은?

① 요오드가의 증가
② 점도의 증가
③ 과산화물가의 증가
④ 불포화지방산의 감소
⑤ 중합도의 증가

76 구운 빵을 질기게 하는 성분은?

① 설탕   ② 계란
③ 지방   ④ 물
⑤ 베이킹 파우더

77 식품 조리시의 유지의 역할과 거리가 먼 것은?

① 갈변작용   ② 열전달체
③ 유화작용   ④ 연화작용
⑤ 글루텐의 형성

78 다음에서 전분에 대한 설명으로 옳은 것을 모두 고르면?

㉠ 찬물에 쉽게 녹지 않는다.
㉡ 가열하면 팽윤되어 점성을 갖는다.
㉢ 달지는 않으나 온화한 맛을 준다.
㉣ 동물체 내에 저장되는 탄수화물로 열량을 공급한다.

① ㉠, ㉡, ㉢   ② ㉠, ㉢
③ ㉡, ㉣   ④ ㉣
⑤ ㉠, ㉡, ㉢, ㉣

79 쌀의 도정도가 높아짐에 따라 그 함량이 증가하는 것으로 옳은 것은?

① 단백질   ② 지방
③ 탄수화물   ④ 비타민
⑤ 무기질

80 유지의 조리성에 대한 설명으로 옳지 않은 것은?

① 비열이 높아 열 매체로서 이용된다.
② 식품의 맛을 좋게 한다.
③ 쇼트닝성을 가진다.
④ 크리밍성을 가진다.
⑤ 물과 혼합되지 않기 때문에 식품이 용기에 접착되지 않게 한다.

81 다음에서 튀김시 기름의 흡수량이 많아지는
경우를 모두 고르면?

> ㉠ 당의 함량이 많은 경우
> ㉡ 수분의 함량이 많은 경우
> ㉢ 기름의 온도가 낮은 경우
> ㉣ 식품의 표면적이 큰 경우

① ㉠, ㉡, ㉢ ② ㉠, ㉢
③ ㉡, ㉣ ④ ㉣
⑤ ㉠, ㉡, ㉢, ㉣

82 다음에서 일시적 유화액을 모두 고르면?

> ㉠ 마요네즈 ㉡ 아이스크림
> ㉢ 우유 ㉣ 프렌치드레싱

① ㉠, ㉡, ㉢ ② ㉠, ㉢
③ ㉡, ㉣ ④ ㉣
⑤ ㉠, ㉡, ㉢, ㉣

83 다음에서 수중유적형 유화액을 모두 고르
면?

> ㉠ 난황 ㉡ 크림수프
> ㉢ 우유 ㉣ 버터

① ㉠, ㉡, ㉢ ② ㉠, ㉢
③ ㉡, ㉣ ④ ㉣
⑤ ㉠, ㉡, ㉢, ㉣

84 우유에 있는 비타민 중 햇빛에 의하여 가장
많이 파괴되는 비타민은?

① 비타민 A ② 비타민 B_1
③ 비타민 B_2 ④ 비타민 E
⑤ 비타민 K

85 다음에서 설명하는 것은?

> • 유지방의 크기가 작아진다.
> • 지방의 분리를 막아준다.
> • 지방의 소화를 도와준다.

① 우유의 저온살균 ② 우유의 균질화
③ 우유의 산화 ④ 우유의 고체화
⑤ 우유의 활성화

86 식혜나 엿을 만드는 데 이용되는 전분의 성
질은?

① 가수분해 ② 산화
③ 노화 ④ 호정화
⑤ 겔화

87 다음에서 갈조류에 속하는 것을 모두 고르
면?

> ㉠ 미역 ㉡ 다시마
> ㉢ 톳 ㉣ 우뭇가사리

① ㉠, ㉡, ㉢ ② ㉠, ㉢
③ ㉡, ㉣ ④ ㉣
⑤ ㉠, ㉡, ㉢, ㉣

88 우리 음식의 갈비찜을 하는 조리법과 비슷한 서양식 조리법은?

① 로스팅   ② 스튜잉

③ 팬브로일링   ④ 브로일링

⑤ 유잉

89 다음 중 신선한 어패류로 볼 수 없는 것은?

① 눈이 맑고 아름다우며 정상 위치에 있다.

② 비늘이 단단히 붙어 있다.

③ 광택이 없다.

④ 아가미는 담적색 또는 암적색, 조직은 단단하며 악취가 없다.

⑤ 복부에 내장이 단단히 붙어 있다.

90 우유에 과당을 넣어 가열할 때 일어나는 갈변의 주된 원인으로 비효소적 갈변반응은?

① 캐러멜화 반응

② 메일라드 반응

③ 당의 가열분해 반응

④ 폴리페놀에 의한 반응

⑤ 비타민C의 산화작용

91 경직기가 끝나면 생선의 근육 및 소화기 중에 존재하는 단백분해효소, 지방분해효소 등에 의하여 분해가 시작되는 것을 이르는 말은?

① 자가소화   ② 사후경직

③ 변패   ④ 산패

⑤ 후란

92 다음에서 우유의 카세인 단백질을 응고시키는 방법으로 첨가하여야 하는 것을 모두 고르면?

㉠ 산	㉡ 알칼리
㉢ 레닌	㉣ 설탕

① ㉠, ㉡, ㉢   ② ㉠, ㉢

③ ㉡, ㉣   ④ ㉣

⑤ ㉠, ㉡, ㉢, ㉣

93 다음에서 채소의 조리 목적을 모두 고르면?

㉠ 맛 성분의 향상
㉡ 섬유소 등의 연화
㉢ 유독성분의 파괴
㉣ 자연색소의 탈색

① ㉠, ㉡, ㉢   ② ㉠, ㉢

③ ㉡, ㉣   ④ ㉣

⑤ ㉠, ㉡, ㉢, ㉣

94 달걀의 조리에 있어서 열응고성을 이용한 식품이 아닌 것은?

① 달걀찜   ② 커스터드

③ 크로켓   ④ 마요네즈

⑤ 만두소

95 다음에서 우유를 가열할 때 변화되는 것을 모두 고르면?

> ㉠ 단백질의 응고 ㉡ 갈색화 반응
> ㉢ 요오드의 휘발 ㉣ 비타민 A의 손실

① ㉠, ㉡, ㉢   ② ㉠, ㉢
③ ㉡, ㉣   ④ ㉣
⑤ ㉠, ㉡, ㉢, ㉣

96 다음에서 점탄성 있는 한천용액을 만드는 데 영향을 주는 요인을 모두 고르면?

> ㉠ 한천용액의 pH ㉡ 교반정도
> ㉢ 첨가물질   ㉣ 한천의 형태

① ㉠, ㉡, ㉢   ② ㉠, ㉢
③ ㉡, ㉣   ④ ㉣
⑤ ㉠, ㉡, ㉢, ㉣

97 다음에서 조리에 사용하는 냉동식품의 특성을 모두 고르면?

> ㉠ 효소작용의 억제
> ㉡ 미생물의 증식 억제
> ㉢ 식품의 장기보존
> ㉣ 영양손실 방지

① ㉠, ㉡, ㉢   ② ㉠, ㉢
③ ㉡, ㉣   ④ ㉣
⑤ ㉠, ㉡, ㉢, ㉣

98 달걀에 대한 설명으로 틀린 것은?

① 난백은 알칼리성이다.
② 난황은 산성이다.
③ 난백에는 지질이 다량 함유되어 있다.
④ 난황은 전란의 20~25%를 차지한다.
⑤ 난황의 주된 색소는 루테인과 제아크산틴이다

99 달걀흰자의 기포성에 대한 설명으로 옳지 않은 것은?

① 농후난백이 수양난백보다 기포성이 좋다.
② 흰자의 기포성을 높이려면 표면장력이 작아야 한다.
③ 흰자의 기포에 관여하는 단백질은 글로불린이다.
④ 흰자의 거품을 낼 때 설탕을 첨가하면 기포성이 저하된다.
⑤ 흰자의 거품을 낼 때 소량의 산을 첨가하면 거품이 잘 일어난다.

2과목 급식관리

NUTRITIONIST

정답 및 해설 260p

▌01장 급식관리 일반

01 다음에서 설명하는 것은?

> 식품생산단계 중 관리 소홀로 인해 식품 안전상에 위험이 초래되는 특정한 생산단계를 사전에 알려줌으로써 즉각적인 조치를 취할 수 있도록 고안된, 품질관리를 위한 예방체계로 미생물적인 관리에 역점을 둠으로써 미리 식중독을 예방할 수 있도록 해주는 제도이다.

① HACCP ② UNICEF
③ WHO ④ ILO
⑤ CAFETA

02 다음 중 식단표 작성 항목이 아닌 것은?

① 요리명
② 성인 환산치
③ 각 재료와 그 분량
④ 대치식품
⑤ 단가

03 학교급식의 식단 작성법에서 가장 중요한 목적은?

① 식습관 교정 ② 편식의 교정
③ 충분한 영양섭취 ④ 식사예절교육
⑤ 경영적 효율

04 다음 중 단체급식에 대한 설명으로 옳지 않은 것은?

① 모든 음식을 골고루 섭취해야 하므로 조개류나 생선회도 괜찮다.
② 그날 조리한 음식이 다음날까지 가는 일이 없도록 한다.
③ 식품 취급시에는 손보다는 집게 등을 사용한다.
④ 조리된 식품과 신선한 식품을 취급하는 기구는 구분하여 사용한다.
⑤ 피급식자의 영양량을 만족시킬 수 있도록 배식량을 조절한다.

05 식단 작성시 유의할 점과 관계가 먼 것은?

① 식품 감별 ② 영양면
③ 기호면 ④ 위생면
⑤ 경제면

145

06 다음에서 집단급식소를 모두 고르면?

> ㉠ 후생기관 급식실　㉡ 병원 급식시설
> ㉢ 학교 급식시설　　㉣ 대중 음식점

① ㉠, ㉡, ㉢　　　② ㉠, ㉢
③ ㉡, ㉣　　　　　④ ㉣
⑤ ㉠, ㉡, ㉢, ㉣

07 집단급식을 성공시키기 위해 고려해야 할 점으로 옳지 않은 것은?

① 급여대상의 영양기준량
② 식단의 경제성 고려
③ 지역적 식습관을 고려하고 새로운 식습관의 개발
④ 경영자를 위한 경비절감
⑤ 피급식자의 생활시간 조사에 따른 3식의 영양적 배분

08 제품의 제조 수량의 증감에 따라 그 소비액도 증감하는 원가요소는?

① 고정비　　　　② 공용비
③ 변동비　　　　④ 개별비
⑤ 일정비

09 다음에서 조리장을 신축 또는 개축 시 고려할 사항의 순서가 바르게 나열된 것은?

> ㉠ 위생적인 면
> ㉡ 경제적인 면
> ㉢ 능률적인 면

① ㉠ – ㉡ – ㉢　　② ㉠ – ㉢ – ㉡
③ ㉡ – ㉠ – ㉢　　④ ㉡ – ㉢ – ㉠
⑤ ㉢ – ㉠ – ㉡

10 다음 중 식당 넓이에 대한 조리장의 일반적인 크기는?

① 1/2　　　　② 1/3
③ 1/4　　　　④ 1/5
⑤ 1/10

11 다음 중 일정 기간 동안의 구입단가를 구입 횟수로 나누어 얻은 구입단가를, 소비단가로 하는 방식은?

① 선입선출법　　② 후입선출법
③ 단순평균법　　④ 이동평균법
⑤ 가중평균법

12 가장 효율적인 조리실 후드의 모양은?

① 1방향　　　　② 2방형
③ 3방형　　　　④ 4방형
⑤ 직립형

13 다음 중 원가관리를 효율적으로 하는 데 사용될 수 있는 것은?

① 실제원가계산　　② 표준원가계산
③ 추정원가계산　　④ 사후원가계산
⑤ 사전원가계산

14 다음 중 원가계산의 목적이 아닌 것은?

① 가격결정의 목적
② 원가관리의 목적
③ 예산편성의 목적
④ 재무제표의 목적
⑤ 기말재고량 측정의 목적

15 다음에서 원가요소를 발생하는 형태에 따라 분류한 것을 모두 고르면?

| ㉠ 재료비 | ㉡ 경비 |
| ㉢ 노무비 | ㉣ 제조원가 |

① ㉠, ㉡, ㉢
② ㉠, ㉢
③ ㉡, ㉣
④ ㉣
⑤ ㉠, ㉡, ㉢, ㉣

16 다음 중 원가계산의 원칙이 아닌 것은?

① 진실성의 원칙
② 현금기준의 원칙
③ 확실성의 원칙
④ 정상성의 원칙
⑤ 비교성의 원칙

17 다음 중 제품을 제조한 후에 실제로 발생한 소비액을 지표로 하는 원가계산 방법은?

① 실제원가계산
② 표준원가계산
③ 사전원가계산
④ 예정원가계산
⑤ 추정원가계산

18 원가계산의 최종 목표는?

① 제품 1단위당 원가
② 부분별 원가
③ 요소별 원가
④ 비목별 원가
⑤ 분야별 원가

19 다음 중 제품의 제조 수량의 증감에 관계없이 매월 일정액이 발생하는 원가는?

① 변동비
② 비례비
③ 고정비
④ 체감비
⑤ 체증비

20 다음 중 단체급식소에서 식단작성 시에 고려해야 할 점이 아닌 것은?

① 급식대상 및 목적의 파악
② 조리 소요시간 및 조리방법
③ 급식 대상자의 기호도 및 식습관
④ 계절식품 및 가공식품 이용
⑤ 구입식품의 품질판정 및 평가

21 학교급식의 목적으로 옳지 않은 것은?

① 바람직한 식습관의 확립
② 학생들의 다양한 기호 충족
③ 학생들의 영양개선
④ 학생들의 체위 향상
⑤ 학생들의 건강증진

22 다음에서 배식방법 중 분산식 배식방법의 설명을 모두 고르면?

> ㉠ 중앙통제적으로 관리가 잘 된다.
> ㉡ 식기 소독과 보관이 한 곳에서 이루어진다.
> ㉢ 영양사가 배선을 감독하기 쉽다.
> ㉣ 저온급식이 잘 된다.

① ㉠, ㉡, ㉢　　　　② ㉠, ㉢
③ ㉡, ㉣　　　　④ ㉣
⑤ ㉠, ㉡, ㉢, ㉣

23 식품구성표를 이용하여 식단을 작성할 때의 이점이 아닌 것은?

① 같은 식품군의 가격을 비교하여 식단재료의 교환이 가능하다.
② 주 영양소에 치우치지 않고, 영양소가 균형 잡힌 식단이 된다.
③ 식품배합을 충실히 생각하면 무리 없는 식단작성이 된다.
④ 가격의 비교가 쉬우므로 채소를 싼 가격으로 구입할 수 있다.
⑤ 같은 종의 식품은 대체가 자유로워서 변화를 주기 쉽다.

24 다음에서 단체급식을 실시하는 데 가장 문제가 되는 것을 모두 고르면?

> ㉠ 영양면의 문제　　㉡ 경제면의 문제
> ㉢ 심리적인 갈등　　㉣ 위생면의 문제

① ㉠, ㉡, ㉢　　　　② ㉠, ㉢
③ ㉡, ㉣　　　　④ ㉣
⑤ ㉠, ㉡, ㉢, ㉣

25 다음 중 보존식에 대한 설명으로 옳은 것은?

① 영양가를 계산하기 위하여 남겨 놓은 음식
② 다음 식사에 사용하기 위하여 남겨 놓은 음식
③ 식중독 사고의 검사용으로 남겨 놓은 음식
④ 오랫동안 저장할 수 있는 음식
⑤ 가열에 의해 소독한 음식

26 다음에서 표준레시피 내용에 포함되는 것을 모두 고르면?

> ㉠ 1인분의 가격
> ㉡ 1인분의 수와 크기
> ㉢ 재료를 혼합하는 방법
> ㉣ 1인 분량당 영양소

① ㉠, ㉡, ㉢　　　　② ㉠, ㉢
③ ㉡, ㉣　　　　④ ㉣
⑤ ㉠, ㉡, ㉢, ㉣

27 식단작성 시 고려해야 할 사항으로만 묶인 것은?

① 연령, 성별, 노동시간
② 영양면, 경제면, 성별, 기호성
③ 연령, 기호성, 노동강도
④ 노동강도, 기호성, 경제면
⑤ 영양면, 경제면, 노동시간, 기호성

28 조합급식제도에 대한 설명으로 옳지 않은 것은?

① 식품제조업체나 가공업체로부터 완전 조리된 음식을 구입하여 제공하는 형태이다.

② 급식소에서 조리작업이 필요 없다.

③ 피급식자의 기호를 충족시킨다.

④ 소규모의 급식인 경우에 많이 이용된다.

⑤ 시설비, 설비비, 관리비가 적게 든다.

29 성인의 경우 1일 총 열량의 단백질 권장량은?

① 10%　　　　② 15%

③ 20%　　　　④ 40%

⑤ 65%

30 다음 중 조리기기의 선정조건과 거리가 먼 것은?

① 내구성　　　　② 성능면

③ 경제면　　　　④ 유지관리면

⑤ 영양면

31 다음에서 급식시설에서 영양사의 직무를 모두 고르면?

┌─────────────────────────────┐
│ ㉠ 급식인사관리　　㉡ 식재료 관리 │
│ ㉢ 급식식단관리　　㉣ 급식예산관리 │
└─────────────────────────────┘

① ㉠, ㉡, ㉢　　　　② ㉠, ㉢

③ ㉡, ㉣　　　　　④ ㉣

⑤ ㉠, ㉡, ㉢, ㉣

32 학교급식 발달단계의 순서를 바르게 나열한 것은?

① 구호급식기 – 제도확립기 – 자립급식기

② 구호급식기 – 자립급식기 – 제도확립기

③ 자립급식기 – 구호급식기 – 제도확립기

④ 자립급식기 – 제도확립기 – 구호급식기

⑤ 제도확립기 – 구호급식기 – 자립급식기

33 다음에서 산업체 급식의 고유 목적을 모두 고르면?

┌─────────────────────────────┐
│ ㉠ 집단의 생산성 향상 │
│ ㉡ 작업능률성 향상 │
│ ㉢ 복리후생의 일환 │
│ ㉣ 편식교정 및 치료목적 │
└─────────────────────────────┘

① ㉠, ㉡, ㉢　　　　② ㉠, ㉢

③ ㉡, ㉣　　　　　④ ㉣

⑤ ㉠, ㉡, ㉢, ㉣

34 단체급식의 개선 방안과 거리가 먼 것은?

① 급식물자 구입의 합리화

② 품질관리의 철저 도모

③ 급식비용 절대적 감소

④ 올바른 영양가 산출

⑤ 급식관리 개선을 위해 경영자 및 급식담당자 정기적 모임개최

35 다음 중 전통적 급식제도의 장점이 아닌 것은?

① 배달비용을 줄일 수 있다.

② 식단 작성시 탄력성이 있어 음식의 개성을 살릴 수 있다.

③ 가격변동이 심하고 계절적 요인을 받을 때 더욱 유리하다.

④ 피급식자를 쉽게 만족시킬 수 있도록 음식을 조리할 수 있다.

⑤ 음식 수요가 과다할 때에도 그 수요에 응할 수 있다.

36 급식제도 중 중앙공급식 제도의 특징으로 옳지 않은 것은?

① 최소의 공간에서 급식이 가능하다.

② 운송시설에 대한 투자가 불필요하다.

③ 위성급식소에 음식의 재가열기기 설치가 필요하다.

④ 음식의 질과 맛을 통일시킬 수 있다.

⑤ 식재료의 대량구입으로 인한 식재료비를 절감시킬 수 있다.

▌02장 급식의 구체적 관리

01 다음 중 스탭의 특징으로 옳은 것은?

① 권한 및 책임 관계가 명료하다.

② 규율은 직접적이고 조직은 비교적 간단하다.

③ 직무수행의 조정 역할을 한다.

④ 명령은 수직적이다.

⑤ 라인 각 부문 간의 조정이 곤란하다.

02 고과평정자가 실제로 평정을 행할 경우에 일반적으로 일어나기 쉬운 가치 판단상의 심리적 오류경향은?

① 논리오차 ② 현혹적 효과

③ 항상오차 ④ 상관오차

⑤ 대비오류

03 작업개선에 대한 호적화의 원칙으로 옳지 않은 것은?

① 고급화의 원칙 ② 단순화의 원칙

③ 전문화의 원칙 ④ 표준화의 원칙

⑤ 기계화의 원칙

04 작업연구의 목적으로 옳지 않은 것은?

① 종업원의 체위 향상

② 작업방법을 개선하여 작업표준 설정

③ 생산단가 저하

④ 생산능률 향상

⑤ 복리증진

05 다음 중 OJT의 장점은?

① 단기간에 교육훈련의 효과를 높일 수 있다.
② 뛰어난 전문가와 지도자의 훈련을 받을 수 있다.
③ 훈련과 생산이 직결되어 훈련이 현실적으로 이루어진다.
④ 다수의 종업원에게 조직적 훈련이 가능하다.
⑤ 교육에만 전념이 가능하다.

06 다음 중 배치, 이동의 원칙에 해당하지 않는 것은?

① 적재적소주의　　② 실력주의
③ 평등주의　　　　④ 인재육성주의
⑤ 균형주의

07 다음에서 인사고과를 실시하는 목적으로 옳은 것을 모두 고르면?

> ㉠ 임금관리의 기초자료로 쓰기 위해
> ㉡ 인사이동의 기초자료로 쓰기 위해
> ㉢ 교육훈련을 위한 자료로 쓰기 위해
> ㉣ 종업원간의 능력비교를 위해

① ㉠, ㉡, ㉢　　　② ㉠, ㉢
③ ㉡, ㉣　　　　　④ ㉣
⑤ ㉠, ㉡, ㉢, ㉣

08 식품저장소의 요건으로 적당하지 않는 것은?

① 식품저장소는 검수부서와 인접한 곳에 위치한다.
② 식품저장소의 면적은 급식소 규모의 10~12% 정도로 한다.
③ 창고간 통로는 10~15℃로 비냉장, 과일류 등을 보관한다.
④ 냉장창고는 전체 창고의 15% 정도로 한다.
⑤ 건조창고는 전체 창고의 50% 정도로 한다.

09 다음 중 검수담당자의 업무가 아닌 것은?

① 물품의 중량과 개수가 주문서대로 납품되었는지 확인한다.
② 납품한 물품의 품질과 신선도 상태를 판정한다.
③ 잘못된 물품이나 신선하지 못한 물품은 되돌려 보내고, 이에 대해 기록한다.
④ 물품수령 후에 전표를 작성하여 접수인을 찍고 회계부서로 송부한다.
⑤ 물품을 입고한 후 입고량 및 출고량을 기록하고 그날의 재고량을 조사한다.

10 다음 중 식품재료를 검수할 때 필요한 것은?

① 재고량표　　　② 발주표
③ 반품서　　　　④ 저장창고 검사
⑤ 중개인 발주

11 급식 관리에서 기타 경비에 속하지 않는 것은?

① 감가상각비   ② 임대비
③ 상여수당비   ④ 수도광열비
⑤ 교통비

① ㉠, ㉡, ㉢   ② ㉠, ㉡, ㉣
③ ㉡, ㉣   ④ ㉣
⑤ ㉠, ㉡, ㉢, ㉣

12 발주량을 결정할 때 고려해야 할 사항으로 옳지 않은 것은?

① 창고의 저장능력
② 재고량
③ 식품의 포장상태와 포장단위
④ 식품재료의 형태
⑤ 피급식자의 기호성

13 수의계약의 단점으로 옳지 않은 것은?

① 취급의 공정성을 잃기 쉽다.
② 경비와 인원을 줄일 수 있다.
③ 불리한 가격으로 계약하기 쉽다.
④ 의혹을 사기 쉽다.
⑤ 숨은 유능한 업자를 발견하기 어렵다.

14 다음에서 경쟁 입찰의 장점을 모두 조합한 내용으로 옳은 것은?

㉠ 공평하고 경제적이다.
㉡ 정실, 의혹을 방지할 수 있다.
㉢ 긴급을 요하는 식품의 구입에 유리하다.
㉣ 새로운 업자를 발견할 수 있다.

15 단체급식에서 위탁경영이 증가하는 이유는?

① 피급식자의 기호를 맞출 수 있다.
② 위생관리가 철저하다.
③ 시설과 설비가 우수하다.
④ 인사나 노사관리 문제로부터 벗어날 수 있다.
⑤ 재료비에 이윤을 포함시키지 않아도 된다.

16 다음에서 단체급식소에서 능률적인 관리를 하기 위한 작업개선으로 옳은 것을 모두 고르면?

㉠ 작업의 단순화
㉡ 동작의 경제성
㉢ 표준 작업시간 연구
㉣ 작업의 분업화

① ㉠, ㉡, ㉢   ② ㉠, ㉢
③ ㉡, ㉣   ④ ㉣
⑤ ㉠, ㉡, ㉢, ㉣

17 다음에서 직무분석 후 얻어지는 직무명세서에 대한 설명을 모두 고르면?

> ㉠ 직무명칭, 교육, 육체적 특성과 건강, 지적 능력 등 인적 요건이 강조된다.
> ㉡ 작업의 수행절차, 과업, 원재료 등이 설명된다.
> ㉢ 선발 시의 기초자료로 활용된다.
> ㉣ 직무기술서보다 구체적이지 않다.

① ㉠, ㉡, ㉢   ② ㉠, ㉢
③ ㉡, ㉣   ④ ㉣
⑤ ㉠, ㉡, ㉢, ㉣

18 다음에서 임금수준을 결정할 때 고려하여야 할 원칙이 아닌 것을 모두 고르면?

> ㉠ 법령
> ㉡ 기업의 지급능력
> ㉢ 사회적 균형
> ㉣ 종업원의 복지비용

① ㉠, ㉡, ㉢   ② ㉠, ㉢
③ ㉡, ㉣   ④ ㉣
⑤ ㉠, ㉡, ㉢, ㉣

19 다음에서 노동조합의 기능으로 옳은 것을 모두 고르면?

> ㉠ 경제적 기능   ㉡ 공제적 기능
> ㉢ 정치적 기능   ㉣ 도덕적 기능

① ㉠, ㉡, ㉢   ② ㉠, ㉢
③ ㉡, ㉣   ④ ㉣
⑤ ㉠, ㉡, ㉢, ㉣

20 식품의 신선도에 대한 올바른 내용은?

① 쌀은 알맹이의 색이 하얗고 눌러서 비벼 보았을 때 쌀가루가 부스러지는 것이 좋다.
② 토란은 모양이 길쭉하고 머리 부분에 푸른색이 약간 도는 것으로 껍질을 벗겼을 때 살이 하얀 빛깔이어야 한다.
③ 당근은 길쭉하고 색이 연한 것으로, 잘랐을 때 단면 중심부의 마디가 뚜렷한 것이 좋다.
④ 양배추는 가벼울수록 조직이 연한 것이기 때문에 잎이 두껍지 않은 것을 골라야 한다.
⑤ 생선류는 껍질과 비늘이 밀착되고 살에 탄력이 있어야 한다.

21 다음에서 식품을 발주할 때 고려해야 할 사항을 모두 고르면?

> ㉠ 식단
> ㉡ 급식인원수
> ㉢ 식품의 가식부
> ㉣ 식품재료의 1인당 분량

① ㉠, ㉡, ㉢   ② ㉠, ㉢
③ ㉡, ㉣   ④ ㉣
⑤ ㉠, ㉡, ㉢, ㉣

22 다음에서 식품구매의 절차가 순서대로 나열된 것은?

> ㉠ 공급자 선정 및 가격결정
> ㉡ 필요품목의 종류와 수량결정
> ㉢ 물품의 납품 및 검수
> ㉣ 식품명세서의 작성
> ㉤ 물품주문서의 발송
> ㉥ 대금지불 및 물품의 입고
> ㉦ 급식소의 용도 및 형태에 맞는 제품의 선택

① ㉡ – ㉠ – ㉣ – ㉦ – ㉤ – ㉢ – ㉥
② ㉦ – ㉡ – ㉣ – ㉠ – ㉤ – ㉢ – ㉥
③ ㉦ – ㉣ – ㉡ – ㉤ – ㉠ – ㉢ – ㉥
④ ㉡ – ㉦ – ㉣ – ㉠ – ㉤ – ㉢ – ㉥
⑤ ㉡ – ㉦ – ㉤ – ㉣ – ㉠ – ㉢ – ㉥

23 조직구성원의 심리사회적 요인을 중시한 이론은?

① 제도이론
② 행정이론
③ 과학적 관리
④ 정책사회이론
⑤ 인간관계이론

24 조직이론에 관한 설명으로 옳지 않은 것은?

① 인간관계이론은 공식조직의 역할을 보다 강조하였다.
② 관료제 이론은 엄격한 규칙과 업무 분장에 따른 관리를 강조하였다.
③ 과학적 관리이론은 시간과 동작에 대한 엄밀한 연구를 기반으로 업무를 세분화하였다.

④ 상황이론은 상황에 적합한 조직관리 방법이 발생할 수 있다고 주장하였다.
⑤ 맥그리거의 X이론과 Y이론은 상이한 가정에 기초하고 있다.

25 경영관리기능 중 계획의 장점과 거리가 먼 것은?

① 경영자의 노력 절약
② 경영활동의 조정 용이
③ 권한 위양의 용이
④ 경영자는 목표에 대하여 주의와 관심 분산가능
⑤ 통제의 기초를 제공

26 인사고과 시 피고과자가 속한 집단에 대한 지각을 바탕으로 평가하려는 경향은?

① 상동적 태도
② 현혹효과
③ 논리적 오류
④ 항상오류
⑤ 대비적 오류

27 다음에서 경영관리 과정의 계획수립 시의 고려할 점을 모두 고르면?

> ㉠ 공동목표의 확인
> ㉡ 경영방침과 그 수행방법 결정
> ㉢ 예정 및 계획의 숫자화
> ㉣ 통계 및 피드백의 다양화

① ㉠, ㉡, ㉢
② ㉠, ㉢
③ ㉡, ㉣
④ ㉣
⑤ ㉠, ㉡, ㉢, ㉣

28 다음 종업원의 동기유발 방법 중 그 내용이 다른 하나는?

① 직무에 대한 성취감
② 성취한 일에 대한 인정
③ 승진. 승급 혜택
④ 직무책임의 증대
⑤ 불만요인의 제거

29 직무설계 수행에서 선임자가 피훈련자에게 업무수행의 지식, 기술을 학습하게 하는 것은?

① 분임토의　　　② 사례발표
③ 시뮬레이션　　④ OJT
⑤ 현장실무교육

30 다음 중 통제의 요건과 거리가 먼 것은?

① 비탄력적일 것
② 객관적일 것
③ 경제적일 것
④ 전향적일 것
⑤ 관리자가 이해하기 쉬울 것

31 테일러의 시간연구와 거리가 먼 것은?

① 최고의 과업결정
② 표준화된 여러 조건
③ 성공에 대한 우대
④ 실패 때는 노무자의 손실
⑤ 정액임금제도

32 다음 중 인력의 외부 모집 방법이 아닌 것은?

① 직업안내소　　② 광고
③ 연고모집　　　④ 승진, 이동, 재고용
⑤ 각 학교의 추천

33 승진의 일반 원칙과 거리가 먼 것은?

① 적재적소　　　② 업적주의
③ 인재육성　　　④ 동기부여
⑤ 만능공 양성

34 라인조직의 단점을 시정하기 위하여 F.W. Tayler가 제창한 조직형태는?

① 스탭조직　　　② 기능조직
③ 직계조직　　　④ 참모조직
⑤ 라인과 스탭조직

35 다음 중 공식적 조직의 특징과 거리가 먼 것은?

① 인위적으로 형성된 조직을 말한다.
② 권한은 위양에 의해 생긴다.
③ 일종의 사회규제기관으로서의 기능을 수행한다.
④ 직무와 권한 관계를 명확히 규명한다.
⑤ 조정은 미리부터 정해진 방법에 따라 실시된다.

36 하급 관리층의 업무 내지는 기능과 거리가 먼 것은?

① 목표의 효과적인 달성
② 종업원의 사기앙양
③ 작업의 집행에 중점
④ 업무계획의 수립
⑤ 작업자의 직접 지휘, 감독

37 다음 중 직무 평가법 중 비양적 평가방법은?

① 요소비교법   ② 강제할당법
③ 점수법   ④ 서열법
⑤ 워크샘플링법

38 사업부 제조직이 등장하게 된 이유로 적절하지 않은 것은?

① 기술혁신에 따른 제품의 다양화
② 생산, 판매, 관리의 직결
③ 이익 채산성의 중시
④ 관리의 집중화
⑤ 유능한 경영자 양성

39 공식적 커뮤니케이션의 장점으로 옳지 않은 것은?

① 의사소통이 확실하며 편리하다.
② 실질적인 의사소통으로 설득력이 강하다.
③ 의사소통에 대한 책임소재가 명백하다.
④ 의사결정에 활용하기가 용이하다.
⑤ 책임한계가 명확하다.

40 과학적 관리법의 과업관리의 성공적인 실현을 위한 기구로서 제안한 제도와 거리가 먼 것은?

① 기획부제도
② 기능적 직공장제도
③ 작업지시표제도
④ 차별성과급제도
⑤ 이동조립법에 의한 대량생산 가능

41 라인조직의 특징과 거리가 먼 것은?

① 명령일원화의 원칙 도입
② 조직의 중심원칙
③ 경영자의 의사명령이 상부에서 하부에게 직선적으로 전달되는 조직형태
④ 조직구조의 복잡화
⑤ 권한과 책임관계의 명확화

42 직무평가를 가장 정확히 표현한 것은?

① 직무의 소요기술 평가
② 직무와 사람과의 관계평가
③ 직무의 상대적 가치결정
④ 직무의 인적 요건의 비교
⑤ 직무의 시장가치 평가비교

43 다음에서 설명하는 직무평가방법은?

> 가장 핵심이 되는 몇 개의 직무를 기준으로 선정하고 각 평가요소를 이 기준 직무의 평가요소와 비교함으로써 모든 직무의 상대적 가치를 결정하는 방법

① 서열법 ② 분류법

③ 점수법 ④ 요소비교법

⑤ 나열법

44 인사고과방법 중 평정척도법의 특징과 거리가 먼 것은?

① 분석적인 평정방식을 이용한다.

② 평가결과에 대한 타당성이 높다.

③ 평가결과의 수량화 및 통계적 조정이 가능하다.

④ 평가요소의 선정이 어렵다.

⑤ 평가요소의 비교 결정이 쉽다.

45 다음에서 설명하는 인사고과상의 오류는?

> • 기억력이 좋으면 지식도 풍부하다.
> • 작업성과가 크면 숙련도 역시 높다고 판단한다.

① 현혹효과 ② 논리적 오차

③ 대비의 차이 ④ 관대화 경향

⑤ 중심화 경향

46 다음 중에서 식품을 구매할 때 공급자와 구매자 간의 원활한 의사소통을 위해 구매관리자가 식품에 관한 자세한 내용을 적어서 공급자측에 송부하는 서식은?

① 구매요청서 ② 발주서

③ 납품서 ④ 식품구매서

⑤ 식품명세서

47 인간의 행위를 유발시키고, 그 행위를 유지시키며, 나아가 그 행위를 목표지향적인 방향으로 이루어질 수 있도록 유도해 나가는 과정은?

① 자극 ② 모티베이션

③ 직무만족 ④ 보상

⑤ 직무몰입

48 다음 중 직장외 훈련(Off JT)의 장점이 아닌 것은?

① 다수에게 통일적, 조직적 훈련이 가능하다.

② 전문적 지도자 밑에서 훈련에 전념할 수 있다.

③ 훈련에만 전념할 수 있어 효과가 크다.

④ 참가자는 상호경쟁의식을 갖게 되며, 또한 상호지식과 경험을 교환할 수 있기 때문에 교육효과가 높다.

⑤ 경제적 비용이 절감되며 중소기업에서 실시하기 용이하다.

49 현장감독자의 지도, 통솔력 양성과 관리에 기초적인 지식, 기술 배양이나 능력의 향상을 목적으로 실시되는 훈련은?

① JIT ② T.W.I

③ M.T.P ④ 브레인스토밍

⑤ 롤플레잉

50 구매시장조사의 원칙과 거리가 먼 것은?

① 경제성의 원칙　　② 탄력성의 원칙
③ 합리성의 원칙　　④ 적시성의 원칙
⑤ 계획성의 원칙

51 복리후생관리의 3원칙으로 옳게 묶여진 것은?

① 적정성의 원칙, 합리성의 원칙, 협력성의 원칙
② 적정성의 원칙, 효율성의 원칙, 효과성의 원칙
③ 충분성의 원칙, 효율성의 원칙, 개별성의 원칙
④ 충분성의 원칙, 효율성의 원칙, 협력성의 원칙
⑤ 책임성의 원칙, 효율성의 원칙, 충분성의 원칙

52 T.W.I의 훈련대상과 양성하는 것의 종류가 바르게 연결된 것은?

① 일반종업원 – 인격도야, 기술, 복지
② 경영자 – 조사기술, 관리능력, 지식
③ 영양사 – 기능, 지식, 관리능력
④ 숙련공 – 인격도야, 기능, 지식
⑤ 경영자 – 인격도야, 관리능력, 지식

53 다음에서 상품의 가격결정에 영향을 미치는 요인이 아닌 것은?

① 상품의 원가 및 성질
② 시장의 특수성
③ 시장수요의 탄력성
④ 경쟁업체의 가격
⑤ 상품생산의 기술력

54 다음 중 지명경쟁 입찰방법의 장점이 아닌 것은?

① 경비가 절약되고 절차가 간편하다.
② 책임소재가 명확하다.
③ 업자 간의 담합할 기회가 적다.
④ 계약 이행의 확실성이 보장된다.
⑤ 질문 등에 대한 해답이 간단히 처리된다.

55 일반적으로 전수검사법을 하는 경우는?

① 보석류나 고가품목
② 채소류
③ 곡물류
④ 가구류
⑤ 생필품류

56 효율적인 저장관리를 위한 원칙이 아닌 것은?

① 저장위치표시의 원칙
② 분류저장의 원칙
③ 품질보존의 원칙
④ 후입선출의 원칙
⑤ 공간활용의 원칙

57 다음 중 작업개선의 원칙이 아닌 것은?

① 목표추구의 원칙　② 배제의 원칙

③ 선택의 원칙　　　④ 호적화의 원칙

⑤ 대중화의 원칙

58 일반적으로 임금수준의 하한선을 결정짓는 요인은?

① 생계비 수준

② 사회일반의 임금수준

③ 기업의 지불능력

④ 제품가격

⑤ 노동생산성 기준

59 다음 중 경쟁 입찰 계약보다 수의계약이 더 유리한 식품은?

① 곡류　　　　② 채소

③ 건어물　　　④ 공산품

⑤ 밀가루

60 다음 중 중앙구매의 장점으로 적당하지 않은 것은?

① 공급력의 개선

② 구매가격 인하

③ 비용의 절감

④ 일관된 구매방침 확립

⑤ 구매절차 간단

61 식품 구매시 고려해야 할 사항이 아닌 것은?

① 식품의 규격과 품질

② 가식부율

③ 계절식품

④ 유통단계 및 구입 장소

⑤ 생산량과 유통과정

62 다음 중 식품구매명세서에 포함되지 않는 것은?

① 품질등급　　　② 상품명

③ 물품 운송수단　④ 포장단위 및 용량

⑤ 품종이나 산지

63 조직화에서 지켜져야 할 삼면등가 요소는?

① 권한, 의무, 책임

② 권한, 의무, 능력

③ 책임, 권한, 능력

④ 권위, 권한, 권리

⑤ 의무, 임무, 책무

64 구매명세서의 작성시 유의점과 거리가 먼 것은?

① 구매명세서는 가능한 현실적일 것

② 구매명세서는 되도록 자세하고 구체적일 것

③ 구매명세서는 명료하고 융통성 있게 작성될 것

④ 구매명세서는 많은 납품업자가 응할 수 있도록 작성될 것

⑤ 구매명세서는 모든 납품업자에 대해 공평할 것

65 다음에서 어류의 감별법으로 옳은 것을 모두 고르면?

> ㉠ 고등어는 중간 크기의 것이 맛이 좋다.
> ㉡ 삼치는 등이 회청색이고 윤기가 흐르며 몸살이 곧고 단단하며 탄력이 있는 것이 좋다.
> ㉢ 조기는 비늘이 은빛이고 살이 탄력 있는 것이 좋으며 산란 직후의 것이 맛이 좋다.
> ㉣ 갈치는 은분이 벗겨지지 않은 것으로 살이 탄력이 있고 약간 푸른 것이 좋다.

① ㉠, ㉡, ㉢   ② ㉠, ㉢
③ ㉡, ㉣   ④ ㉣
⑤ ㉠, ㉡, ㉣

66 다음에서 경영관리이론의 발달순서가 바르게 나열된 것은?

> ㉠ 고전적 관리이론 ㉡ 시스템이론
> ㉢ 행동이론 ㉣ 상황이론

① ㉠ - ㉡ - ㉢ - ㉣
② ㉠ - ㉢ - ㉡ - ㉣
③ ㉡ - ㉠ - ㉢ - ㉣
④ ㉡ - ㉢ - ㉠ - ㉣
⑤ ㉢ - ㉠ - ㉡ - ㉣

67 다음에서 고전적 관리이론에 해당되는 것을 모두 고르면?

> ㉠ 과학적 관리법 ㉡ 관리일반이론
> ㉢ 관료이론 ㉣ 상황이론

① ㉠, ㉡, ㉢   ② ㉠, ㉢
③ ㉡, ㉣   ④ ㉣
⑤ ㉠, ㉡, ㉢, ㉣

68 다음 지휘과정에서 필요한 세분적인 기능을 모두 고르면?

> ㉠ 리더십 ㉡ 동기부여
> ㉢ 의사소통 ㉣ 미래 지향성

① ㉠, ㉡, ㉢   ② ㉠, ㉢
③ ㉡, ㉣   ④ ㉣
⑤ ㉠, ㉡, ㉢, ㉣

69 어느 특정 분야의 우수한 상대를 기준 삼아 그들의 뛰어난 운영과정을 배우면서 자기혁신을 추구하는 경영기법은?

① 벤치마킹   ② 목표관리법
③ 스왓분석   ④ 의사결정
⑤ 패널방법

70 허즈버그의 동기-위생 이론에서 위생적 요인이 아닌 것은?

① 보수   ② 성취감
③ 작업 조건   ④ 승진여부
⑤ 대인관계

71 다음에서 설명하는 계획수립의 대표적인 기법 및 의사결정 방법은?

> 자사의 강점, 약점, 기회, 위협요인을 파악함으로써 유리한 전략계획을 수립하는 기법을 말한다.

① 벤치마킹　　② SWOT 분석
③ MBO 분석　　④ 의사결정방법
⑤ 브레인스토밍법

72 재고관리를 함에 있어서 기업에서는 재고고갈로 인한 기회비용을 고려하여 미래계획의 차질에 대비하여 일정량의 재고를 항상 유지하고 있어야한다. 이 일정량의 재고를 이르는 말은?

① 최대주문량　　② 적정재고
③ 안전재고　　④ 경제적 주문량
⑤ 최소주문량

73 다음에서 라인조직에 대한 설명을 모두 고르면?

> ㉠ 명령일원화원칙과 조직의 질서유지를 중요시한다.
> ㉡ 테일러가 처음 고안한 조직이다.
> ㉢ 통솔력이 강하고 빠른 의사결정과 전달이 가능하다.
> ㉣ 부문마다 관리자를 두어서 전문적으로 지휘, 감독한다.

① ㉠, ㉡, ㉢　　② ㉠, ㉢
③ ㉡, ㉣　　④ ㉣
⑤ ㉠, ㉡, ㉢, ㉣

74 다음 중 호손 실험의 결과로서 옳은 것은?

① 과학적 관리의 모태가 되었다.
② 만족한 조직이 능률적인 조직이라는 사실을 알게 되었다.
③ 심적 요소보다 물적 요소가 작업능률 개선효과가 있다는 것을 알게 되었다.
④ 물적 작업조건은 작업능률에 영향을 미치지 못한다.
⑤ 조직의 운영에는 비용의 논리가 주로 적용한다.

75 다음에서 분권적 조직에 대한 설명으로 옳은 것을 모두 고르면?

> ㉠ 각 부문의 정책, 계획, 관리가 통일적이다.
> ㉡ 조직의 규모가 확대되면 한계에 부딪히게 된다.
> ㉢ 관리계층 단계가 증가되어 신속한 의사소통과 의사결정이 어렵다.
> ㉣ 권한이 분산되므로 하부관리자의 자주성, 창의성이 증가하고 사기도 높아진다.

① ㉠, ㉡, ㉢　　② ㉠, ㉢
③ ㉡, ㉣　　④ ㉣
⑤ ㉠, ㉡, ㉢, ㉣

76 직장훈련(OJT)의 특징과 거리가 먼 것은?

① 훈련이 현실적으로 이루어질 수 있다.
② 훈련과 생산이 직결되어 경제적이다.
③ 장소이동이 불필요하다.
④ 작업수행에 지장을 주거나 원재료의 낭비가 있다.
⑤ 훈련에만 임할 수 있어서 효과가 크다.

77 다음 중 테일러의 과학적 관리법 운용제도의 내용이 아닌 것은?

① 과업관리
② 차별적 성과급제도
③ 기획부제도
④ 인간관계론
⑤ 기능적 직장제도

78 관리자의 업무를 전문화하고 부문마다 다른 관리자를 두어 작업자를 전문적으로 지휘, 감독하는 조직은?

① 라인조직
② 사업부 제조직
③ 기능식 조직
④ 매트릭스조직
⑤ 위원회조직

79 다음 중 직무평가의 목적으로 옳지 않은 것은?

① 기업의 방침으로 과시할 기회가 많아지며 회사 PR을 할 계기가 늘어난다.
② 직무의 질과 양을 평가하여 직무의 상대적인 유용성을 결정하기 위한 자료를 제공한다.
③ 공정타당한 임금편차에 의하여 종업원의 노동의욕을 증진한다.
④ 합리적인 임금지급의 기초가 된다.
⑤ 동일 노동시장 내의 타기업과 비교할 수 있는 임금구조의 설정에 대한 자료를 제공한다.

80 다음 경영자 기능 중 최고경영자의 기능으로 보기 어려운 것은?

① 수탁기능과 전반경영기능
② 특정부문 관리기능
③ 경영전략기능
④ 부문의 집행기능
⑤ 대환경기능

81 다음 중 경영관리에 관한 설명으로 옳지 않은 것은?

① 경영관리란 기업의 목표를 달성하기 위하여 경영활동을 계획하는 것이다.
② 계획된 경영활동을 달성하기 위하여 자원을 효과적으로 배분하는 것이다.
③ 기업조직의 구성원이 그들의 능력을 최대한으로 발휘하도록 환경을 조성하는 것이다.
④ 기업의 이윤극대화를 위해서만 활동하는 것이다.
⑤ 계획된 목표가 달성되었는가를 확인하고 통제한다.

82 다음 중 매슬로우의 욕구단계설에 포함되지 않는 것은?

① 지배욕구
② 생리적 욕구
③ 안전욕구
④ 자아실현욕구
⑤ 존경의 욕구

83 조직화는 조직의 목표를 달성하기 위해 개인이나 부문의 역할체계를 설계하고 유지하는 것이다. 이러한 조직화의 기본 요소에 해당하지 않는 것은?

① 직위   ② 권한
③ 직무   ④ 책임
⑤ 의무

84 조직화의 기본원칙 중 한 사람의 관리자가 효과적이고 능률적으로 통제할 수 있는 부하의 수를 결정하는 원칙은?

① 목표달성의 원칙
② 능률성의 원칙
③ 관리(감독) 범위의 원칙
④ 권한이양의 원칙
⑤ 명령일원화의 원칙

85 가장 최근의 단가를 이용하여 산출하는 재고자산 평가방법은?

① 선입선출법   ② 후입선출법
③ 실제구매가법   ④ 총평균법
⑤ 최종구매가법

86 ERG이론에 대한 설명으로 옳지 않은 것은?

① 알더퍼에 의해 주장된 욕구단계이론이다.
② 상위욕구가 행위에 영향을 미치기 전에 하위욕구가 먼저 충족되어야 한다.
③ 매슬로우의 욕구단계이론이 직면했던 문

제점을 극복하고자 제시되었다.
④ 하위욕구가 충족될수록 상위욕구에 대한 욕망이 커진다고 주장하였다.
⑤ 인간의 욕구를 존재욕구, 관계욕구, 성장욕구로 나누었다.

87 다음 중 관료제의 특성에 관한 설명으로 옳지 않은 것은?

① 표준적 규칙과 절차가 있다.
② 분업에 따라 권한과 책임을 분명하게 규정한다.
③ 모든 종업원의 직무에는 의무와 책임이 명시된다.
④ 권위주의적이고 비합리적이며 비능률적이다.
⑤ 조직구성원은 기술적 능력에 따라 선발한다.

정답 및 해설 272p

01장 식품위생관리

01 유기성 병해의 물리적 작용으로 생기는 경우인 것은?

① 가열유지
② 아질산염
③ 아민 반응물
④ 아미드 반응물
⑤ 아미드류의 생체 내 생성물

02 식품위생법상의 식품의 안전성 세부사항 항목에 속하지 않는 것은?

① 제조　　　　② 가공
③ 유통　　　　④ 소비
⑤ 가열

03 다음에서 식품위생의 목적으로 맞는 것을 모두 고르면?

> ㉠ 식품 영양의 양적 향상 도모
> ㉡ 식품을 통한 건강 증진
> ㉢ 식품의 안전성, 건전성 및 완전성 확보
> ㉣ 식품으로 인한 건강 장해의 방지

① ㉠, ㉡, ㉢　　　② ㉠, ㉢
③ ㉡, ㉣　　　　④ ㉣
⑤ ㉡, ㉢, ㉣

04 다음에서 주로 토양의 미생물의 오염을 받는 것을 모두 고르면?

> ㉠ 채소류　　　㉡ 과일류
> ㉢ 곡류　　　　㉣ 해조류

① ㉠, ㉡, ㉢　　　② ㉠, ㉢
③ ㉡, ㉣　　　　④ ㉣
⑤ ㉠, ㉡, ㉢, ㉣

05 다음 중 식품위생의 대상이 아닌 것은?

① 식품　　　　② 첨가물
③ 기구　　　　④ 포장
⑤ 조리법

06 단백분해력이 강한 식품 부채균으로 적색색소를 생산하는 것은?

① Serratia　　　② Bacilus
③ Micrococcus　④ Proteus
⑤ Suppreus

07 토양미생물들 중 일반적으로 가장 많이 존재하는 것은?

① 세균　　　　② 방선균
③ 곰팡이　　　④ 효모
⑤ 기생충

08 다음에서 냉장고의 목적을 모두 고르면?

> ㉠ 미생물의 생육과 증식 억제
> ㉡ 자기소화를 지연
> ㉢ 신선도를 유지
> ㉣ 미생물의 사멸

① ㉠, ㉡, ㉢　　② ㉠, ㉢
③ ㉡, ㉣　　　　④ ㉣
⑤ ㉠, ㉡, ㉢, ㉣

09 다음에서 미생물의 생육에 미치는 요인으로 맞는 것을 모두 고르면?

> ㉠ 온도　　　　㉡ 수소이온농도
> ㉢ 삼투압　　　㉣ 탄소

① ㉠, ㉡, ㉢　　② ㉠, ㉢
③ ㉡, ㉣　　　　④ ㉣
⑤ ㉠, ㉡, ㉢, ㉣

10 다음에서 세균의 일반적인 형태를 모두 고르면?

> ㉠ 막대형　　　㉡ 나선형
> ㉢ 구형　　　　㉣ 레몬형

① ㉠, ㉡, ㉢　　② ㉠, ㉢
③ ㉡, ㉣　　　　④ ㉣
⑤ ㉠, ㉡, ㉢, ㉣

11 다음 중 미생물의 크기 순으로 잘 연결된 것은?

① 곰팡이 > 효모 > 세균 > 바이러스
② 곰팡이 > 세균 > 효모 > 바이러스
③ 효모 > 곰팡이 > 세균 > 바이러스
④ 효모 > 세균 > 곰팡이 > 바이러스
⑤ 세균 > 곰팡이 > 효모 > 바이러스

12 식품의 부패 시 생성되는 물질이 아닌 것은?

① 암모니아　　　② 황화수소
③ 아민　　　　　④ 글리코겐
⑤ 트리메틸아민

13 다음 중 곰팡이의 종류가 아닌 것은?

① 아스퍼질러스　② 페니실리움
③ 에스케리치아　④ 무코
⑤ 리조푸스

14 다음 중 미생물의 발육에 필요한 환경조건으로 옳지 않은 것은?

① 광선　　　　　② 영양소
③ 수분　　　　　④ 온도
⑤ 삼투압

15 산소가 없거나 있더라도 미량일 때 생육할 수 있는 균은?

① 통성 호기성균　　② 편성 호기성균
③ 통성 혐기성균　　④ 편성 혐기성균
⑤ 정답 없음

16 미생물 중 생육필요수분량이 큰 순서로 옳게 된 것은?

① 세균 > 효모 > 곰팡이
② 세균 > 곰팡이 > 효모
③ 효모 > 세균 > 곰팡이
④ 효모 > 곰팡이 > 세균
⑤ 곰팡이 > 세균 > 효모

17 다음 중 중온균의 최적온도는?

① 10 ~ 12℃　　② 25 ~ 37℃
③ 35 ~ 40℃　　④ 40 ~ 50℃
⑤ 55 ~ 75℃

18 냉장고에 식품을 보관할 때 이상적인 냉장온도는?

① -5℃ 이하　　② -4℃ 이하
③ 0℃ 이하　　④ 2℃ 이하
⑤ 4℃ 이하

02장 식중독

01 하절기 해산어류의 생식으로 감염되기 쉬운 식중독은?

① 웰치균 식중독
② 살모넬라 식중독
③ 보툴리누스 식중독
④ 포도상구균 식중독
⑤ 장염비브리오 식중독

02 통조림 식품에서의 식중독 물질은?

① 카드뮴, 유황　　② 주석, 납
③ 구리, 아연　　④ 수은, 포르말린
⑤ 수은, 납

03 합성 플라스틱 용기에서 검출되는 유해물질은?

① 포르말린　　② 주석
③ 메탄올　　④ 카드뮴
⑤ 크롬

04 해산물에 오염되어 인체에 축적 독성을 나타내는 원인이 아닌 것은?

① 수은　　② 카드뮴
③ DDT　　④ 방사성 물질
⑤ 콜레라와 같은 병원미생물

05 급격한 발열을 주 증세로 하는 식중독은?

① 웰치균 식중독
② 살모넬라 식중독
③ 보툴리누스 식중독
④ 포도상구균 식중독
⑤ 장염비브리오 식중독

06 살모넬라 식중독증의 발병은?

① 인체에만 발병된다.
② 가축에만 발병한다.
③ 인, 축 모두 발병한다.
④ 어린아이에게만 발병한다.
⑤ 날조류에만 발병한다.

07 다음에서 중독성 조개류의 일반적 성질을 바르게 설명한 것을 모두 고르면?

> ㉠ 독성물질은 유독 플랑크톤의 섭취에 의해 생성된다.
> ㉡ 독성물질은 조개의 내장에 축적된다.
> ㉢ 독성분은 보통 가열조리법에 의해 파괴되지 않는다.
> ㉣ 조개의 서식지와 독성분의 축적은 관계가 없다.

① ㉠, ㉡, ㉢   ② ㉠, ㉢
③ ㉡, ㉣   ④ ㉣
⑤ ㉠, ㉡, ㉢, ㉣

08 다음에서 미생물과 관계있는 것을 모두 고르면?

> ㉠ 세균성 식중독   ㉡ 경구전염병
> ㉢ 부패   ㉣ 복어 중독

① ㉠, ㉡, ㉢   ② ㉠, ㉢
③ ㉡, ㉣   ④ ㉣
⑤ ㉠, ㉡, ㉢, ㉣

09 다음에서 독버섯의 유독물질을 모두 고르면?

> ㉠ Muscarine   ㉡ Neurine
> ㉢ Amanitatoxin ㉣ Aflatoxin

① ㉠, ㉡, ㉢   ② ㉠, ㉢
③ ㉡, ㉣   ④ ㉣
⑤ ㉠, ㉡, ㉢, ㉣

10 5~6월에 자주 발생하며 치사율이 10%인 독소는?

① Tetrodotoxin   ② Saxitoxin
③ Solanine   ④ Gossypol
⑤ Islanditoxin

11 다음 중 알레르기성 식중독을 유발하는 물질은?

① Entrotoxin   ② Neurotoxin
③ Histamine   ④ Aflatoxin
⑤ Islanditoxin

12 일반조리법으로 예방할 수 없는 식중독은?

① 포도상구균이 생성하는 독소에 의한 식중독
② 웰치균에 의한 식중독
③ 병원성대장균에 의한 식중독
④ 프로테우스균에 의한 식중독
⑤ 장염비브리오균에 의한 식중독

13 경구전염병과 세균성 식중독의 차이를 설명한 내용 중 옳지 않은 것은?

① 경구전염병은 균의 양이 미량이라도 감염되기 쉽다.
② 병원균의 독력은 경구전염병이 더 강하다.
③ 잠복기는 세균성 식중독이 더 짧다.
④ 경구전염병은 증상이 지속된다.
⑤ 세균성 식중독은 예방접종으로 면역된다.

14 다음 연결사항이 옳지 않은 것은?

① 맥각 – Ergotoxine
② 마비성 조개독 – Saxitoxin
③ 감자중독 – Solanine
④ 복어 – Venerupin
⑤ 독보리 – Temuline

15 조개류나 야채의 소금 절임이 원인식품인 식중독은?

① 살모넬라 식중독
② 장염비브리오 식중독
③ 병원성대장균 식중독
④ 포도상구균 식중독
⑤ 웰치균 식중독

16 감염형 식중독의 원인인 살모넬라균의 매개체는?

① 쥐, 바퀴벌레, 파리
② 어패류
③ 배설물
④ 물, 흙속
⑤ 기생충

17 세균성 식중독 중 신경증상을 일으키는 것은?

① 장염비브리오 식중독
② 보툴리누스 식중독
③ 웰치 식중독
④ 아리조나 식중독
⑤ 포도상구균 식중독

18 감자의 눈과 녹색부분에 함유되어 있는 유독성분은?

① 솔라닌　　　　② 콜린
③ 테무린　　　　④ 아코니틴
⑤ 고시풀

19 다음 중 황변미의 원인균이 속하는 것은?

① 비브리오 속
② 미크로코쿠스 속
③ 아스퍼질루스 속
④ 페니실리움 속
⑤ 기생충 속

20 식중독에 대한 설명으로 틀린 것은?

① 오염된 음식물에 의하여 일어난다.

② 세균의 독소에 의하여 일어난다.

③ 장티푸스, 콜레라 등에 의하여 일어난다.

④ 급성위장장애를 일으킨다.

⑤ 구토, 복통, 설사 등의 증세를 보인다.

21 식중독의 가장 대표적인 증상은?

① 두통   ② 치통

③ 급성위장염   ④ 요통

⑤ 시력장애

22 연중 식중독이 가장 많이 발생하는 계절은?

① 1~3월   ② 3~5월

③ 6~9월   ④ 10~12월

⑤ 12~1월

23 두류 및 땅콩 제품에서 문제가 되는 독성분은?

① 아플라톡신   ② 에르고톡신

③ 테트로도톡신   ④ 엔테로톡신

⑤ 삭시톡신

▌03장 공중보건

01 대구나 오징어 등을 통해 감염되는 기생충은?

① 간디스토마   ② 폐디스토마

③ 광절열두조충   ④ 유구악구충

⑤ 아니사키스

02 다음에서 돼지고기의 생식으로 감염되기 쉬운 기생충을 모두 고르면?

> ㉠ 유구조충
> ㉡ 선모충
> ㉢ 톡소플라스마
> ㉣ manson 열두조충

① ㉠, ㉡, ㉢   ② ㉠, ㉢

③ ㉡, ㉣   ④ ㉣

⑤ ㉠, ㉡, ㉢, ㉣

03 채소, 과일소독에 사용하는 것이 아닌 것은?

① 액체염소

② 클로르칼키(표백분)

③ 차아염소산나트륨

④ 이산화탄소

⑤ 승홍수

3과목 식품위생

04 인축공동전염병이 아닌 것은?

① 탄저병　　　　② 파상열
③ 야토병　　　　④ Q열
⑤ 렙토스피라증

05 바이러스성 전염병이 아닌 것은?

① 전염성 설사, 인플루엔자
② 천열, 일본뇌염
③ 이질, 디프테리아
④ 급성 회백수염, 전염성 설사
⑤ 유행성 간염, 일본뇌염

06 식기소독에 가장 적당한 것은?

① 비눗물　　　　② 알코올
③ 염소용액　　　④ 승홍수
⑤ 크레졸비누액

07 수질검사에서 음료수의 오염의 지표가 되는 항목은?

① 대장균 수　　　② 탁도
③ 경도　　　　　④ 증발잔류량
⑤ 수소이온농도

08 질산염이 많이 함유된 물의 장기 음용과 관계 있는 질병은?

① 반상치　　　　② 수도열
③ 우치　　　　　④ 충치
⑤ 청색아

09 수도꼭지에서 나오는 수돗물의 잔류염소량은?

① 0.1ppm　　　② 0.2ppm
③ 0.3ppm　　　④ 0.4ppm
⑤ 0.5ppm

10 다음 중 병원체가 세균인 것은?

① 유행성 간염　　② 소아마비
③ 말라리아　　　④ 장티푸스
⑤ 광견병

11 쇠고기를 가열하지 않고 섭취하면 감염될 수 있는 기생충은?

① 유구조충　　　② 무구조충
③ 광절열두조충　④ 폐흡충
⑤ 회충

12 수인성 전염병의 특징으로 옳지 않은 것은?

① 환자 발생이 폭발적이다.
② 잠복기가 짧고 치사율이 높다.
③ 성과 나이에 무관하게 발생한다.
④ 급수지역과 발생지역이 거의 일치한다.
⑤ 가족과 관계 없이 발생한다.

13 다음에서 호흡기계 전염병인 것을 모두 고르면?

| ㉠ 백일해 | ㉡ 콜레라 |
| ㉢ 천연두 | ㉣ 유행성 일본뇌염 |

① ㉠, ㉡, ㉢   ② ㉠, ㉢

③ ㉡, ㉣   ④ ㉣

⑤ ㉠, ㉡, ㉢, ㉣

14 다음 중 집단감염이 가장 잘 되는 기생충인 것은?

① 회충   ② 요충

③ 흡충   ④ 편충

⑤ 구충

15 개달물 전염병이 아닌 것은?

① 결핵   ② 트라코마

③ 황열   ④ 천연두

⑤ 나병

16 다음 전염병 중 환자의 인후 분비물에 의해 감염되는 것은?

① 장티푸스   ② 콜레라

③ 세균성 이질   ④ 유행성 간염

⑤ 디프테리아

17 다음 중 절족동물인 쥐벼룩이 매개하는 전염병은?

① 페스트   ② 두창

③ 디프테리아   ④ 파라티푸스

⑤ 파상풍

18 다음에서 모기가 전파하는 전염병을 모두 고르면?

㉠ 일본 뇌염	㉡ 사상충
㉢ 황열	㉣ 발진열

① ㉠, ㉡, ㉢   ② ㉠, ㉢

③ ㉡, ㉣   ④ ㉣

⑤ ㉠, ㉡, ㉢, ㉣

19 다음 전염병 중 잠복기가 가장 짧은 것은?

① 콜레라   ② 장티푸스

③ 광견병   ④ 발진티푸스

⑤ 두창

20 다음 기생충 중 가재가 중간숙주로 되는 것은?

① 회충   ② 편충

③ 폐디스토마   ④ 간디스토마

⑤ 요충

21 다음 중 공동매개체라고 할 수 없는 것은?

① 우유   ② 물

③ 공기   ④ 파리

⑤ 토양

22 다음에서 예방접종이 가능한 전염병을 모두 고르면?

> ⊙ 백일해   ⓒ 콜레라
> ⓒ 결핵   ⓔ 세균성 이질

① ⊙, ⓒ, ⓒ   ② ⊙, ⓒ
③ ⓒ, ⓔ   ④ ⓔ
⑤ ⊙, ⓒ, ⓒ, ⓔ

23 회충이 기생하는 인체 부위는?

① 간   ② 허파
③ 소장   ④ 대장
⑤ 근육

04장 식품첨가물과 식품위생검사

01 다음에서 천연 항산화제를 모두 고르면?

> ⊙ 토코페롤   ⓒ BHA
> ⓒ 세사몰   ⓔ 크산토필

① ⊙, ⓒ, ⓒ   ② ⊙, ⓒ
③ ⓒ, ⓔ   ④ ⓔ
⑤ ⊙, ⓒ, ⓔ

02 육류의 발색에 사용되는 색소는?

① 안식향산   ② 황산제1철
③ 질산나트륨   ④ 소르빈산
⑤ 소명반

03 소르빈산의 사용목적으로 옳은 것은?

① 착색효과   ② 부패방지
③ 산화방지   ④ 표백효과
⑤ 살균 및 소독

04 소포제로 사용되는 식품첨가물로 옳은 것은?

① 핵산
② 유동파라핀
③ 규소수지
④ 황산구리
⑤ 피페로닐 부톡사이드

05 다음 중에서 식품첨가물의 사용목적이 아닌 것은?

① 외관향상　　　② 영양강화

③ 보존성 제고　　④ 식욕증진

⑤ 생리기능 증진

06 식용색소의 조건으로 타당성이 없는 것은?

① 독성이 없어야 한다.

② 식품위생법상 허용색소여야 한다.

③ 물리 · 화학적 변화에 안정해야 한다.

④ 인체에 독성이 없어야 하고 체내에 축적 되지 않아야 한다.

⑤ 다량으로 착색효과가 커야 한다.

07 안식향산의 사용목적은?

① 식품의 산미를 내기 위하여

② 식품의 부패를 방지하기 위하여

③ 유지의 산화를 방지하기 위하여

④ 영양의 강화를 위하여

⑤ 거품을 제거하기 위하여

08 소시지 등의 육제품 색깔을 아름답게 하기 위한 첨가물은?

① 착색제　　　② 유화제

③ 발색제　　　④ 표백제

⑤ 방부제

09 다음에서 식품의 변질, 변패를 방지하는 목 적으로 사용하는 첨가물을 모두 고르면?

> ㉠ 보존제　　　　㉡ 살충제
> ㉢ 산화방지제　　㉣ 유화제

① ㉠, ㉡, ㉢　　　② ㉠, ㉢

③ ㉡, ㉣　　　　　④ ㉣

⑤ ㉠, ㉡, ㉢, ㉣

10 케이크, 식빵 등의 보존제로 사용되는 식품 첨가물은?

① 데히드로 초산　　② 소르빈산

③ 안식향산　　　　④ 프로피온산

⑤ 파라옥시안식향산부틸

11 조리 시 다량의 거품이 발생할 때 이를 제거 하기 위하여 사용되는 첨가물은?

① 보존제　　　② 추출제

③ 용제　　　　④ 피막제

⑤ 소포제

12 식품첨가물로서 명반, 탄산수소나트륨 등이 사용되는 용도는?

① 항산화제　　　② 표백제

③ 품질개량제　　④ 팽창제

⑤ 수포제

13 밀가루의 표백과 숙성을 위하여 사용하는 첨가물은?

① 유화제
② 개량제
③ 팽창제
④ 점착제
⑤ 수포제

14 다음 중 n-핵산이 사용되는 용도는?

① 추출제
② 유화제
③ 개량제
④ 표백제
⑤ 수포제

15 다음 첨가물 중 과채류의 품질유지를 위한 피막제로 사용되는 것은?

① 규소수지
② 몰호린 지방산염
③ 제1인산 나트륨
④ 글리세롤
⑤ 과산화벤조일

16 다음 중 어·육류의 발색제로 사용하는 것은?

① 과산화벤조일
② 과황산암모늄
③ 브롬산칼륨
④ 이산화염소
⑤ 아질산나트륨

17 다음에서 해충을 죽이는 살충제를 모두 고르면?

┌─────────────────────────────┐
│ ㉠ 파라치온   ㉡ 린덴   │
│ ㉢ 아비산   ㉣ 인돌아세테이트 │
└─────────────────────────────┘

① ㉠, ㉡, ㉢
② ㉠, ㉢
③ ㉡, ㉣
④ ㉣
⑤ ㉠, ㉡, ㉢, ㉣

18 다음 중 빵 및 카스텔라를 만들 때 천연팽창제는?

① 탄산수소나트륨
② 탄산수소암모늄
③ 탄산암모늄
④ 염화암모늄
⑤ 이스트

19 식품의 제조, 가공, 보존을 함에 있어서 식품의 첨가, 혼합, 침윤 및 기타방법에 의하여 사용되는 물질을 이르는 말은?

① 식품첨가물
② 위험물
③ 개량제
④ 상승제
⑤ 협력물질

20 식품 첨가물 규격기준 중 두부의 중금속 허용치는?

① 0.1ppm 이하
② 1.0ppm 이하
③ 0.3ppm 이하
④ 3.0ppm 이하
⑤ 0.5ppm 이하

▌05장 식품위생행정 및 위생대책

01 식중독 발생 시 1차로 보고해야 할 곳은?

① 경찰서   ② 동사무소

③ 보건소   ④ 종합병원

⑤ 보건복지부

02 다음 식중독 중 식품을 찬 곳에 보관해야 예방할 수 있는 것은?

① 세균에 의한 식중독

② 자연독에 의한 식중독

③ 화학물질에 의한 식중독

④ 유독기구에 의한 식중독

⑤ 기생충에 의한 식중독

03 통조림 식품에 있어서 실관의 양면이 강하게 팽창되어 손가락으로 눌러도 전혀 들어가지 않는 현상은?

① 플리퍼   ② 스프링거

③ 리커   ④ 하드 스웰

⑤ 플랫사워

04 다음에서 식품감별의 목적으로 맞는 것을 모두 고르면?

┌─────────────────────┐
│ ㉠ 불량식품 적발   │
│ ㉡ 위해성분의 검출   │
│ ㉢ 식중독의 미연방지   │
│ ㉣ 식품성분의 파악   │
└─────────────────────┘

① ㉠, ㉡, ㉢   ② ㉠, ㉢

③ ㉡, ㉣   ④ ㉣

⑤ ㉠, ㉡, ㉢, ㉣

05 신선한 우유의 적정 산도는?

① $0.1 \sim 0.2\%$ ② $0.3 \sim 0.4\%$

③ $0.4 \sim 0.5\%$ ④ $0.5 \sim 0.7\%$

⑤ $0.7 \sim 0.9\%$

06 통조림의 외관상 변질이 아닌 것은?

① 팽창   ② 수소팽창

③ 스프링거   ④ 플립퍼

⑤ 플랫사워

07 식품감별 능력에서 가장 중요한 것은?

① 문헌상의 지식   ② 제조사의 설명

③ 전문가의 의견   ④ 검사방법

⑤ 풍부한 경험

01장 식품위생법규

01 식품위생법에서 정의하고 있는 영업에 속하지 않는 것은?

① 농업 및 수산업에 속하는 식품의 채취업
② 식품을 제조, 가공, 판매하는 업
③ 첨가물을 수입, 운반, 판매하는 업
④ 식품기구 또는 용기를 제조, 판매하는 업
⑤ 식품포장을 수입, 제조, 운반, 판매하는 업

02 식품위생법에서 규제하고 있는 내용이 아닌 것은?

① 식품첨가물
② 건강기능식품
③ 유전자재조합식품
④ 식품위해중점관리기준
⑤ 기구, 용기, 포장

03 다음에서 식품위생법의 목적을 모두 고르면?

┌─────────────────────────────┐
│ ㉠ 식품으로 인한 위생상의 위해 방지 │
│ ㉡ 국민보건의 증진 │
│ ㉢ 식품영양의 질적 향상 도모 │
│ ㉣ 성병 감염의 방지 │
└─────────────────────────────┘

① ㉠, ㉡, ㉢　　　　　② ㉠, ㉢
③ ㉡, ㉣　　　　　　　④ ㉣
⑤ ㉠, ㉡, ㉢, ㉣

04 다음에서 식품위생법상에서 정의하는 기구로 옳은 것을 모두 고르면?

┌─────────────────────────────┐
│ ㉠ 식칼　　　　　　㉡ 음식기 │
│ ㉢ 도마　　　　　　㉣ 그물 │
└─────────────────────────────┘

① ㉠, ㉡, ㉢　　　　　② ㉠, ㉢
③ ㉡, ㉣　　　　　　　④ ㉣
⑤ ㉠, ㉡, ㉢, ㉣

05 다음 중 식품첨가물과 무관한 것은?

① 식품에 첨가물
② 식품에 혼합물
③ 식품에 침윤물
④ 식품에 추출물
⑤ 살균, 소독 목적의 간접적 식품 이행물질

06 식품위생법상 허위표시의 금지에 의해 규제되는 내용과 거리가 먼 것은?

① 식품포장용기의 제조방법
② 식품의 명칭에 관한 허위표시
③ 포장에 있어서의 과대포장
④ 의약품과 혼동할 우려가 있는 식품의 표시
⑤ 식품의 품질에 관한 과대광고

07 다음 중 식품위생법상 위해식품 등의 판매금지에 해당하지 않는 것은?

① 썩었거나 상하였거나 설익은 것으로서 인체의 건강을 해할 우려가 있는 것
② 병원미생물에 오염된 것
③ 유독·유해물질이 묻은 것
④ 수입신고를 해야 하는데 신고하지 않고 수입한 것
⑤ 화학적 합성품이 아닌 것

08 다음 중 식품위생법에 의하지 않은 것은?

① 음용수의 수질기준 등에 관한 규칙
② 식품위해요소 중점관리기준
③ 영양사에 관한 규칙
④ 식품 등의 기준 및 규격
⑤ 식품첨가물의 표시

09 식품위생법상 '규격'에 대한 설명으로 알맞은 것은?

① 식품첨가물의 성분 등에 관한 위생상 필요로 하는 최소한의 요구이다.

② 식품첨가물의 판매단위에 관한 최저한의 요구이다.
③ 식품용기의 단위이다.
④ 식품첨가물의 제조, 사용, 순도, 성분 등에 대한 공중위생상 필요로 하는 최대한의 요구이다.
⑤ 식품첨가물의 보존에 필요한 주의사항이다.

10 명예식품위생감시원을 위촉할 수 있는 사람은?

① 보건소장
② 시장, 군수, 구청장
③ 국립검역소장
④ 질병관리청장
⑤ 보건복지부장관

11 다음 중 수입신고를 해야 하는 식품은?

① 정부가 직접 사용하는 식품
② 무상으로 반입하는 선천성 대사이상 질환자용 식품
③ 여행자가 휴대한 것으로 자가 소비용으로 인정할 수 있는 식품
④ 세관장의 허가를 받아 외국으로 왕래하는 항공기 안에서 사용하는 식품
⑤ 판매를 목적으로 하거나 영업상 사용하는 식품

12 식품위생심의위원회에서 조사·심의하는 사항으로 옳지 않은 것은?

① 식중독 방지에 대한 내용
② 식품의 기준과 규격에 관한 사항
③ 식품영업에 관한 사항
④ 유독·유해물질의 잔류 허용기준에 관한 사항
⑤ 국민영양조사, 지도 및 교육에 관한 사항

13 식품산업협회의 사업으로 옳지 않은 것은?

① 조합원 및 그 종업원의 복지증진을 위한 사업
② 식품위생관리인의 교육
③ 식품공업에 관한 조사, 연구
④ 식품첨가물 및 그 원재료의 시험, 검사 업무
⑤ 식품 또는 식품첨가물을 제조, 가공하는 자의 영업시설의 개선에 관한 지도

14 다음 식중독 환자를 진단한 의사, 한의사가 보고해야 할 사람은?

① 보건소장
② 보건복지부장관
③ 식품의약품안전처장
④ 시·도지사
⑤ 시·도 보건환경연구원

15 식품별로 위해 요소중점 관리기준을 정하여 고시하는 사람은?

① 보건소장
② 시장, 군수, 구청장
③ 시·도지사
④ 식품의약품안전처장
⑤ 보건복지부장관

16 식품진흥기금을 사용하는 사업에 해당하지 않는 것은?

① 영업자의 위생관리시설 개선을 위한 융자 사업
② 소비자식품위생감시원의 교육, 활동지원
③ 좋은 식단 실천을 위한 사업의 지원
④ 국민영양에 관한 조사, 연구사업
⑤ 개인급식소의 급식시설 개·보수

17 다음에서 식품위생법상 조리사를 두어야 할 영업을 모두 고르면?

> ㉠ 식사류를 조리하지 않는 휴게음식점
> ㉡ 지방자치단체가 운영하는 집단급식소
> ㉢ 운영자가 조리사인 식품접객업
> ㉣ 복어를 조리, 판매하는 영업

① ㉠, ㉡, ㉢　　　② ㉠, ㉢
③ ㉡, ㉣　　　④ ㉣
⑤ ㉠, ㉡, ㉢, ㉣

18 다음 중 식품판매업에 해당되지 않는 것은?

① 식용얼음판매업
② 즉석판매제조, 가공업
③ 식품자동판매기 영업
④ 유통전문판매업
⑤ 식품 등의 수입판매업

19 영업의 신고를 해야 할 업종이 아닌 것은?

① 식품제조, 가공업
② 식품운반업
③ 주류제조의 면허를 받아 주류를 제조하는 경우
④ 즉석판매제조, 가공업
⑤ 용기, 포장류 제조업

20 학교, 병원에서 운영하는 단체급식소 중 영양사를 두어야 하는 규모로 옳은 것은?

① 상시 1회 50인 이상 식사 제공
② 상시 1회 100인 이상 식사 제공
③ 상시 1회 200인 이상 식사 제공
④ 상시 1회 400인 이상 식사 제공
⑤ 규모에 관계 없이 고용

21 다음 중 식품접객업에 속하지 않는 것은?

① 휴게음식점 영업
② 식품자동판매기 영업
③ 단란주점 영업
④ 제과점 영업
⑤ 위탁급식 영업

22 다음 중 식품위생감시원의 직무가 아닌 것은?

① 사용이 금지된 식품 등의 취급 여부에 관한 단속
② 과대광고 금지의 위반 여부에 관한 단속
③ 식품 등의 위생적 취급기준의 이행지도
④ 법령 위반 행위에 대한 신고 및 자료제공
⑤ 시설기준의 적합 여부의 확인·검사

23 식품위생검사기관으로 지정할 수 없는 기관은?

① 지방식품의약품안전처
② 국립검역소
③ 시·도 보건환경연구원
④ 국립수산물품질검사원
⑤ 식품위생심의위원회

24 다음 중 영양사의 직무가 아닌 것은?

① 식단작성, 검식 및 배식관리
② 종업원에 대한 영양 및 위생에 관한 지도
③ 급식시설의 위생적 관리
④ 구매식품의 검수 및 관리
⑤ 시설기준의 적합 여부에 관한 사항

25 식품접객영업의 모범업소의 지정기준으로 옳지 않은 것은?

① 업소 내에는 방충, 방서시설과 환기시설을 갖추어야 한다.
② 주방은 입식조리대가 아니어도 된다.

③ 주방은 공개되어야 한다.

④ 화장실은 정화조를 갖춘 수세식이어야 한다.

⑤ 종업원은 청결한 위생복을 입고 있어야 한다.

02장 기타 관련법규

01 다음에서 학교급식 식단 작성시 고려해야 할 사항을 모두 고르면?

> ㉠ 식문화의 계승·발전을 고려할 것
> ㉡ 가급적 자연식품과 계절식품을 사용할 것
> ㉢ 항상 똑같은 조리방법을 활용할 것
> ㉣ 염분, 유지류, 단순당류 또는 식품첨가물 등을 과다하게 사용하지 않을 것

① ㉠, ㉡, ㉣   ② ㉠, ㉢

③ ㉡, ㉣   ④ ㉣

⑤ ㉠, ㉡, ㉢, ㉣

02 학교급식법상 영양사의 직무가 아닌 것은?

① 식단 작성

② 식재료의 선정

③ 학생의 영양관리 및 홍보

④ 조리실 종사자의 지도, 감독

⑤ 위생, 안전, 작업관리 및 검식

03 다음에서 학교급식시설에서 갖추어야 할 시설·설비를 모두 고르면?

> ㉠ 조리장   ㉡ 식품보관실
> ㉢ 급식관리실   ㉣ 편의시설

① ㉠, ㉡, ㉢   ② ㉠, ㉢

③ ㉡, ㉣   ④ ㉣

⑤ ㉠, ㉡, ㉢, ㉣

04 학교급식 공급업자는 식중독 원인조사를 위하여 급식으로 제공한 식품의 일부를 종류별로 냉장보관할 때 보관해야 할 시간은?

① 6시
② 12시간
③ 24시간
④ 48시간
⑤ 72시간

05 국민영양사업을 실시하도록 규정하는 법은?

① 식품위생법
② 보건의료기본법
③ 학교보건법
④ 국민건강증진법
⑤ 국민영양관리법

06 학교급식경비 중 학부모가 부담할 경비는?

① 연료비
② 식품비
③ 시설 유지비
④ 시설 설치비
⑤ 학교급식종사자의 인건비

07 다음 중 국민건강증진사업과 거리가 먼 것은?

① 비만치료
② 보건교육
③ 질병예방
④ 영양개선
⑤ 건강생활

08 다음에서 위생분야 종사자 등의 건강진단규칙에 관한 법령을 모두 고르면?

> ㉠ 학교급식법
> ㉡ 감염병의 예방 및 관리에 관한 법률
> ㉢ 국민건강증진법
> ㉣ 식품위생법

① ㉠, ㉡, ㉢
② ㉠, ㉢
③ ㉡, ㉣
④ ㉣
⑤ ㉠, ㉡, ㉢, ㉣

09 다음 중 국민영양조사를 실시하는 사람은?

① 보건복지부장관
② 시 · 도지사
③ 환경부장관
④ 농림축산식품부장관
⑤ 식품의약품안전처장

10 학교급식관련 서류의 비치 및 보관의 보존연한은?

① 1년
② 2년
③ 3년
④ 5년
⑤ 10년

11 학교급식법에 따라 "교육부장관 또는 교육감은 필요하다고 인정하는 때에는 식품위생 또는 학교급식 관계공무원으로 하여금 학교급식 관련 시설에 출입하여 식품·시설·서류 또는 작업 상황 등을 검사 또는 열람을 하게 할 수 있으며, 검사에 필요한 최소량의 식품을 무상으로 수거하게 할 수 있다."에서 검사 실시 내용이 아닌 것은?

① 미생물 검사
② 식재료의 원산지 검사
③ 식재료의 품질 검사
④ 식재료의 안전성 검사
⑤ 식재료의 보관성 검사

12 샘물개발허가를 해주는 사람은?

① 환경부장관
② 보건복지부장관
③ 시·도지사
④ 농림축산식품부장관
⑤ 시장, 군수, 구청장

13 샘물개발허가의 유효기간은?

① 1년 ② 3년
③ 5년 ④ 7년
⑤ 10년

14 다음에서 격리수용되어 치료를 받아야 하는 전염병인 것을 모두 고르면?

> ㉠ 파상풍 ㉡ 세균성 이질
> ㉢ 결핵 ㉣ 파라티푸스

① ㉠, ㉡, ㉢ ② ㉠, ㉢
③ ㉡, ㉣ ④ ㉣
⑤ ㉠, ㉡, ㉢, ㉣

15 다음에서 제1군 전염병을 모두 고르면?

> ㉠ 페스트 ㉡ 세균성 이질
> ㉢ 콜레라 ㉣ 장티푸스

① ㉠, ㉡, ㉢ ② ㉠, ㉢
③ ㉡, ㉣ ④ ㉣
⑤ ㉠, ㉡, ㉢, ㉣

16 다음에서 전염병이 유행할 우려가 있을 때 역학조사를 실시해야 하는 사람을 모두 고르면?

> ㉠ 질병관리청장
> ㉡ 식품의약품안전처장
> ㉢ 시·도지사
> ㉣ 보건복지부장관

① ㉠, ㉡, ㉢ ② ㉠, ㉢
③ ㉡, ㉣ ④ ㉣
⑤ ㉠, ㉡, ㉢, ㉣

17 다음에서 설명하는 전염병 군은?

> 국내에서 새로 발생한 신종전염병증후군,
> 재출혈전염병 또는 국내유입이 우려되는
> 해외유행전염병으로서 이 법에 의한 방역
> 대책의 긴급한 수립이 필요하다고 인정되
> 어 보건복지부령이 정하는 전염병이다.

① 제1군 전염병   ② 제2군 전염병
③ 제3군 전염병   ④ 제4군 전염병
⑤ 지정 전염병

18 다음 중 제2군 전염병인 것은?

① 백일해   ② 페스트
③ 파라티푸스   ④ 세균성 이질
⑤ 콜레라

19 다음에서 정기예방접종을 요하는 전염병을
모두 고르면?

> ㉠ 디프테리아   ㉡ B형 간염
> ㉢ 백일해   ㉣ 세균성 이질

① ㉠, ㉡, ㉢   ② ㉠, ㉢
③ ㉡, ㉣   ④ ㉣
⑤ ㉠, ㉡, ㉢, ㉣

20 다음 중 영양조사원이 될 수 없는 사람은?

① 의사
② 영양사
③ 간호사
④ 약사
⑤ 전문대 이상에서 식품학 또는 영양학 이
　수자

영양사 핵심 1000제

[1교시]

1교시
정답 및 해설

1교시 필기시험

1과목

영양학
정답 및 해설

01장 탄수화물

01	①	02	④	03	③	04	⑤	05	①
06	②	07	④	08	④	09	①	10	④
11	①	12	②	13	④	14	①	15	①
16	⑤	17	②	18	④	19	③	20	①
21	③	22	②	23	⑤	24	①	25	①
26	⑤	27	③	28	①	29	⑤	30	④
31	⑤	32	④	33	④	34	⑤	35	①
36	③	37	③	38	①	39	④	40	⑤
41	②	42	④	43	②				

02장 지질

01	③	02	①	03	①	04	③	05	③
06	②	07	①	08	⑤	09	④	10	④
11	④	12	③	13	①	14	⑤	15	⑤
16	④	17	②	18	⑤	19	①	20	②
21	①	22	④	23	②	24	⑤	25	⑤
26	⑤	27	③	28	③				

03장 단백질

01	①	02	⑤	03	①	04	④	05	①
06	③	07	①	08	③	09	①	10	③
11	⑤	12	③	13	①	14	⑤	15	①
16	③	17	④	18	⑤	19	①	20	②
21	②	22	③	23	①	24	①		

04장 영양소의 소화흡수와 호르몬

01	②	02	③	03	①	04	⑤	05	①
06	①	07	⑤	08	②	09	⑤	10	①
11	④	12	②	13	④	14	②	15	①
16	①	17	①	18	③	19	③	20	④
21	②	22	①	23	③	24	⑤	25	③
26	①	27	⑤	28	⑤	29	②		

05장 열량(에너지)대사

01	③	02	③	03	④	04	⑤	05	③
06	⑤	07	④	08	⑤	09	①	10	⑤
11	②	12	⑤	13	④	14	④	15	①

06장 무기질

01	④	02	③	03	⑤	04	④	05	②
06	③	07	①	08	④	09	⑤	10	④
11	④	12	①	13	④	14	②	15	⑤
16	②	17	①	18	④	19	①	20	①
21	⑤	22	②	23	①	24	③	25	③
26	⑤	27	②	28	④	29	③	30	①
31	⑤	32	④	33	④	34	④	35	⑤
36	②	37	④	38	⑤	39	①	40	③
41	⑤	42	③	43	⑤	44	②	45	①
46	②	47	③	48	⑤	49	⑤	50	②
51	③	52	④	53	①				

07장 비타민

01	⑤	02	①	03	⑤	04	③	05	①
06	②	07	②	08	②	09	③	10	③
11	⑤	12	①	13	⑤	14	④	15	②
16	④	17	④	18	①	19	⑤	20	④
21	①	22	①	23	⑤	24	③	25	④
26	④	27	③	28	⑤	29	①	30	⑤
31	⑤	32	①	33	③	34	①	35	②
36	②	37	①	38	⑤	39	③	40	①
41	④	42	①	43	①	44	④	45	⑤

| 46 | ① | 47 | ① | 48 | ② | 49 | ① | 50 | ⑤ |
| 51 | ① | | | | | | | | |

08장 물, 체액, 산-염기 평형

01	②	02	④	03	⑤	04	④	05	①
06	⑤	07	⑤	08	⑤	09	③	10	⑤
11	③	12	①	13	①				

09장 생활주기영양

01	①	02	①	03	④	04	④	05	⑤
06	②	07	②	08	⑤	09	④	10	⑤
11	③	12	⑤	13	①	14	⑤	15	①
16	③	17	①	18	①	19	⑤	20	①
21	①	22	④	23	④	24	①	25	③

01장 탄수화물

01   정답 ①

탄수화물은 탄소, 수소, 산소 등의 원소로 구성되어 있으며 동물에 있어서 가장 중요한 에너지원이고 핵산의 구성성분이다.

02   정답 ④

④의 경우는 단백질의 기능이다.

03   정답 ③

포도당(glucose)은 체내 당 대사의 중심물질로서 생체계의 가장 기본적인 에너지 공급원으로 혈액 속에 0.1%의 농도로 포함되어 있다.

04   정답 ⑤

⑤는 지질의 기능이다.

05   정답 ①

> **이당류**
> • 맥아당 : 포도당 + 포도당
> • 자당(설탕) : 포도당 + 과당
> • 젖당 : 포도당 + 갈락토오스

06   정답 ②

이당류

맥아당 (maltose)	• 보리에서 맥아가 발아할 때 생성됨 • 맥아당은 2분자의 포도당으로 구성됨 • 밥을 오래 씹으면 침 중의 효소 프티알린(ptyalin)에 의해 전분이 분해되어 맥아당이 생성되므로 단맛이 남 • 환원당, 수용성
자당(설탕) (sucrose)	• 포도당과 과당이 결합한 당 • 채소나 과일의 액즙에 많고 특히 사탕수수, 사탕무 중에 많이 함유되어 있음 • 비환원당, 수용성
유당(젖당) (lactose)	• 동물의 젖 속에 많으며 단맛이 적음 • 유당은 물에 잘 녹지 않고 소화도 느림 • 장내에서 유용한 세균의 번식을 왕성하게 하여 정장작용을 하며 칼슘의 흡수와 이용률을 향상시킴 • 포도당과 갈락토오스로 결합되어 있음 • 락토오스에 의해 가수분해되고, 효모에 의해 발효되지 않음

07   정답 ④

전화당은 포도당과 과당이 1:1로 구성된 것을 말한다.

08   정답 ④

유당은 포도당과 갈락토오스로 구성된다. 모유나 우유에 많이 들어 있고 락토오스에 의해 가수분해 되며, 효모에 의해 발효되지 않는다.

09 정답 ①

덱스트린은 전분을 산, 효소, 열로 분해할 때 분해생성물을 총칭하는 것으로 작은 단위의 덱스트린은 물에 녹는다.

10 정답 ④

리보오스는 핵산의 구성성분이고 비효소성분이다.

11 정답 ①

식이섬유의 분류
- **불용해성** : 셀룰로오스, 헤미셀룰로오스
- **용해성** : 펙틴, 검, 해조 다당류

12 정답 ②

장 내부의 압력 및 복압을 감소시킨다.

13 정답 ④

동물에 있어서 글리코겐은 주로 간과 근육에 저장된다.

14 정답 ①

셀룰로오스는 포도당으로 구성된다(β-1, 4결합). 사람이나 육식동물은 분해효소인 셀룰로오스가 없어 영양소로 이용하지 못한다.

15 정답 ①

혈액 속에 포도당은 0.1% 존재하며 혈당치는 평균적으로 80~120mg이다.

16 정답 ⑤

알부민은 단백질이므로 아미노산으로 구성된다.

17 정답 ②

과당은 천연 당류 중 가장 감미도가 높은 것으로 가열하게 되면 단맛이 적은 α형이 많아지고, 냉각하면 단맛이 강한 β형이 많아지게 된다.

18 정답 ②

당질이 소화되면서 장벽을 통과하는 것은 포도당이다.

19 정답 ③

유당은 포도당과 갈락토오스로 구성되어 있는바 이 중 갈락토오스는 뇌신경조직의 당지질인 세레브로시드 등의 성분으로 작용하여 두뇌발달에 관여하게 된다.

20 정답 ①

유당(젖당)은 동물성 식품에 존재하며 효모에 의해 분해되지 않는다.

21 정답 ③

전분(starch)은 수천 개의 포도당으로 구성된다.

22 정답 ②

당질은 혈당유지에 도움을 주며, 간, 근육에 글리코겐으로 저장되고 나머지는 체지방으로 저장된다.

23 정답 ⑤

올리고당은 단당류가 3~10개 결합된 당으로 충치예방효과가 있다.

24 정답 ③

당뇨병은 인슐린의 분비량이 부족하거나 정상적인 기능이 이루어지지 않아 혈중 포도당 농도가 높아져 소변으로 포도당을 배출하는 질환이다.

25   정답 ①

탄수화물의 소화는 구강 내에서 타액 중의 아밀라아제(프티알린)에 의해 전분이 분해되면서 시작된다.

26   정답 ⑤

담즙에는 소화효소가 없다.

27   정답 ③

맥아당은 엿당으로 포도당 + 포도당으로 구성된다.

28   정답 ①

흡수기전 중 능동수송은 소장점막에 존재하는 운반체가 영양소와 결합하여 농도구배를 거슬러 흡수하므로 에너지를 필요로 한다. 능동수송은 갈락토오스와 포도당이며, 과당은 촉진확산에 의해 흡수된다.

29   정답 ①

식사하여 섭취된 당질은 간에 글리코겐으로서 저장되어지고, 혈액 내에서는 포도당으로 존재하며, 여분의 것은 지방으로 전환되어 저장된다.

30   정답 ④

당 신생합성이란 탄수화물 섭취가 부족한 경우 당 이외의 물질, 즉 아미노산, 글리세롤, 피루브산, 젖산, 프로피온산 등으로부터 포도당이 합성되는 것을 말하는데 이는 주로 간과 신장에서 일어난다.

31   정답 ⑤

전화당은 서당(설탕)의 가수분해 산물로 포도당과 과당의 혼합물로서 설탕보다 20~30% 더 달다. 이는 당질대사 과정에서 생기는 3탄당이다.

32   정답 ③

정상인의 공복 시 혈당농도는 대체로 70~110mg/dl이다.

33   정답 ④

α형은 호화작용이고, β형은 생전분이므로 α형이 소화가 잘된다.

34   정답 ⑤

셀룰로오스는 셀룰라제에 의하여 가수분해가 이루어지는데 초식동물의 위에는 존재하나 사람의 체내에는 존재하지 못하므로 가수분해가 일어나지 않는다. 즉, 셀룰로오스를 분해하는 효소가 없으므로 인체에서는 소화 및 흡수가 일어나지 않는다.

35   정답 ①

TCA Cycle 대사에 관여하는 효소의 작용에 필요한 무기질에는 Mg, Mn, Fe 등이 있다.

36   정답 ③

혈당치를 상승시키는 것은 부신수질(아드레날린), 췌장, 부신피질이고, 혈당치를 저하시키는 것은 인슐린이다.

37   정답 ③

① 단당류의 형태로 흡수된다.
② 단당류에 따라 흡수속도가 다르다.
④ 단당류는 친수성이므로 모세혈관을 지나 문맥을 통해 간으로 이동한다.
⑤ 갈락토오스는 흡수과정에서 포도당과 경쟁한다.

38   정답 ①

해당작용은 격심한 운동의 폭발적 에너지를 공급하기 위한 비효율적인 에너지 생성경로이며, 포도당이 세포질에서 피루브산까지 분해된다.

39 　　　　　　　　　정답 ④

포도당 1분자로부터 6개 또는 8개의 ATP가 형성된다.

40 　　　　　　　　　정답 ⑤

탄수화물 섭취가 부족한 경우 당 이외의 물질, 즉 아미노산, 글리세롤, 피루브산, 젖산, 프로피온산 등으로부터 포도당이 합성된다.

41 　　　　　　　　　정답 ②

장기간 공복 시에는 당 신생이 증가하여 필요 포도당을 공급받지만, 뇌와 적혈구는 케톤체도 에너지원으로 사용하여 포도당을 절약한다.

42 　　　　　　　　　정답 ④

적혈구, 뇌세포, 신경세포는 특별한 경우 외에는 포도당만을 에너지원으로 사용할 수 있다.

43 　　　　　　　　　정답 ②

필수아미노산은 체내에서 합성될 수 없다.

02장 지질

01 　　　　　　　　　정답 ③

지질은 우리 몸의 체조직을 구성하는 영양소이다.

02 　　　　　　　　　정답 ①

칼슘은 뼈와 치아를 형성한다.

03 　　　　　　　　　정답 ①

지방 종류
- **단순지방** : 중성지방(유지), 필수지방산, 왁스(납)

- **복합지방** : 인지질, 당지질
- **유도지방** : 콜레스테롤, 에르고스테롤, 글리세롤, 스쿠알렌

04 　　　　　　　　　정답 ③

필수지방산은 샐러드유, 대두유, 옥수수유 등의 식물성 기름에 다량 함유되어 있다.

05 　　　　　　　　　정답 ③

콜레스테롤은 유도지질로 단순지질이나 복합지질의 가수분해로 얻어지는 물질을 말한다.

06 　　　　　　　　　정답 ②

단순지질은 지방산과 글리세롤로 구성된다.

07 　　　　　　　　　정답 ①

인과 결합된 인지질은 레시틴, 세팔린, 스핑고미엘린 등이다.

08 　　　　　　　　　정답 ⑤

EPA, DHA는 고도의 불포화지방산이다.

09 　　　　　　　　　정답 ④

지용성 비타민(비타민 D, E, K)은 분류상 지질에 속한다.

10 　　　　　　　　　정답 ④

필수지방산 대사에 관여하는 비타민
- 비타민 E
- 비타민 B_6 : 피리독신
- 비타민 B_2 : 리보플라빈

11 정답 ④

콜레스테롤은 간에서 합성되고 담즙산으로 전환되어 배설되며 뇌, 신경조직의 주요 구성물질이다. 담즙침체에 의한 콜레스테롤이 결석의 주성분이다.

12 정답 ③

지방은 림프를 통하여 운반되고, 주로 지방조직에 저장된다.

13 정답 ①

카일로미크론은 소장에서 흡수된 중성지방을 조직으로 운반하며, VLDL은 간에서 합성된 중성지방을 조직으로 운반한다. LDL은 대부분의 콜레스테롤을 조직으로 운반하며, HDL은 조직의 콜레스테롤을 간과 다른 지단백으로 옮겨 배설시킨다.

14 정답 ⑤

LDL-콜레스테롤은 지단백이라 하며, 많은 양의 콜레스테롤을 함유하고 있다. 따라서 LDL-콜레스테롤이 높을수록 심장병, 뇌졸중에 걸릴 위험이 크다. 총지방섭취량이 많을수록 혈중농도가 높아지며, 당뇨환자의 경우에 인슐린 저항성과 심혈관계 합병증을 촉진한다.

15 정답 ⑤

흡연에 의해서는 상승하는 것이 아니라 낮아진다.

16 정답 ④

식품이나 지방산의 95%는 중성지방의 형태로 존재한다.

17 정답 ②

포화지방산과 불포화지방산	
포화 지방산	• 이중결합 • 동물성 유지에 대부분 함유 • 고체가 대부분 • 축육지방에는 C_{16}, C_{18}의 함량이, 어유 ·
	식물유에는 C_{16}의 함량이 많음
불포화 지방산	• 이중결합 • 식물성 유지에 대부분 함유 • 액체가 대부분

18 정답 ⑤

지용성 비타민은 지방에 잘 녹아서 지질이 지용성 비타민의 운반체 역할을 한다.

19 정답 ①

필수지방산에는 리놀레산, 리놀렌산, 아라키돈산이 있다.

20 정답 ②

필수지방산은 체내에 꼭 필요하나 체내에서 합성되지 않거나 합성되는 양이 부족하여 식사를 통해 섭취되어야 하는 지방산으로 n-6의 지방산인 리놀레산, 아라키돈산, n-3계의 지방산인 리놀렌산 등이 있다.

21 정답 ①

지방산
• n-3계 지방산 : α리놀렌산, EPA, DHA
• n-6계 지방산 : 리놀레산, 아라키돈산

22 정답 ④

n-3계 지방산의 생리기능으로는 혈청지질 감소, 혈소판 응집 감소, 혈압저하, 염증예방, 면역증가, 두뇌성장 발달, 암 발생 억제 등이 있다.

23 정답 ②

콜레스테롤은 주로 간과 소장에서 합성되며 음식으로부터 흡수된 콜레스테롤양에 따라 간에서의 합성이 조절된다.

24 정답 ③

지방의 소화와 흡수는 주로 소장에서 이루어진다. 위에서의 지질소화는 주로 유아기에서 많이 일어나지만 성장하면서 점차 그 역할은 감소된다.

25 정답 ⑤

콜레스테롤은 세포막을 구성하는 주요 성분이며, 막 구조나 기능에 큰 역할을 한다.

26 정답 ⑤

유화작용은 인지질이다.

27 정답 ③

지방은 단백질이나 탄수화물보다 위장관 통과시간이 길어 포만감을 준다.

28 정답 ③

- 카일로미크론은 식이 내 중성지방을 간으로 운반하며 공복 상태에서는 존재하지 않는다.
- VLDL은 간에서 합성되는 중성지질을 조직으로 운반한다.
- LDL은 CE가 가장 많은 지단백으로 LCAT 작용에 의해 HDL로부터 CE를 받아서 조직으로 운반하는 역할을 한다.
- $B_{1}00$은 VLDL과 LDL에 있는 아포단백질이다.
- HDL은 밀도가 가장 높은 지단백질이다.

03장 단백질

01 정답 ①

단백질의 질소 함유량은 약 16%이다.

02 정답 ⑤

단백질은 탄소, 수소, 질소, 산소, 유황 등의 원소로 구성된다.

03 정답 ①

달걀의 단백가는 100이다.

04 정답 ④

카세인은 복합단백질 중 인단백질에 해당된다.

05 정답 ①

동물의 성장에 필요한 모든 필수아미노산이 골고루 함유되어 있는 단백질을 말한다.

06 정답 ③

필수아미노산과 비필수아미노산

필수아미노산(8종)	비필수아미노산(10종)
• 이소류신 (Isoleucine) • 류신 (Leucine) • 리신 (Lysine) • 페닐알라닌 (Phenylalanine) • 메티오닌 (Methionine) • 트레오닌 (Threonine) • 트립토판 (Trytophane) • 발린 (Valine) • 다만, 유아의 경우에는 히스티딘(Histidine)도 포함됨	• 알라닌 (Alanine) • 아르기닌 (Arginine) • 아스파라긴 (Asparagine) • 시스테인 (Cysteine) • 글루타민 (Glutamine) • 히스티딘 (Histidine) • 프롤린 (Proline) • 세린 (Serine) • 티로신 (Tyrosine) • 글리신 (Glycine)

07 정답 ①

필수아미노산은 체내에서 생성할 수 없으며 반드시 식품으로부터 공급해야만 한다.

08 정답 ③

당질과 지방에 의해서 보충되지 않는다.

09 　　　　　　　　　정답 ③

필수 아미노산은 이소류신(Isoleucine), 류신(Leucine), 리신(Lysine), 페닐알라닌(Phenylalanine), 메티오닌(Methionine), 트레오닌(Threonine), 트립토판(Trytophane), 발린(Valine)이다. 다만, 유아의 경우에는 히스티딘(Histidine)도 포함된다.

10 　　　　　　　　　정답 ③

음성반응이 아니라 양성반응이다. 즉, 카르복시기와 아미노기를 동시에 가지고 있어 산으로도, 염기로도 작용하여 중화작용을 한다.

11 　　　　　　　　　정답 ⑤

단백질의 형태에 의한 분류
- 섬유상 단백질 : collagen, myosin, keratin, fibroin
- 구상 단백질 : albumin, myogen, lactalbumin

12 　　　　　　　　　정답 ③

운반단백질에는 지단백질(지질운반), 헤모글로빈(산소운반), 세포막 운반단백질(포도당, 아미노산 등 운반) 등이 있다.

13 　　　　　　　　　정답 ①

유아의 위액 중에 들어 있는 효소 레닌은 유즙이 펩신의 작용을 받지 않고 그대로 위를 통과하는 것을 막아준다.

14 　　　　　　　　　정답 ⑤

생체 내에는 약 40여 종의 아미노산이 발견된다. 단백질에서 발견되는 20여 종류의 아미노산은 α 아미노산이며, 모두 L형으로 존재한다.

15 　　　　　　　　　정답 ①

완전단백질은 동물의 성장에 필요한 모든 필수 아미노산을 적합한 비율로 골고루 갖춘 단백질로 우유의 카세인, 달걀의 알부민, 글로불린 등이 있다.

16 　　　　　　　　　정답 ③

질소계수는 100/16＝6.25이다. 즉, 질소는 단백질만 가지고 있는 원소로 단백질에 질소의 함유가 16% 포함되어 있다.

17 　　　　　　　　　정답 ④

필수아미노산은 성인의 경우에는 8개이나 아동기, 발육기에는 histidine, arginine이 추가된다.

18 　　　　　　　　　정답 ⑤

단백질이 부족하면 저단백혈증의 혈장 알부민 감소로 인하여 혈중의 수분이 조직으로 빠져나가 부종을 유발한다.

19 　　　　　　　　　정답 ④

단백질을 과잉섭취할 경우 칼슘 배설이 증가하고, 신장의 부담이 많아지므로 특히, 신장질환자는 단백질 섭취에 주의해야 한다.

20 　　　　　　　　　정답 ②

당질은 단백질의 절약작용을 한다.

21 　　　　　　　　　정답 ②

단백질의 기능
- 성장과 조직의 유지
- 체액의 산도 조절
- 에너지원
- 근육의 구성성분
- 완충작용
- 삼투압력의 유지를 위한 수분 평형의 조절

정답 및 해설

22 　　　　　　　　　정답 ③

①, ②는 인단백질이다.
④는 당단백질이다.
⑤는 금속단백질이다.

23 　　　　　　　　　정답 ①

단백질을 과잉섭취하게 되면 체내에서 대사되어 당질이나 지질로 전환되며, 체내에 저장되기도 한다.

24 　　　　　　　　　정답 ①

단백질은 열량 영양소이며 효소를 구성하지만 조효소는 아니다.

04장 영양소의 소화흡수와 호르몬

01 　　　　　　　　　정답 ②

소화시간은 지방 > 단백질 > 탄수화물 > 물 순이다.

02 　　　　　　　　　정답 ③

- 리파아제 : 지질의 분해효소
- 레닌 : 우유의 응고효소
- 펩신 : 단백질의 분해효소
- 스테압신 : 지방의 분해효소

03 　　　　　　　　　정답 ①

탄수화물은 입에서부터 소화가 시작된다.

04 　　　　　　　　　정답 ⑤

소화효소의 종류
- **탄수화물 분해효소** : 아밀라아제, 수크라아제, 말타아제, 락타아제 등
- **단백질 분해효소** : 펩신, 트립신, 에렙신 등
- **지방 분해효소** : 리파아제, 스테압신 등

05 　　　　　　　　　정답 ①

입에서의 소화는 침에 들어 있는 아밀라아제의 작용으로 녹말을 분해한다.
즉, 녹말 $\xrightarrow{\text{아밀라아제}}$ 엿당 + 덱스트린이다.

06 　　　　　　　　　정답 ①

소화작용
- **물리적 소화작용** : 저작운동, 연동운동, 분절운동
- **화학적 소화작용** : 위액, 이자액, 장액에 의한 가수분해작용
- **발효작용** : 소장의 하부에서 대장에 이르는 곳까지 세균류가 분해되는 작용

07 　　　　　　　　　정답 ⑤

위액에 함유된 펩시노겐이 염산의 작용에 의해 펩신으로 활성화된 후 단백질을 폴리펩티드로 분해하는 것이 위에서의 소화작용이다.

08 　　　　　　　　　정답 ②

알도스테론은 신장에서 Na^+의 재흡수를 증가시켜 신체에 수분을 보유시키는 기능이 있다.

09 　　　　　　　　　정답 ⑤

췌장에서의 소화
- 췌액의 아밀라아제와 말타아제는 탄수화물을 분해한다.
- 지방을 분해하는 효소인 리파아제도 췌액의 성분이다.
- 췌액의 트립신은 폴리펩티드로 분해하고 일부는 아미노산으로 분해된다.

10 　　　　　　　　　정답 ①

염산의 작용에 의해 펩시노겐이 펩신으로 활성화하는 곳은 위이다.

11 정답 ④

에피네프린은 심장 박동을 촉진하고 혈압을 높이며 글리코겐이 포도당으로 분해되는 것을 촉진한다.

12 정답 ②

소장에서의 소화
- 락타아제는 젖당을 포도당과 갈락토오스로 분해한다.
- 수크라아제는 자당(설탕)을 포도당과 과당으로 분해한다.

13 정답 ④

소화효소는 온도에 따라 작용능력에 큰 차이가 있다. 일반적으로 온도가 높아질수록 작용능력이 커지지만 고온이 되면 능력이 없어진다.

14 정답 ②

호르몬은 도관 없이 생성된 물질을 혈액 내로 흡수 또는 배출하여 표적기관에 보내진다.

15 정답 ①

소화효소

펩신 (pepsin)	• 위액 속에 존재하는 단백질 분해 효소이다. • 극도의 산성용액에서 분해가 잘 이루어진다.
트립신 (trypsin)	• 췌장에서 효소 전구체 트립시노겐으로 생성된다. • 췌액의 한 성분으로 분비되고 십이지장에서 단백질을 가수분해하는 필수적인 물질이다.
락타아제 (lactase)	• 보통 소장에서 분비된다. • 유당을 포도당과 갈락토오스로 분해하는 역할을 한다.
리파아제 (lipase)	• 지방 분해효소로 췌장에서 분비된다. • 단순 지질을 지방산과 글리세롤로 가수분해하는 역할을 한다.

말타아제 (maltase)	• 장에서 분비한다. • 엿당을 포도당으로 가수분해한다.
수크라아제 (sucrase)	• 소장에서 분비된다. • 설탕을 포도당과 과당으로 분해하는 역할을 한다.
아밀롭신 (amylopsin)	• 췌장에서 분비되는 아밀라아제이다. • 전분, 글리코겐 등의 글루코오스 다당류를 말토오스, 말토트리오 등으로 가수분해하는 반응을 촉매하는 효소이다.
프티알린 (ptyalin)	• 침 속에 들어 있는 아밀라아제로, 아밀라아제와 구별하기 위해 프티알린이라 한다. • 녹말을 덱스트린과 엿당 등의 간단한 당류로 분해한다.

16 정답 ①

프티알린은 입에서의 침의 성분이다.

17 정답 ①

- **수크라아제** : 설탕을 과당과 포도당으로 분해
- **락타아제** : 젖당을 포도당과 갈락토오스로 분해
- **펩티다아제** : 펩티드를 아미노산으로 분해
- **리파아제** : 쓸개즙으로 지방을 유화시킴

18 정답 ③

선하수체(뇌하수체전엽)호르몬 : 성장호르몬, 갑상선자극호르몬, 부신피질자극호르몬, 성선자극호르몬(여포자극호르몬), 황체형성호르몬, 간질세포자극호르몬

19 정답 ③

흡수
- **모세혈관에서의 양분의 흡수** : 단당류, 아미노산, 수용성 비타민, 무기염류
- **림프관에서의 양분의 흡수** : 지방산, 글리세롤, 지용성 비타민

정답 및 해설

20 　　　　　　　　　　　 정답 ④

쓸개즙은 소화효소가 아니다.

21 　　　　　　　　　　　 정답 ②

티록신은 체내 기초대사를 촉진한다.

22 　　　　　　　　　　　 정답 ①

펩신은 산성이다.
- **산성 소화효소** : 펩신
- **염기성 소화효소** : 리파아제, 립신, 키모트립신, 펩티다아제, 말타아제, 수크라아제, 락타아제 등
- **거의 중성 소화효소** : 아밀라아제

23 　　　　　　　　　　　 정답 ③

단당류의 흡수경로는 모세혈관 → 문맥 → 대정맥 → 간장 순이다.

24 　　　　　　　　　　　 정답 ⑤

췌장에서는 단백질 소화효소가 불활성 전구체로 분비된다.

25 　　　　　　　　　　　 정답 ③

담즙이 담관을 통해 십이지장으로 분비되면 지방이 유화지방이 되어 소화를 용이하게 한다.

26 　　　　　　　　　　　 정답 ①

3대 영양소에 대한 인체 내의 소화흡수율은 당질(98%) > 지질(95%) > 단백질(92%) 순이다.

27 　　　　　　　　　　　 정답 ⑤

호르몬은 소화액의 분비에도 영향을 준다.

28 　　　　　　　　　　　 정답 ⑤

아스코르브산(ascorbic acid)은 철분의 흡수를 촉진해준다.

29 　　　　　　　　　　　 정답 ②

대장은 주로 수분을 흡수하고, 전액에는 소화효소가 함유되어 있지 않으며, 상주하는 미생물에 의해 발효·부패를 시켜 가스나 유기산을 생성하고 비타민 B군을 합성한다.

05장　열량(에너지)대사

01 　　　　　　　　　　　 정답 ③

여성이 남성보다 약 10% 정도의 기초대사량이 낮은데 그 이유는 여성이 남성에 비해 활성조직인 근육조직이 적기 때문이다.

02 　　　　　　　　　　　 정답 ③

식품별 열량가
- 탄수화물 : 4.1kcal
- 지방 : 9.45kcal
- 단백질 : 5.65kcal
- 알코올 : 7.1kcal

03 　　　　　　　　　　　 정답 ④

소화흡수율
- 탄수화물 : 98%
- 지방 : 95%
- 단백질 : 92%
- 알코올 : 100%

04　　　　　　　　　　　정답 ⑤

기초대사량에 영향을 주는 인자
- **신체의 크기와 모양** : 체표면적이 넓으면 기초대사량이 커진다.
- **신체의 구성부분** : 근육이 많이 발달한 사람이 5~6%의 높은 기초대사율을 보인다.
- **성별** : 여자는 남자보다 약 7% 정도 기초대사율이 낮다.
- **연령** : 생후 1~2년 사이는 일생을 통해 기초대사율이 가장 높다.
- **기후** : 일반적으로 기온이 낮아지면 반사작용으로 근육의 활동이 증가하여 대사율이 상승한다.
- **내분비선** : 갑상선기능항진증은 기초대사율을 증가시키며, 갑상선기능저하증은 기초대사율 감소, 남성호르몬·성장호르몬의 기초대사율을 상승시키고, 부신수질호르몬의 대사율을 높인다.
- **체온** : 체온 상승 시 대사율이 증가된다.
- **영양상태** : 영양실조나 기아상태 시에 기초대사율이 감소된다.
- **수면** : 수면 시 기초대사율이 깨어 있을 때보다 약 10% 감소된다.
- **두뇌활동** : 사고를 많이 해도 근육이 긴장상태가 되지 않는 한 기초대사율에는 영향을 미치지 않는다.

05　　　　　　　　　　　정답 ③

체표면적이 넓으면 피부를 통해 발산되는 열량이 크므로 기초대사량이 커진다.

06　　　　　　　　　　　정답 ⑤

나이가 들수록 대사조직이 감소하고, 지방조직이 증가하므로 노년기에는 체표면적당 기초대사가 낮아진다.

07　　　　　　　　　　　정답 ④

열대지방의 사람이 한대지방의 사람보다 기초대사율이 5~10% 정도 낮다.

08　　　　　　　　　　　정답 ③

식품 이용을 위한 에너지 소모량은 식이성 에너지 소모량이라고도 하며 과거에는 식품의 특이동적 작용이라고도 하였다. 이는 식품을 섭취한 후 영양소의 소화, 흡수, 이동, 대사, 저장 및 식품섭취에 따른 자율신경활동의 증진 등에 소모되는 에너지이다. 지방은 식품 이용을 위한 에너지 소모량(TEF)이 가장 적은 반면 단백질은 에너지의 20~30%를 질소제거, 요소합성 및 포도당 신생과정에 이용하며, 탄수화물은 중성지방으로 전환되어 축적되는 대사과정을 거치므로 지방과 단백질의 중간값을 나타낸다.

09　　　　　　　　　　　정답 ①

호흡계수는 호흡 시 배출한 이산화탄소량을 소모된 산소량으로 나눈 값, 즉 CO_2량/O_2량이다. 탄수화물 1.0, 지방 0.7, 단백질 0.8이며 이들이 혼합된 식사를 할 경우는 보통 0.85를 나타낸다.

10　　　　　　　　　　　정답 ⑤

이산화탄소의 보유는 산성증으로 pH불균형의 원인이 된다.

11　　　　　　　　　　　정답 ②

소비에너지는 휴식대사량(기초대사율), 활동대사량, 발열작용에 의한 소모량이다. 기초대사량은 휴식대사량보다 약간 적지만 휴식대사량이 측정하기 용이하므로 더 많이 이용된다. 휴식대사량은 전체 소비에너지 중 60~75%를 차지한다. 발열작용에 의한 소모량은 식이성 에너지 소모량과 적응대사량이 해당된다.

12　　　　　　　　　　　정답 ⑤

기초대사란 생명을 유지하기 위한 체내대사 및 작용으로 무의식적으로 일어나는 심장박동과 혈액순환, 호흡작용, 소변생성, 체온조절 등을 말한다.

13　　　　　　　　　　　정답 ④

단백질 1g당 소변으로 배설되는 요소의 에너지는 1.25kcal이다.

14 정답 ④

기초대사량을 증가시키는 요인에는 근육량, 체표면적, 갑상선 호르몬, 성장(영유아), 임신, 기온하강, 발열, 화상, 스트레스 등이 있으며, 기초대사량을 감소시키는 요인에는 수면, 영양불량, 기온상승, 가령 (나이가 먹어감) 등이 있다.

15 정답 ①

식품 이용을 위한 에너지소모량(TEF)이란 섭취한 식품의 소화, 흡수, 대사에 필요한 에너지를 말한다.

06장 무기질

01 정답 ④

칼슘은 혈액응고, 효소 작용, 막의 부과작용을 한다.

02 정답 ③

뼈를 구성하는 칼슘이 제일 많고, 다음은 피를 구성하는 Fe이다.

03 정답 ⑤

악성빈혈은 비타민 B_{12}의 결핍 시에 일어난다.

04 정답 ④

무기염류의 작용과 비타민의 절약은 관계가 없다.

05 정답 ②

무기질은 칼슘, 인, 철, 마그네슘, 칼륨, 나트륨 등이 있다.

06 정답 ③

헤모글로빈이라는 적색소를 만드는 주성분은 철(Fe)이다.

07 정답 ①

불소는 충치예방을 할 수 있다.

08 정답 ④

무기질은 에너지를 내지 않는다.

09 정답 ⑤

크롬은 인슐린의 작용을 강화하며, 세포 내로 포도당이 유입되는 과정을 돕는다.

10 정답 ④

요오드를 가장 많이 함유하고 있는 식품은 해산물, 특히 해조류이다.

11 정답 ④

요오드는 갑상선호르몬의 구성성분이다.

12 정답 ①

칼슘의 흡수율은 20~40% 정도이며 십이지장에서는 능동수송, 공장과 회장에서는 수동적 확산에 의해 흡수된다. 대변으로 배설되는 칼슘은 흡수되지 않은 식이칼슘과 내인성 칼슘으로 구성된다.

13 정답 ④

식사 내 칼슘과 인의 비율이 동량일 때(1:1) 칼슘의 흡수율이 최대가 되며, 인이 일상 식사에서 너무 충분하여 칼슘의 1~2배를 넘지 않도록 권장하고 있다.

14 정답 ②

체내 칼슘의 99% 이상이 골격에 존재하며, 칼슘의 주된 기능은 골격과 치아를 형성하고 유지하는 것이다. 또한, 칼슘은 혈액응고과정에서 프로트롬빈을 트롬빈으로 전환시키는 데 관여하며, 신경자극을 전달하고, 근육의 수축과 이완과정에 관여한다. 그 외 칼슘은 세포 내에서 칼모둘린과 결합하여 세포대사를 조절한다. 칼슘은 대변으로 포화지방산의 배설을 증가시켜 혈청 LDL 수준을 낮출 수 있으며, 우리나라 식생활에서 가장 결핍되기 쉬운 영양소 중의 하나이다.

15 　　　　　　　　　　정답 ⑤

체액의 삼투압을 유지하는 무기질은 염소이다.

16 　　　　　　　　　　정답 ②

칼슘의 흡수
- 흡수를 증가시키는 요인 : 비타민 D, 유당, 단백질, 비타민 C, 칼슘요구량 증가요인(성장기, 임신 등), 적절한 칼슘과 인의 비율(칼슘 : 인 = 1:1), 장내의 산성환경 등
- 흡수를 방해하는 요인 : 피탄산, 수산, 타닌산, 과잉의 유리지방산, 식이섬유, 노령(폐경기), 소장의 알칼리성환경 등

17 　　　　　　　　　　정답 ①

산성식품은 황, 인, 염소 등 단백질이 많은 식품이고, 알칼리성식품으로는 나트륨, 칼슘, 칼륨 등이 많은 식품으로 야채와 과일에 풍부하다.

18 　　　　　　　　　　정답 ④

성장기 어린이에 있어서 칼슘의 섭취가 부족하면 골격과 치아의 석회화가 충분히 이루어지지 않아 성장저해, 뼈 성분의 변화, 뼈의 기형을 초래하는 구루병이 나타난다. 참고적으로 골다공증이란 골격이 손실됨에 따라 골질량이 감소된 상태로, 골절이 발생하기 쉽다.

19 　　　　　　　　　　정답 ①

칼슘은 소장에서 약 30%가 흡수되며, 흡수된 칼슘의 99%는 신장에서 재흡수되고, 1%만 소변으로 배설된다. 일부는 분칼슘(fecal Ca)으로 배설된다.

20 　　　　　　　　　　정답 ①

인의 흡수율은 성인의 경우 50~70%로 높다.

21 　　　　　　　　　　정답 ⑤

칼륨은 혈액응고에 관여한다.

22 　　　　　　　　　　정답 ②

인은 유전과 단백질 합성에 필수적인 핵산의 구성성분이며, 당질, 지질, 단백질이 산화되어 열량을 방출하는 데 필수물질인 고에너지 결합(ATP)을 구성한다.

23 　　　　　　　　　　정답 ①

칼시토닌은 칼슘을 뼈에 흡수하는 기능을 하고, 부갑상선호르몬은 혈액속의 칼슘농도를 증가시키는 작용을 하며, 비타민 D는 칼슘을 대장과 콩팥에서 흡수시키는 데 기여한다.

24 　　　　　　　　　　정답 ③

해독작용과 관련된 무기질은 황(S)이다.

25 　　　　　　　　　　정답 ③

건강을 유지하는 데 필요한 성인의 1일 나트륨 최소 필요량은 500mg이며, 고혈압의 발병 위험을 낮추기 위하여 1일 2~3g의 나트륨을 섭취할 것이 권장된다.

26 　　　　　　　　　　정답 ⑤

나트륨을 과잉으로 장기간 섭취하게 되면 부종, 고혈압 및 위암과 위궤양의 발병률을 증가시킨다.

27 　　　　　　　　　　정답 ②

나트륨의 1일 평균 뇨 배설량은 섭취량의 85~90%에 해당한다.

정답 및 해설

28 　　　　정답 ④

> **골다공증과 골연화증**
> • 골다공증 : 중년 부인에게서 많이 나타나는 것으로 골격의 칼슘 유출이 심해 뼈조직이 전반적으로 약해진 것이다.
> • 골연화증 : 임산부 등에게서 많이 나타나는 것으로 칼슘과 비타민 D의 부족으로 무기질 침착이 잘 안되어 뼈가 약해진 성인형 구루병이다.

29 　　　　정답 ③

칼륨은 세포내액의 주된 양이온으로 세포외액의 주된 양이온인 나트륨과 함께 삼투압과 수분평형 및 산-염기 평형에 관여한다. 또한 골격근과 심근의 수축 및 이완작용에 관여하며 당질대사에 관여하여 혈당이 글리코겐으로 생성될 때 칼륨을 저장한다. 칼륨은 단백질 합성에 관여하여 근육 단백질과 세포단백질 내의 질소를 저장하는 과정에 필요하다.

30 　　　　정답 ①

나트륨은 혈액의 산성유지가 아니라 알칼리성 유지이다.

31 　　　　정답 ⑤

신경자극전달과 근육수축 및 이완작용을 조절하는 무기질은 칼슘, 마그네슘, 나트륨, 칼륨이온이다.

32 　　　　정답 ⑤

체내 불소의 균형을 이루기 위해서는 성인의 경우 1일 0.5mg이 필요하며, 1.5∼4.0mg이 권장되고 있다.

33 　　　　정답 ④

세포 내외의 삼투압을 유지하는 데 세포외액에는 나트륨, 세포내액에는 칼륨이 중요한 인자로 작용한다.

34 　　　　정답 ④

세포외액의 나트륨 : 칼륨 = 28 : 1이다.

35 　　　　정답 ⑤

칼륨은 골격근과 심근의 활동에 중요한 역할을 담당하므로 신장기능이 약한 경우 혈중 칼륨의 농도가 상승하여 고칼륨혈증을 초래함으로써 심장박동을 느리게 하므로 빨리 치료하지 않으면 심장마비를 초래할 수 있다.

36 　　　　정답 ②

알코올은 마그네슘의 배설을 촉진시킨다. 그러므로 알코올 중독자에게 신경성 근육 경련 현상을 초래한다.

37 　　　　정답 ④

마그네슘은 코코아, 견과류, 대두, 전곡 등에 풍부하게 들어 있다.

38 　　　　정답 ⑤

구리는 철의 흡수 및 이용을 도우며, 코발트는 비타민 B_{12}의 구성성분으로 작용하여 조혈작용에 관여한다.

39 　　　　정답 ①

글리코겐의 합성과 저장에 관여하는 무기질은 칼륨이다.

40 　　　　정답 ③

마그네슘 결핍 시 신경과민증상을 보인다.

41 　　　　정답 ⑤

황(S)은 황아미노산과 인슐린, 헤파린, 티아민, 비오틴, 코엔자임 A의 구성성분이며 글루타티온의 구성성분으로 산화-환원 반응에 관여한다. 또한 세포외액에 존재하며 산-염기 평형에 관여한다.

42   정답 ③

황의 대표적인 급원식품은 단백질 식품이다.

43   정답 ⑤

구리는 헤모글로빈 형성을 돕는 기능을 한다.

44   정답 ②

철(Fe)의 흡수
- **철의 흡수를 증진시키는 인자** : 헴철, 비타민 C, 위산, 저장철 저하, 임신, 성장기 등이 있다.
- **철의 흡수를 방해하는 인자** : 피틴산, 수산, 식이섬유, 탄닌, 위장질환, 위산분비 저하, 다른 무기질 (칼슘, 아연), 저장철의 증가 등이 있다.

45   정답 ①

철은 주로 십이지장에서 흡수되며 골수에서 혈색소를 만들고 다시 골격에서 적혈구가 된다. 철은 대부분 골격에서 다시 헤모글로빈 합성에 사용된다.

46   정답 ②

췌장의 높은 아연농도는 인슐린의 생리적 기능을 증가시킨다.

47   정답 ③

철 결핍성 빈혈에서는 헤모글로빈 양과 적혈구 자체의 크기도 감소한다.

48   정답 ⑤

⑤는 황(S)에 대한 설명이다.

49   정답 ⑤

아연이 결핍되면 성장이나 근육발달이 지연되고 생식기 발달이 저하된다. 또한 면역기능의 저하, 상처회복의 지연, 식욕부진 및 미각과 후각의 감퇴가 나타난다.

50   정답 ②

요오드의 결핍증과 과다증
- **결핍증** : 장기간 요오드 섭취가 부족하면 단순갑상선종이 나타나며, 임신기간 중의 부족은 태아의 정신박약, 성장지연, 왜소증 등을 초래하는 크레틴병을 일으킨다.
- **과다증** : 요오드의 과잉증은 갑상선기능항진증과 바세도우씨병이다.

51   정답 ③

요오드는 체내 대사율을 조절하고 성장발달을 촉진하는 갑상선호르몬의 구성성분으로 작용한다.

52   정답 ④

아연과 구리 및 철분은 상호 경쟁적으로 작용함으로 흡수에 영향을 미친다.

53   정답 ①

잔틴의 산화효소의 구성성분은 몰리브덴(Mo)이다. 셀레늄은 글루타티온 과산화효소의 성분으로 항산화작용을 하고 비타민 E와 같이 유리라디칼의 작용을 억제시킨다. 결핍되면 근육손실, 성장저하, 심근장애 등이 발생한다.

정답
및
해설

07장 비타민

01 정답 ⑤

비타민 B_{12}는 동물성 식품에만 함유되어 있어 식물성 식품만을 섭취하는 채식주의자는 결핍되기 쉽다.

02 정답 ①

지용성 비타민으로는 비타민 A, D, E, K, F 등이 있다.

03 정답 ⑤

비타민 A
- **생리적 기능** : 로돕신 생성, 상피조직의 형성과 유지, 항암제, 정상적 성장유지, 생식기능 촉진
- **결핍증** : 안구건조증, 야맹증, 상피조직의 각질화, 불완전한 치아형성
- **과잉증** : 두통, 머리카락 빠짐, 창백함

04 정답 ③

비타민 A의 급원은 간, 난황, 버터, 강화마가린, 녹황색의 채소, 황색의 과일 등이며, 버섯은 비타민 D의 급원이다.

05 정답 ①

카로틴은 프로비타민 A를 말한다. 카로틴이란 체내에서 비타민 A가 되는 물질로 프로비타민 A라고 한다.

06 정답 ②

콜레스테롤이 자외선을 받으면 비타민 D가 생긴다. 즉, 식품이 중요한 것이 아니고 햇볕을 쬐는 것이 중요하다.

07 정답 ②

자외선을 받지 못하는 광부가 걸리기 쉽다.

08 정답 ②

비타민 D는 Ca과 P의 흡수를 촉진한다.

09 정답 ③

에르고스테롤에 자외선을 쬐면 비타민 D_2가 된다.

10 정답 ③

비타민 E는 식물성 기름과 그 제품들, 푸른 채소에 많이 들어 있다.

11 정답 ⑤

비타민 K는 출혈 시 지혈 작용을 한다.

12 정답 ①

마늘은 비타민 B_1의 흡수력을 좋게 한다.

13 정답 ⑤

니아신의 결핍증은 펠라그라병이다.

14 정답 ④

에르고스테롤을 프로비타민 A라 한다.

15 정답 ②

비타민 B_1은 포도당 소화에 중요한 역할을 한다.

16 정답 ④

④는 비타민의 일반적 기능과는 관련이 없다.

17 정답 ④

지용성 비타민은 필요량을 매일 절대적으로 공급할 필요는 없다.

18 정답 ①

비타민 B_1은 당질대사의 보조효소로서 결핍 시 식욕저하, 메스꺼움, 구토, 부종, 심장확대, 각기병 등이 발생한다.

19 정답 ②

비타민 B_2의 결핍 시에는 구순구각염, 설염, 눈이 부시는 현상, 피부염 등이 발생한다.

20 정답 ④

콜린은 신경전달물질인 아세틸콜린, 인지질 레시틴의 구성성분이 되며 간의 이상지방 축적을 억제하고, 간의 지방을 제거한다. 식물성과 동물성 식품에 널리 존재하는데 난황, 유제품 등에 많이 함유되어 있다.

21 정답 ①

② 에너지 대사과정에서 수소를 받아 전달한다.
③ 항피부염 인자 또는 항난백성 피부장애 인자로서 장내 미생물에 의해 합성된다.
④ 비타민 B_6로 아미노산대사와 트립토판이 니아신으로 전환되는 데 사용된다.

22 정답 ①

비타민 K는 흡수될 때에 담즙을 필요로 한다.

23 정답 ⑤

혈액순환의 조절 기능은 무기질의 기능이다.

24 정답 ③

비타민 C에 대한 설명이다.

25 정답 ④

구순구각염은 비타민 B_2의 결핍증세이다.

26 정답 ④

Tocopherol은 비타민 E로서 지용성 비타민이다.

27 정답 ③

RNA와 DNA 대사의 보조효소는 비타민 B_{12}와 folic acid(비타민 M)이다.

28 정답 ⑤

⑤는 비타민 C의 생리적 기능이다.

29 정답 ①

비타민 B_1은 탄수화물 대사과정 중에 조효소로서 매우 중요한 역할을 한다.

30 정답 ⑤

카로티노이드에는 α-, β-, γ-카로틴, 크립토크산틴 등이 있으며 소장 내벽의 점막조직에서 비타민 A로 전환된다.

31 정답 ③

지용성 비타민은 가열조리과정에서 쉽게 파괴되지 않으므로 전자레인지를 이용한 조리법이 손실을 크게 줄이지는 않는다.

32 정답 ①

비타민 A는 레티날, 레티놀, 레티노익산 등으로 구성되어 있으며, 식물성 급원인 카로티노이드는 체내에서 비타민 A로 전환된다.

정답
및
해설

33 　　　　　　　　　　　정답 ③

비타민 A
- 레티노익산 : 동물의 성장에 관여함
- 레티날 : 시력유지에 관여하는 것
- 카로티노이드 : 항암작용이 있는 것

34 　　　　　　　　　　　정답 ①

비타민 B_1의 보조효소는 TPP(Thiamin pyrophosphate)이다.

35 　　　　　　　　　　　정답 ②

비타민 B_1(티아민)은 탈탄산 반응의 조효소 작용을 하며 카르복시화 반응은 아니다.

36 　　　　　　　　　　　정답 ②

에너지 대사에 필요한 조효소인 TPP가 부족해져 소화기관의 평활근과 분비선이 포도당으로부터 에너지를 충분히 얻지 못하기 때문에 위산의 분비가 감소하고 위무력증이 나타난다.

37 　　　　　　　　　　　정답 ①

비타민 B_2(리보플라빈)는 FAD, FMN의 형태로 산화-환원반응에서 조효소 작용을 하며, TCA회로에서 숙신산이 푸마르산이 되는 과정에 관여한다. 지방산과 콜레스테롤의 합성에 관여하는 것은 NADPH이므로 니아신이다.

38 　　　　　　　　　　　정답 ⑤

비타민 B_2(리보플라빈)의 결핍증은 설염, 구각염, 구내염, 지루성 피부염, 안질 및 신경계 질병, 정신착란 등이다.

39 　　　　　　　　　　　정답 ③

니아신은 NAD와 NADP의 형태로 여러 대사과정에서 일어나는 산화-환원반응의 조효소로 작용한다.

40 　　　　　　　　　　　정답 ①

비타민 C는 모든 생물조직 내에 함유되어 있으며 대부분 동물의 체내에서 포도당으로부터 합성된다. 그러나 사람, 조류, 박쥐, 생선류 등과 같이 클로노락톤 산화효소가 없는 동물은 비타민 C를 자체 생성하지 못하므로 식품을 통해 공급받아야 한다.

41 　　　　　　　　　　　정답 ④

에너지대사과정에서 조효소로 작용하는 비타민에는 티아민, 리보플라빈, 니아신, 판토텐산, 리포산 등이 있다.

42 　　　　　　　　　　　정답 ①

펠라그라는 피부염, 설사, 우울증, 사망의 순으로 진행된다.

43 　　　　　　　　　　　정답 ①

열량대사에 관여하는 조효소의 전구체가 되면서 섭취량이 부족해지기 쉬운 것은 티아민(비타민 B_1), 리보플라빈(비타민 B_2), 니아신이다.

44 　　　　　　　　　　　정답 ④

비타민 B_6를 섭취하면 뇌에서 세로토닌의 합성이 증가하여 월경전증후군을 완화시키는 데 효과적이다. 비타민 B_6의 기능을 갖는 물질에는 피리독신, 피리독살, 피리독사민의 세 가지가 있으며 흡수된 비타민 B_6를 간에서 조효소 형태인 PLP형태로 전환되어 아미노산의 대사과정에 다양하게 작용한다. 따라서 고단백 식사 시 그 요구량을 증가시켜야 한다.

45 　　　　　　　　　　　정답 ⑤

피리독신의 결핍은 주로 만성알콜중독자에게서 나타나며 고단백식사, 임신, 간질환 등이 원인이 된다.

46 　　　　　　　　　　　정답 ①

티아민, 리보플라빈, 니아신의 권장량은 섭취열량에 따라 책정되게 되므로 남녀가 다르다.

47   정답 ①

판토텐산과 비타민 B_{12}는 결핍이 잘 일어나지 않으므로 특별히 권장량을 정하지 않고 있다.

48   정답 ②

비타민 C는 글루타치온이나 요산처럼 수용성 항산화제이다. 또한 비타민 E는 지용성 항산화제이다.

49   정답 ①

니아신, 비타민 B_6, 비타민 C 등은 과량 복용 시 부작용이 나타날 수 있다.

50   정답 ⑤

카로티노이드는 비타민 A로, 콜레스테롤은 비타민 D_3로, 엘고스테롤은 비타민 D_2로, 트립토판은 니아신으로 전환된다.

51   정답 ①

- 티아민의 결핍은 말초신경계의 마비를 초래한다.
- 니아신의 결핍은 펠라그라의 한 증상인 정신적 무력증과 우울을 초래한다.
- 엽산의 결핍은 신경관 손상을 초래한다.
- 비타민 B_{12}의 결핍은 신경섬유의 파괴를 초래한다.
- 비타민 A의 결핍증은 야맹증과 안구건조증이다.

08장 물, 체액, 산-염기 평형

01   정답 ②

딱딱할수록 수분이 적다는 것을 의미한다.

02   정답 ④

결합수에서는 미생물의 번식과 발아가 어렵다..

03   정답 ⑤

수분의 기능
- 체내 영양소의 공급과 노폐물의 체외방출
- 체온조절작용
- 체조직의 구성부분
- 윤활액으로 작용
- 외부충격완화
- 양수(태아보호, 출산용이)
- 신진대사 증진
- 갈증해소

04   정답 ④

조직의 종류에 따른 수분의 함량
- 치아 : 10%
- 지방조직 : 20%
- 골격조직 : 26%
- 근육 : 75%

05   정답 ①

염분의 섭취량, 식사의 종류, 기온, 활동의 정도는 수분 소요량에 영향을 미친다.

06   정답 ⑤

산·알칼리 평형이상의 예 : 산의 과다섭취, 구토로 인한 위산손실 등의 신체대사 이상 현상

07   정답 ⑤

산성식품에는 달걀, 고기, 생선, 곡류 등이 있으며, 알칼리성 식품에는 채소, 과일, 우유가 해당된다.

08   정답 ⑤

체액의 pH를 조절하는 작용에는 화학적 완충계(중탄산, 인산, 단백질, 헤모글로빈), 호흡계의 조절작용 및 신장의 배설

조절작용 등이 있다.

09 　　　　　　정답 ③

체내에서 양이온을 형성하는 무기질은 나트륨, 칼륨, 마그네슘, 칼슘 등으로 알칼리성을 나타내며, 음이온을 형성하는 무기질은 염소, 황, 인 등으로 산성을 띤다.

10 　　　　　　정답 ⑤

신체 내 모든 기관이 작용하려면 수분이 반드시 필요하다. 수분은 신진대사에서 생성된 노폐물을 운반하여 폐, 피부 및 신장을 통해 배설하며, 혈액 및 림프액 등과 같은 체액조직을 통해 여러 영양소를 각 세포조직에 운반한다. 또한 체온조절, 소화액의 구성, 윤활유 작용 및 신경자극 전달을 원활하게 한다.

11 　　　　　　정답 ③

산 – 염기 평형이상의 원인
① 대사성 산성증은 염기부족, 췌장액이나 장액이 다량 손실된 경우
② 대사성 알칼리증은 구토로 위산 다량 손실, 염기를 과다 섭취한 경우
④ 호흡성 알칼리증은 CO_2 배출이 급격히 증가할 때

12 　　　　　　정답 ①

• 대사성 산성증 : 폐질환
• 대사성 알칼리증 : 구토
• 호흡성 알칼리증 : 저산소증

13 　　　　　　정답 ①

혈액 중의 단백질은 양성물질로서 쉽게 수소이온을 내어주거나 받아들임으로써 혈액의 pH를 항상 일정한 수준으로 유지시키는 완충재 역할을 한다.

09장 생활주기영양

01 　　　　　　정답 ①

임신 시 혈장량 증가와 함께 적혈구량도 많아지지만 생리적 혈액 희석으로 인한 혈색소 농도나 적혈구 용적비는 감소된다.

02 　　　　　　정답 ①

• 옥시토신은 유즙분비를 촉진한다.
• 프로락틴은 유즙생성을 촉진한다.
• 알도스테론은 나트륨 보유, 칼륨 배설을 촉진한다.
• 코티손은 단백질 분해로 인한 혈당량이 증가한다.

03 　　　　　　정답 ④

고단백질 식이법을 처방해야 한다.

04 　　　　　　정답 ④

임신 6개월 이후부터는 기초대사량이 증가하게 되므로 약 350kcal 정도의 열량을 더 섭취하여야 한다.

05 　　　　　　정답 ⑤

태반에서의 분비되는 호르몬
• 프로게스테론 : 위장운동 감소, 지방합성 촉진, 나트륨 배설 증가, 엽산대사 방해
• 에스트로겐 : 혈청 단백질의 감소, 결체조직의 친수성 증가, 뼈의 칼슘 방출 저해, PTH 분비 자극, 엽산대사의 방해
• 태반락토겐 : 글리코겐 분해에 의한 혈당량 증가
• 난막갑상선호르몬 : 갑상선호르몬의 합성 자극

06 　　　　　　정답 ②

• 티아민 : 기초대사율 조절
• 글루카곤 : 글리코겐을 포도당으로 분해하여 혈당량을 증가시킴
• 인슐린 : 글리코겐과 지방축적

• 레닌 : 알도스테론 분비자극, 나트륨과 수분보유, 갈증유발

---

07 정답 ②

프로게스테론은 위장 근육긴장 저하, 위 운동감소, 구토유발, 대량 수분흡수 증가로 변비유발 등의 역할을 한다.

---

08 정답 ⑤

혈청 알부민 수준의 감소로 삼투압이 낮아지기 때문에 사구체 여과율이 증가한다.

---

09 정답 ④

임산부의 체중증가는 $10 \sim 13kg$이 바람직하다.

---

10 정답 ⑤

입덧치료는 비타민 B_6 투여가 효과적이다.

---

11 정답 ③

비타민 D는 칼슘대사와 관련이 있다.

---

12 정답 ⑤

영아의 경우 열량의 약 $40 \sim 50\%$는 지질로 공급한다.

---

13 정답 ①

영아는 체표면적이 없어 열량 필요량이 높다.

---

14 정답 ⑤

우유와 모유의 지질량은 같으나 우유는 전체적인 조성의 90%가 중성지방이다.

---

15 정답 ①

임신 중의 영양관리
• 비타민 A : 당질대사 촉진, 세균감염에 대한 저항력 증진, 시력증진, 태아의 성장발육
• 비타민 B_1 : 에너지대사 항진에 필요량 증가, 결핍 시에는 심한 구토증이 옴
• 비타민 B_2 : 유산, 조산을 예방
• 비타민 C : 결핍 시 유산, 조산, 괴혈병, 태아발육 이상, 난소 · 부신피질 기능저하
• 비타민 D : 칼슘대사에 영향
• 비타민 K : 분만일이 가까워질 때 섭취

---

16 정답 ③

이유는 여름보다는 겨울에 시작하는 것이 바람직하다.

---

17 정답 ④

유즙분비의 촉진
• 정신적 안정
• 균형 잡힌 식사
• 수유를 규칙적으로 함
• 유즙이 남지 않게 함
• 불면이나 운동부족이 되지 않도록 함

---

18 정답 ③

한랭 하의 작업 시 피부와 점막의 저항력 유지를 위해 비타민 A, 비타민 C가 필요하다.

---

19 정답 ⑤

결합조직의 감소가 아니라 증가이다.

---

20 정답 ①

비타민 A와 E는 모유에 많고 비타민 B_1, B_2, B_6, B_{12}, K, panthothemic acid는 우유에 많다.

정답
및
해설

21   정답 ①

비타민 D는 태양광선에 의해 합성되므로 야간, 암실 업무 종사자 또는 태양광선을 적게 받는 노동환경 종사자에게 특히 필요하다.

22   정답 ④

초유는 성숙유에 비하여 유당(젖당)의 함량이 적다.

23   정답 ④

우유와 모유의 칼슘 : 인의 비율
- 모유 – 칼슘 : 인 = 2 : 1
- 우유 – 칼슘 : 인 = 1.2 : 1

24   정답 ①

이유가 저하되면 면역체의 저하가 일어나며, 체중의 증가 정지, 빈혈증, 신경증 등의 영양장애가 일어난다.

25   정답 ③

유아는 성인에 비하여 특이동적 작용이 낮다.

05장 효소

01	⑤	02	⑤	03	⑤	04	②	05	③
06	②	07	①	08	③	09	④		

06장 비타민

01	②	02	①	03	④	04	④	05	④
06	②	07	①	08	⑤	09	②	10	③
11	④	12	④	13	①				

01장 탄수화물 및 대사

01   정답 ④

단당류의 화학구조는 1급 알코올기 다음에 있는 비대칭 탄소원자에 붙어 있는 OH의 위치가 오른쪽이면 D형, 왼쪽이면 L형으로 표시한다. 이것은 화학구조상의 차이를 구별하기 위한 것으로 화합물 자체의 선광도는 아니다.

02   정답 ⑤

당의 혐기적 분해에 의해 8ATP를 얻으며, 다음의 pyruvic acid는 완전산화로 30ATP를 얻어 결국 포도당의 완전산화에는 모두 38개의 ATP가 생성된다.

03   정답 ③

탄수화물의 대사경로
- 산화반응 : 해당계 → TCA → 호흡쇄 → 에너지
- 지방합성 : 해당계 → acetyl-CoA를 거쳐 지방산으로 된다.

04   정답 ④

해당작용

혐기적 해당	• 혐기적 분해는 효모에 의해 알코올과 CO_2로 분해되는 반응과 미생물에 의한 젖산, 구연산, 부타놀,

■ 01장 탄수화물 및 대사

01	④	02	⑤	03	③	04	④	05	⑤
06	②	07	①	08	②	09	①	10	③
11	②	12	②	13	⑤	14	①		

■ 02장 지방질 및 대사

01	①	02	④	03	⑤	04	③	05	②
06	②	07	③	08	④	09	⑤	10	④
11	①	12	③	13	④	14	②	15	①
16	⑤								

■ 03장 단백질 및 대사

01	③	02	④	03	⑤	04	①	05	①
06	③	07	③	08	③	09	④	10	⑤
11	③	12	①	13	⑤	14	④		

■ 04장 핵산

01	⑤	02	①	03	①	04	③	05	①
06	①	07	④	08	①	09	①	10	③
11	①	12	③	13	④	14	⑤		

정답 및 해설

혐기적 해당	아세톤 등으로 분해되는 반응이 있다. • 혐기적 해당 반응은 초기의 인산화 반응, 글리코겐의 합성, 3탄당으로 의 변화 · 산화, pyruvicacid, 젖 산의 생성 등 5단계로 볼 수 있다.
호기적 해당 (당의 산화)	• 해당으로 생성된 pyruvic acid 가 H_2O와 CO_2로 산화된다. • pyruvic acid는 산화적 탈탄산 효소에 의해서 acetyl−CoA로 된다(불가역적 반응).

05   정답 ⑤

⑤는 이당류이다.

06   정답 ②

L.파스퇴르가 효모의 알코올발효와 산소분압의 관계를 조사하는 과정에서 발견한 것이 이 이름의 유래이다.

07   정답 ①

Pyruvate가 탄산가스를 잃어버리고 acetyl−CoA로 산화되는 데 보조효소로 작용하는 물질에는 Lipoicacid, thiamine, pyrophos phate(TPP), Mg^{++}, CoA NAD, FAD 등이 있다.

08   정답 ②

해당과정에서 산소가 부족한 혐기적인 상태에서는 포도당이 피부르산을 거쳐 젖산으로 환원되며, 총2분자의 ATP가 생성된다. 산소가 충분한 경우에는 포도당의 해당과정 산물인 피부르산은 acetyl−CoA를 거쳐 TCA회로와 전자전달계를 거쳐 완전히 산화되면서 포도당 1분자에 38개의 ATP가 생성된다.

09   정답 ①

에피네프린은 근육의 표면 수용체에 결합하여 acenylate cyclase를 활성화하며 ATP로부터 camp를 생성한다. 이는 글리코겐 분해를 증가시킨다.

10   정답 ③

간과 적혈구는 케톤체를 에너지원으로 사용할 수 없고, 뇌 · 신장 · 심장 · 근육 등은 케톤체를 산화시킬 수 있다.

11   정답 ②

NADH가 많을수록 해당과정이 활성화되는 것은 아니다.

12   정답 ②

글리코겐의 합성은 간에서 일어난다. 다만, 글리코겐의 분해와 저장이 일어나는 곳은 간과 근육이다.

13   정답 ⑤

글리코겐의 생합성을 위해서는 UDP glucose가 필수적이다.

14   정답 ①

• 글리코겐의 합성 : 간
• 글리코겐의 분해 : 간과 근육
• 글리코겐의 저장 : 간과 근육

02장 지방질 및 대사

01   정답 ①

콜레스테롤 생합성의 중간물질은 Squalene, Acetyl−CoA, HMG−CoA, Desmosterol이다.

02   정답 ④

지방을 알칼리 용액과 같이 가열하면 가수분해되어 비누와 글리세롤이 생기는데 이런 반응을 비누화 반응(Saponification)이라 한다.

03   정답 ⑤

레시틴은 글리세롤 1분자, 지방산 2분자, 인산 1분자.

Choline 1분자로 구성되어 있다.

04 　　　　　　　　　　정답 ③

β-산화의 주 생성물은 acetyl-CoA이다.

05 　　　　　　　　　　정답 ②

지방산으로부터 케톤체를 합성하는 기관은 간(Liver)이다.

06 　　　　　　　　　　정답 ②

지질의 분류
- **단순지방** : 고급지방산과 글리세롤의 에스테르인 fats와 고급지방산과 고급지방족 1가 알코올과의 에스테르인 왁스(Wax)가 있다.
- **복합지질** : 지방산과 여러 알코올의 에스테르에 다른 원자단이 결합된 것으로 인지질, 당지질, 유황지질, 단백지질이 있다.
- **유도지질** : 위와 같은 지질의 가수분해로 얻어지는 것으로 fatty acid, 고급 알코올, 탄화수소, 비타민 D, E, K 등이 여기에 속한다.

07 　　　　　　　　　　정답 ③

콜레스테롤의 중간물질은 Squalene, Acetyl-CoA, HMG-CoA, Desmosterol 등이다.

08 　　　　　　　　　　정답 ④

오메가 지방산
- **ω-3 지방산** : 리놀렌산
- **ω-6 지방산** : 리놀레산, 아라키돈산
- **ω-9 지방산** : 올레산

09 　　　　　　　　　　정답 ⑤

아세톤과 acetoacetate가 케톤체이다.

10 　　　　　　　　　　정답 ④

지방산의 산화는 미토콘드리아에서 일어난다. 지방산은 아실화된 후 미토콘드리아 내막이 Acyl-CoA 분자에 대해 비투과성이기 때문에 카르니틴이라는 운반체를 사용한다.

11 　　　　　　　　　　정답 ①

동물의 세포는 리놀레산, 리놀렌산, 아라키돈산이 서로 변화시킬 수 있으나 합성할 수는 없기 때문에 음식물에서 섭취해야 한다. 이렇게 음식물에서 섭취해야 하는 지방산을 필수지방산이라고 한다.

12 　　　　　　　　　　정답 ③

β-산화(지방산 cycle)는 1회전(acetyl-CoA 한 분자를 생성)할 때마다 5ATP를 얻는다.

13 　　　　　　　　　　정답 ④

지방산에서 탄소의 수가 적고, 불포화도가 높을수록 융점이 낮아진다.

14 　　　　　　　　　　정답 ②

중성지방은 단순지방질이다.

15 　　　　　　　　　　정답 ①

지방산
- **포화지방산** : 분자 내에 이중결합이 없는 것
- **불포화지방산** : 분자 내에 이중결합이 1개 또는 2개 이상이 있는 것
- **필수지방산** : 동물의 세포는 리놀레산, 리놀렌산, 아라키돈산이 서로 변화시킬 수 있으나 합성할 수는 없기 때문에 음식물에서 섭취해야 한다. 이렇게 음식물에서 섭취해야 하는 지방산을 필수지방산이라고 한다.

16　　　　　　　　　　　　　정답 ⑤

글루쿠론산은 포도당의 산화물질이다.

03장　단백질 및 대사

01　　　　　　　　　　　　　정답 ③

단순단백질로는 알부민, 글로불린, 글루텔린, 프롤라민 히스톤 등이 있다.

02　　　　　　　　　　　　　정답 ④

단백질의 구조
- **1차 구조** : 펩티드결합에 의하여 연결된 폴리펩티드의 사슬에서 아미노산 결합순서와 아울러 사슬 내부나 사슬 사이에서 다리결합을 이루는 disulfide결합의 위치를 말하는 것이다.
- **2차 구조** : 공유결합으로 연결된 폴리펩티드 사슬이 서로 어떻게 엉겨 붙는가를 말해주는 구조이다.
- **3차 구조** : 단백질이 3차 구조에서 일정한 형태를 안정되게 유지하는 데 관여하고 있는 것은 disul-fide결합, 이온결합, 소수성 결합이다.
- **4차 구조** : 단백질 중에는 폴리펩티드 사슬이 여러 개 모여서 공유결합이 아닌 다른 방법으로 화합함으로써 안정된 복합체를 만드는 것을 말한다.

03　　　　　　　　　　　　　정답 ⑤

단백질의 변성을 일으키는 조건으로는 고온, pH, 높은 염류농도, 합성세제, 유기용매, 표면장력 등이 있다.

04　　　　　　　　　　　　　정답 ①

펩신은 위액이다.

05　　　　　　　　　　　　　정답 ①

아미노기 전달 반응은 아미노기 전달효소의 촉매를 받아서 일어나며, 보조효소로는 비타민 B_6의 인산염인 pyridoxal phosphate이다.

06　　　　　　　　　　　　　정답 ③

요소회로에서 1mol의 요소를 합성하려면 4mol의 ATP가 필요하다.

07　　　　　　　　　　　　　정답 ③

단백질 분해의 최종 배설형태
- **사람** : 요소
- **어류** : 암모니아
- **양서류와 조류** : 요산

08　　　　　　　　　　　　　정답 ③

뇌조직에서 해로운 암모니아를 간으로 운반하는 아미노산은 세포막을 통과할 수 있는 중성의 아미노산인 Glutamine이다.

09　　　　　　　　　　　　　정답 ④

아미노산 분자들이 전기적으로 중성인 지점을 등전점이라 한다.

10　　　　　　　　　　　　　정답 ⑤

단백질의 3차 구조는 Peptide Chain이 복잡하게 겹쳐서 입체구조를 이루고 있는 것을 말한다. 이 구조는 수소결합, Disulfide결합, 해리기간의 염결합(이온결합), 비극성 간의 Van der Waals결합에 의해유지되며, 특히 Disulfide결합은 입체구조의 유지에 크게 기여하고 있다.

11　　　　　　　　　　　　　정답 ③

단백질의 2차 구조는 1개의 Polypeptide 사슬의 기하학적 배위를 논하는 경우로, Peptide bond가 우측으로 나선형으로 도는데, 아미노산은 1회전에 3/6개씩이다. 이 나선구조는 Hydrogen bond에 의해 안정된다.

12   정답 ①

근육조직에서 해로운 암모니아를 간으로 운반하는 아미노산은 세포막을 통과할 수 있는 중성의 아미노산인 Alanine이다.

13   정답 ⑤

펩티드결합
- 두 아미노산의 펩티드결합을 Dipeptide라 한다.
- 펩티드결합을 할 때는 물 한 분자가 빠진다.
- 다수의 amino acid가 결합한 것은 폴리펩티드라 한다.
- 1개의 아미노산에 있는 amino기와 다른 아미노산에 있는 carboxyl기의 결합이다.

14   정답 ④

티록신은 Tyrosine에서 유도된다.

04장 핵산

01   정답 ⑤

- DNA에는 adenine, guanine, cytosine, thymine이 존재한다.
- RNA에는 adenine, guanine, cytosine, uracil이 존재한다.

02   정답 ①

핵산의 기본단위는 nucleotide이고, nucleotide를 가수분해하면 함질소염기, 당분, 인산이 된다.

03   정답 ①

m-RNA : 3차원 구조를 갖고 있지 않고, 리보솜으로 이동하여 리보솜의 단백질과 결합하여 새로운 단백질을 합성한다.

04   정답 ③

r-RNA : 단백질과 단단하고 복잡한 결합을 하고 있다. 세포 내 RNA의 50~60%가 r-RNA이다.

05   정답 ①

DNA는 같은 축을 중심으로 2개의 사슬이 서로 반대 방향으로 조여 있으며, 인접한 함질소염기 사이에서 수소결합을 이루고 있다. 이 수소결합은 DNA의 이중나선구조의 안정도를 유지하게 하여 수소결합을 이루는 염기 사이에는 일정한 쌍을 이룬다.

06   정답 ①

RNA에는 m-RMA, t-RNA, r-RNA가 있다. m-RNA(전령 RNA)는 유전정보를 DNA로부터 리보솜으로 운반하는 역할을 한다. t-RNA(전달 RNA)는 단백질 합성에서 연결자 역할을 하고, r-RNA(리보솜 RNA)는 리보솜의 구조 성분이다.

07   정답 ④

DNA의 이중의 나선구조는 수소결합에 의해 형성된다.

08   정답 ①

m-RNA는 전사과정을 통해 생성되며, 핵 바깥쪽으로 유전정보를 전달하며, 부분적으로 이중 나선구조를 이루는 3차 구조를 하고 있다.

09   정답 ①

유전정보가 단백질로 발현되는 과정은 크게 DNA복제, m-RNA로의 전사, t-RNA로의 전이 및 단백질 합성 순으로 진행한다.

10   정답 ③

유전정보를 DNA로부터 리보솜으로 운반하는 역할을 하는 것은 m-RNA이다.

정답 및 해설

11   정답 ①

전구체 RNA는 유전자를 coding하는 intron과 exon 부분을 모두 소유하므로 성숙된 m-RNA를 만들기 위해서는 접합 과정에 의해 intron을 절제하게 된다.

12   정답 ③

nucleotide에는 UTP, CTP, ATP, GTP 등이 있다. 이 중에서 글리코겐 합성에 이용되는 nucleotide 는 UTP이다.

13   정답 ④

④는 m-RNA에 대한 내용이다.

14   정답 ⑤

⑤는 m-RNA에 대한 내용이다.

05장 효소

01   정답 ⑤

효소반응에 미치는 요인에는 기질농도, 효소농도, 온도, pH 등이 있다.

02   정답 ⑤

레닌은 강력한 응유작용을 가지며 Ca^{++}의 존재로 casein을 불용성의 Para-casein으로 하여 pepsin의 작용을 쉽게 하고 지신도 소화작용이 있다.

03   정답 ⑤

위액에서 분비되는 유기물은 Mucin, Pepsin, Lipase, Rennin이 있다.

04   정답 ②

NADP는 많은 탄수화물 효소의 조효소로서 광합성 명반응의 산화·환원 반응에서 전자 전달의 매개체가 된다.

05   정답 ③

Km은 1/2Vmax에 도달하기 위해 필요한 기질의 농도이다.

06   정답 ②

효소에 따라 최적 pH와 최적 온도가 다르다. 가령, 펩신의 최적 pH는 pH 1~2이나 아밀라아제 최적 pH는 pH 7이다.

07   정답 ①

하나의 효소는 하나의 화학 반응을 촉매한다. 하나의 기질에 가능한 반응은 몇 가지가 있지만, 하나의 효소가 촉매할 수 있는 반응은 대부분의 반응 중 하나이다.

08   정답 ③

효소는 단백질로 이루어져 있고 효소에 따라 최적 pH와 최적 온도가 다르다.

09   정답 ④

Feedback inhibition이란 최종산물이 최초 효소작용을 억제하여 최종산물을 더 이상 만들지 못하도록 하는 것이다.

06장 비타민

01   정답 ②

토코페롤(비타민 E)
- 증식, 분화세포의 정상유지
- 근육 내의 효소, 비타민 A, 지방, 불포화지방산의 산화를 방지

02   정답 ①

비타민 A의 대사는 주로 간에서 이루어지며 저장 장소도 간이다.

03 정답 ④

식품 속의 비타민 A는 주로 레티닐 에스테르 형태로 함유되어 있다.

04 정답 ④

리코펜은 비타민 A의 활성을 갖고 있지 않다.

05 정답 ④

비타민 E가 부족되면 적혈구의 막에 있는 다가불포화지방산이 산화되어 세포막이 파괴되면서 적혈구가 손실되는 용혈성 빈혈이 나타난다.

06 정답 ②

리보플라빈은 산화-환원 반응의 조효소 작용을 한다.

07 정답 ①

니아신과 비타민 B_6 그리고 비타민 C는 수용성 비타민이지만 과량 복용 시 부작용이 나타날 수 있다.

08 정답 ⑤

비타민 C는 비헴철을 환원형으로 변화시켜 소장의 약알칼리성 환경에서 쉽게 용해될 수 있게 하여 철분의 흡수를 돕는다. 비타민 C는 노르에피네프린, 에피네프린과 같은 부신수질호르몬의 합성에도 관여한다.

09 정답 ②

카르니틴은 지방산이 산화되기 위해 미토콘드리아 내막을 통과하여 들어가는 과정을 도와준다.

10 정답 ③

지방산이나 스테로이드의 합성에 필요한 환원력은 NADPH로 공급된다.

11 정답 ④

비타민 D 결핍 시 구루병, 골다공증, 이의 약화가 생긴다.

12 정답 ④

수용성 비타민의 조효소형태는 티아민(TPP), 리보플라빈(FMN, FAD), 니아신(NAD, NADP), 비타민B_6(PLP), 엽산(THFA), 판토텐산(CoA) 등이다.

13 정답 ①

판토텐산의 조효소형은 보조효소 A이고, PLP는 비타민 B_6의 조효소형이다.

1교시 필기시험

3과목

영양교육
정답 및 해설

▌ 01장 영양교육 일반

01	⑤	02	⑤	03	①	04	①	05	④
06	②	07	⑤	08	⑤	09	③	10	②
11	①	12	⑤						

▌ 02장 영양교육 실시

01	③	02	④	03	①	04	①	05	①
06	②	07	②	08	①	09	①	10	①
11	③	12	①	13	②	14	①	15	③
16	④	17	⑤	18	①	19	②	20	②
21	⑤	22	①	23	④	24	①	25	①
26	⑤	27	①	28	①	29	⑤	30	⑤
31	②	32	⑤	33	①	34	③	35	②
36	④	37	①	38	④	39	②	40	④

01장 영양교육 일반

01 　　　　　　　　　　　　　정답 ⑤

의료사업의 활성화는 영양교육의 의의와 관계없다.

02 　　　　　　　　　　　　　정답 ⑤

영양교육의 최종적인 목적은 건강상태의 증진이다.

03 　　　　　　　　　　　　　정답 ①

영양개선의 어려운 점은 피교육자의 구성이 나이, 성별, 교육 정도에 따라 달라지는데 식생활은 각자의 식습관이나 기호에 치우치는 경향이 있다는 것이다. 따라서 피교육자에게 영양 교육의 필요성을 인식시켜서 자기 스스로 할 수 있다는 의지를 심어 주어야 한다.

04 　　　　　　　　　　　　　정답 ①

영양교육은 대상의 진단(파악) → 계획 → 실행 → 평가 → 재교육의 순으로 실시된다.

05 　　　　　　　　　　　　　정답 ④

영양조사원은 의사, 영양사 또는 간호사의 자격을 가진 자 중에서 임명 또는 위촉한다.

06 　　　　　　　　　　　　　정답 ②

곡류, 어·육류, 채소군, 지방군, 우유군, 과일군을 골고루 섭취하는 습관을 기르도록 교육한다.

07 　　　　　　　　　　　　　정답 ⑤

영양교육은 올바른 식습관을 형성하는 데 자신의 의지로 행동하게 하는 의욕을 일으키게 하는 것이다.

08 　　　　　　　　　　　　　정답 ⑤

우리나라에서 가공식품의 소비는 점점 늘어나고 있다.

09 　　　　　　　　　　　　　정답 ③

우리나라 응용영양사업은 1967년부터 국제아동기금, 세계식량농업기구, 세계보건기구가 공동으로 사업추진에 관한 협약을 맺어 국제아동기금(유니세프)은 물자·기구 및 훈련지원을 했고, 세계식량농업기구와 세계보건기구는 전문가의 단기 파견을 지원했으며, 우리 정부는 지도요원의 확보와 공급물자의 관리 등을 담당하였다. 그리하여 1968년 농촌진흥청에서 처음으로 응용영양 담당관실을 만들어 쌀 중심의 식생활 형태의 개선, 영양식품 생산증가, 국민의 체위향상, 식량 자급

모색 등의 응용영양사업에 착수하였고 국민영양개선의 결실을 거두었다.

---

10 정답 ②

영양교육이 어려운 점은 피교육자의 구성이 나이, 성별, 교육 정도에 따라 달라지는데, 식생활은 각자의 식습관이나 기호에 치우치는 경향이 있다는 것이다. 그러므로 피교육자에게 영양교육의 필요성을 인식시켜서 자기 스스로 할 수 있다는 의지를 심어 주어야 한다.

---

11 정답 ①

영양개선의 근본이론을 설명하려 할 때는 실태를 파악하고, 반복적으로 지도하며, 실천하는 방법을 생각하며, 효과를 판정한다.

---

12 정답 ⑤

영양교육의 목표는 영양지식의 이해, 식태도의 변화, 식행동의 변화가 포함되며 이를 통해 궁극적으로 식습관의 변화를 가져오는 것이다.

02장 영양교육 실시

01 정답 ③

좌장은 회의진행 방향을 제시하고 편중되게 발언이 되지 않도록 유도하면서 결론이나 해설을 피한다.

---

02 정답 ④

연구집회는 교육된 내용과 교육보조자료에 대한 안을 참여자가 제공하고 같이 검토 및 수정하여 공동의 교육자료를 개발하기에 가장 적합한 방법이다.

---

03 정답 ①

두뇌충격법은 제기된 주제에 대해 참가자 전원이 차례로 생각하고 있는 아이디어를 제시하고, 그 가운데서 최선책을 결정하는 방법이다.

---

04 정답 ①

영양판정에 있어 생화학적 평가는 혈액 중의 헤모글로빈 함유량, 적혈구 수, 알부민/글로불린의 비, 헤마토크리트치, 혈당량 등을 측정한다.

---

05 정답 ①

개인지도 방법에는 가정방문, 임상방문, 상담소 방문, 전화상담, 서신지도 등이 있다. 강의식 토의는 집단지도방법이다.

---

06 정답 ②

보건소에서는 영양개선과 식품위생, 모자보건과 가족계획, 마약 및 향정신성 의약품관리, 국민건강증진, 보건교육, 구강건강 및 영양개선, 공중위생 및 식품위생, 정신보건에 관한 사항 등의 업무를 담당한다.

---

07 정답 ②

> **영양정책관련기구**
> - **보건복지부** : 영양행정의 중앙기관으로 산하기관으로는 보건소, 국립보건원, 한국보건사업진흥원, 식품의약품안전처, 한국보건사회연구원 등이 소속되어 국민영양사업의 기획 및 정책을 총괄한다.
> - **보건소** : 국민의 건강증진, 영양개선 사업, 응급의료에 관한 사항
> - **식품의약품안전처** : 식품, 의약품, 위생용품, 화장품 등에 관한 검정 및 평가
> - **한국보건사회연구원** : 국민건강영양조사에서 국민건강부분을 주관하는 곳
> - **질병관리청** : 영양사 시험의 관장
> - **교육부** : 학교급식

---

08 정답 ①

개인형 교육방법은 교육자와 대상자가 정보를 교환하는 형태로 가장 효과적이지만 많은 시간과 인원이 필요하여 비능률적이다.

정답 및 해설

09　　　　　　　　　　　　　정답 ①

식품섭취빈도조사법은 일상적 식품섭취 패턴을 알아보는 질적 평가방법이며, 비교적 쉽고 빠르게 수행할 수 있어서 영양역학 연구에 많이 사용한다.

10　　　　　　　　　　　　　정답 ①

가정방문 지도방법의 특징
- 대상자의 생활환경을 직접 파악하므로 개인 특성에 맞는 교육이 가능하다.
- 영양교육자가 교육대상자의 가정을 방문하여 개별적인 영양상담을 한다.
- 교육대상자의 생활환경을 직접 보고 파악할 수 있어서 개인의 특성에 따른 상담이 가능하다.
- 영양중재 프로그램 등에 참여하도록 독려할 수 있다.
- 가정지도는 가정방문을 통해 교육이 이루어지므로 방문가정의 생활환경 및 실태를 정확히 파악할 수 있다는 장점이 있어서 영양교육 효과가 크다.

11　　　　　　　　　　　　　정답 ③

서신지도는 전화상담과 같이 직접교육은 아니므로 효과가 적다.

12　　　　　　　　　　　　　정답 ①

강의형 집단지도는 다수를 대상으로 지도가 이루어지므로 대상자 개개인의 지식, 태도 및 행동의 변화 유도가 쉽지 않으므로 연사는 강의의 목적과 목표를 대상자에게 구체적으로 이해시키고, 쉽고 간단한 것부터 복잡한 내용으로 교육내용을 구성한다.

13　　　　　　　　　　　　　정답 ②

원탁식 토의는 좌담회라고도 하며, 토의의 기본형식으로 교육이나 지식수준, 토의 주제에 대한 관심도가 비슷한 동격자들이 모여서 토의주제와 관련된 각자의 체험이나 의견을 발표한 후 좌장이 전체 의견을 종합하는 방법이다.

14　　　　　　　　　　　　　정답 ①

공론식 토의는 2~3명의 강사가 한 가지 주제에 대하여 서로 다른 의견을 발표한 다음 청중의 질문을 받고 이에 대해 다시 간추린 토의를 하는 형식으로 일종의 공청회이다.

15　　　　　　　　　　　　　정답 ③

연구집회는 전문가들의 교육에 적합하며 참석인원은 대략 30명 이하의 소규모이다. 참가자들이 어떤 일을 수행하는 데 필요한 기준과 방법을 배우고 활동과 실천에 중점을 둔다.

16　　　　　　　　　　　　　정답 ④

결과시범교수법은 일종의 사례연구로서 성공한 활동에 대해서는 참가자들의 문제와 비교해가면서 그 과정이나 방법 등을 배우고 실패한 결과에 대해서는 그 원인을 파악하여 단점을 보완한다.

17　　　　　　　　　　　　　정답 ⑤

두뇌 충격법은 누구든지 자유롭게 아이디어를 낼 수 있으므로 참가자 전원이 아이디어를 내고 흥미롭게 참여하게 된다.

18　　　　　　　　　　　　　정답 ①

상담은 개인지도방법이다.

19　　　　　　　　　　　　　정답 ②

WHO(세계보건기구)는 보건 · 위생 분야의 국제적인 협력을 위하여 설립한 UN 전문기구이다.

20　　　　　　　　　　　　　정답 ②

배석식 토의법은 단상에서 전문가들이 자유롭게 토의한 후 강사 간의 토의내용을 소재로 청중들과 질의 토론하는 방식이다.

21   정답 ⑤

⑤는 역할연기법과 관련이 있다.

22   정답 ①

산업체 급식은 개인의 영양보충보다는 집단의 생산성, 능률성, 경제성 및 공동의식의 고취에 그 목적이 있다.

23   정답 ④

방법시범교수법은 단계적으로 천천히 시범을 보이면서 교육하는 방법으로 일종의 시연이다. 참가자들이 실천하며 학습하므로 실천가능성에 관한 확신을 갖게 되어 교육효과가 커진다.

24   정답 ①

역할연기법은 같은 문제에 대하여 관심이 있는 사람들이 참가하여 그 중 몇 사람이 단상에서 연기를 하고 청중들이 연기자의 입장을 재평가하면서 그것을 토의 소재로 삼는 교육방법으로서 시뮬레이션의 일종이다. 이 방법은 연습우발극이라고도 한다.

25   정답 ①

영양소 섭취 적정도(NAR)는 각 영양소의 권장량에 대한 섭취비율이다.

26   정답 ⑤

영양교육매체를 선택할 때에는 매체의 적절성, 신빙성, 흥미성, 조직과 균형, 기술적인 질, 가격 등을 선택기준으로 삼는다.

27   정답 ①

인쇄매체의 구분

팸플릿	대상자의 수준과 특성에 알맞게 제작되어야 이해도를 높을 수 있으므로 최신
	유행어나 전문용어의 사용은 가능한 삼가는 것이 좋다.
리플릿 (유인물)	사진이나 그림을 넣어서 시선을 끌도록 고안하되 내용을 집약해서 꼭 알아야 하는 5~6개의 주안점을 간단히 설명하는 형태로 제작하여 요점을 기억하는 데 도움이 되도록 작성한다.
벽신문	벽신문에는 그림이 많지 않으며 일반 신문과 같이 해설적이므로 읽는 데 다소 시간이 걸린다.
포스터	포스터의 전달내용은 단순하고 함축적이어서 영양교육매체로서의 효과는 크게 기대하기 어렵다.
광고지	회람이나 신문 사이의 간지로서 또는 홍보 활동차에 의해 배포되는 것으로 한 장으로 된 간단한 광고문을 게재한 것이다.

28   정답 ①

파이도표는 원을 분할하여 전체에 대한 각 부분의 비율을 백분율로 나타내는 것으로 영양소의 열량조성비를 표현할 때 적합하다.

29   정답 ⑤

국민건강영양조사에는 건강면접조사, 보건의식행태조사, 검진 및 계측조사, 식품섭취조사 등이 있다.

30   정답 ⑤

⑤는 식품섭취조사의 내용이다.

31   정답 ②

신체계측조사 항목은 체중, 신장, 허리둘레, 엉덩이둘레 등이다.

32   정답 ⑤

식사는 정상적으로 일정하게 알맞은 양으로 하되 에너지와 당분을 체격과 활동량에 맞게 한다.

정답 및 해설

33   정답 ①

행동변화 5단계
- **전고려단계** : 문제에 대한 인식이 부족하고 변화에 대한 의지가 없는 단계로서 문제를 인식시켜 주는 것이 중요
- **고려단계** : 문제에 대한 정보 제공
- **준비단계** : 문제와 관련된 자료 제시
- **실천단계** : 목표달성에 대한 보상
- **유지단계** : 지속적인 유지를 위함

34   정답 ③

교육과정의 구성요소에는 교육의 목표, 교육의 내용, 교수-학습과정, 교육의 평가 등이 있다.

35   정답 ②

영양상담은 문제제시 → 상담의 필요성에 대한 인식 → 촉진적 관계의 형성 → 목표설정의 구조화 → 문제해결의 노력 → 자각과 합리적 사고의 촉진 → 실천행동의 계획 → 실천결과의 평가와 종결의 진행 과정을 거친다.

36   정답 ④

식품의약품안전처에서는 식품위생의 안전성 확보를 위한 조사 · 연구, 식품 · 식품첨가물 · 기구 · 용기 · 포장 등에 관한 안전관리 사항의 종합조정, 의약품 허가 및 임상관리, 의약품 · 의약부외품 · 화장품 및 위생용품의 품질관리 및 안전성 · 유효성 확보, 의료용구의 품질관리와 검정 · 의료용구 해당 여부 심사 등의 업무를 관장한다.

37   정답 ①

보건소의 업무
- 보건사상의 계몽
- 영양개선과 식품위생에 관한 사항
- 모자보건과 가족계획
- 마약 및 향정신성 의약품 관리
- 국민건강 증진, 보건교육, 구강건강 및 영양개선 사업
- 전염병의 예방, 관리 및 치료
- 노인보건사업
- 공중위생 및 식품위생
- 의료인 및 의료기관에 대한 지도
- 응급의료에 관한 사항

38   정답 ④

환자의 질병 상태에 따라 균형 있는 식단을 구성한다.

39   정답 ②

영양연구기구
- **FAO** : 세계의 영양상태 개선을 목적으로 식량생산의 증가, 식량분배 개선, 생활수준의 향상 등에 관련된 업무를 수행한다.
- **WHO** : 전 인류의 건강 및 영양의 장애원인 제거를 목적으로 인류 보건 향상과 관련된 계획, 회의, 연구, 실시의 업무를 수행한다.
- **UNICEF** : 모자교육기관으로 특히 개발도상국의 어린이와 모자건강 및 영양향상에 주력하고 있다.

40   정답 ④

학교급식의 목적은 합리적인 영양섭취로 학교아동의 건강증진, 체위 체력의 향상과 올바른 식습관의 형성, 지역사회에서의 식생활개선에 기여, 급식을 통한 영양교육, 정부의 식량정책에 대한 이해도의 증진 등이 있다.

1교시 필기시험

4과목

식사요법
정답 및 해설

01장 식사요법과 병원식

01	③	02	⑤	03	③	04	④	05	③
06	⑤	07	③	08	②	09	③	10	④
11	⑤	12	④	13	②	14	④	15	②

02장 소화기계 질환

01	①	02	①	03	②	04	⑤	05	①
06	②	07	①	08	⑤	09	④	10	⑤
11	②	12	②	13	⑤	14	④	15	⑤
16	③	17	⑤						

03장 간장과 담낭, 췌장 질환

01	④	02	①	03	⑤	04	③	05	⑤
06	④	07	⑤	08	③	09	①	10	⑤
11	⑤								

04장 비만증과 체중부족

01	④	02	③	03	②	04	③	05	③
06	②	07	⑤	08	④	09	②	10	②

05장 심장순환계통 질환

01	①	02	④	03	②	04	①	05	③
06	④	07	①	08	①	09	③	10	③

06장 빈혈

01	④	02	⑤	03	③	04	⑤	05	③
06	④	07	①	08	③	09	③	10	①
11	②	12	①	13	⑤				

07장 비뇨기계통 질환

01	⑤	02	①	03	④	04	③	05	②
06	①	07	④	08	①	09	④	10	⑤
11	④	12	①	13	④	14	⑤		

08장 감염 및 호흡기 질환

01	①	02	④	03	④	04	⑤	05	④
06	②	07	①	08	⑤				

09장 선천성 대사장애 질환과 당뇨병

01	④	02	④	03	⑤	04	①	05	③
06	②	07	⑤	08	⑤	09	②	10	①
11	③	12	①	13	②	14	⑤	15	①
16	①	17	⑤						

10장 수술 · 화상 · 알레르기 · 골다공증

01	④	02	④	03	③	04	①	05	⑤
06	④	07	①						

11장 암

01	①	02	①	03	③	04	①	05	③

01장 식사요법과 병원식

01 정답 ③

죽식은 연식이다.

02 정답 ⑤

경식의 식사원칙에서 다음의 것을 피하는 것이 좋다.
- 튀기거나 기름이 많은 음식
- 양념을 많이 한 자극적인 식품
- 섬유소가 많은 생채소나 과일

03 정답 ③

일반식은 상식, 보통식, 표준식이라고도 한다.

04 정답 ④

유동식은 실내 온도에서 액체이거나 액체화되는 음식으로 전유동식과 맑은 유동식이 있다. 전유동식은 상온에서 액체 또는 반액체 상태의 식품을 말하며, 맑은 유동식은 상온에서 맑은 액체 음료이다.

05 정답 ③

경관급식은 구강으로 음식을 섭취할 수 없는 환자들, 구강 내 수술, 위장관 수술, 연하곤란, 식욕결핍, 식도의 장애일 때 이용되는 방법이다.

06 정답 ⑤

약물은 영양소의 소화, 흡수, 배설, 식욕변화 등에 관여되나 영양소를 증가시키는 것과는 무관하다.

07 정답 ③

경관급식의 합병증으로 가장 일반적인 것은 설사이다. 그 원인으로는 젖당불내증, 영양액의 높은 삼투농도, 너무 빠른 주입속도, 영양액의 변질, 세균 감염, 너무 찬 것을 주었을 때 등이다.

08 정답 ②

정맥영양은 구강이나 위장관으로 영양공급이 어려울 때 정맥을 통해 영양요구량을 공급하는 방법으로 말초정맥영양(PPN)과 중심정맥영양(CPN)이 있다.

09 정답 ③

맑은 유동식은 수술 후의 1단계 식사로 많이 이용되며, 조직의 수분 공급과 환자의 갈증을 막기 위하여 짧은 기간 동안 공급되고, 최소한의 잔사와 가스를 발생시키지 않는 식품으로 구성된다.

10 정답 ④

곡류군 1교환단위의 영양소 함량으로는 당질 23g, 단백질 2g, 열량은 100kcal이다

11 정답 ⑤

식사요법은 질병의 치료를 위해 중심적 또는 보조적 역할을 수행하고 질병의 재발을 방지한다. 환자의 영양상태 증진은 신속한 건강회복에 필수적이다

12 정답 ④

1교환단위당 에너지 함량은 곡류군이 100kcal, 우유군이 125kcal, 과일군이 50kcal, 지방군이 45kcal, 고지방 어육류군이 100kcal이다.

13 정답 ②

알코올은 위와 췌장, 소장에 염증을 일으켜 티아민, 비타민 B_{12}, 엽산, 비타민 C와 같은 영양소의 흡수를 저해하여 영양불량을 일으킨다.

14 정답 ④

영양권장량은 건강인을 기준으로 한 것이므로 환자의 영양과 질병상태에 따라 영양권장량에서 에너지 및 필요한 영양소의 양을 가감하는 등의 조절이 요구된다.

15 정답 ②

고섬유질 식이와 타닌산을 함유한 식품의 섭취는 약물의 흡수를 저하 또는 지연시키며, 알코올과 카페인은 약물의 대사속도에 관여하여 독성 및 부작용을 일으킬 수 있다.

02장 소화기계 질환

01 정답 ①

지방은 위산분비를 억제시킨다.

02 정답 ①

위궤양의 증상은 공복 시 상복부 통증, 토기, 구토, 혈청단백질량 감소, 위벽의 출혈, 빈혈 등이 발생하며, 장기화되는 경우 체중감소가 나타나게 된다.

03 정답 ②

위궤양 환자의 식사요법

섭취 가능 식품	• 단백질 및 철분이 풍부한 식품 • 비타민 C를 충분히 섭취 • 조금씩 자주 식사
섭취 제한 식품	• 경질식품, 섬유질 식품, 자극성이 강한 조미료, 향신료, 산미가 강한 식품을 피해야 한다. • 위액분비를 촉진시키는 육즙, 콘소메 등을 제한한다.

04 정답 ⑤

췌장선 분비 소화효소

소화효소	적용대상 영양소
아밀롭신	전분, 덱스트린, 맥아당
트립신	폴리펩티드
카이모트립신	폴리펩티드
스테압신(리파아제)	지방

05 정답 ①

저산성 위염은 소화능력이 감소되어 있으므로 저섬유소 식품을 섭취하고 위산분비를 촉진하기 위해 소량의 고기 수프, 향기 좋은 과일, 과즙, 향신료 및 소량의 알코올을 사용할 수 있다. 단백질은 소화가 어려우므로 적당량을 섭취하여야 하며, 소량으로 영양가가 높고 소화가 잘 되는 식품을 제공하여야 한다.

06 정답 ②

위액의 산농도 차이에 의해 과산성과 무산성(저산성) 위염으로 구분한다.

07 정답 ①

유당(젖당)불내증이란 장내에서 락타아제가 부족하여 유당의 분해가 잘 안 되는 현상이다.

08 정답 ⑤

지방은 위산분비를 억제한다. 그러므로 많은 양의 지방을 섭취하지 않도록 하여야 한다.

09 정답 ④

소화성 궤양의 원인으로는 스트레스, 헬리코박터파일로리 감염, 항생제 남용, 알코올 남용, 자극성 음식의 잦은 섭취, 과식 및 필수아미노산 부족 등이 있다.

10 정답 ⑤

저산성위염은 소화능력이 감소되어 있는 증상이다.

11 정답 ②

소화성 궤양의 치료방법
• **약물치료방법** : 제산제, 위산분비 억제제, 원인균 제거를 위한 항생제
• **영양관리방법** : 연질무자극식
• **행동요법** : 규칙척인 생활, 정서적 안정, 알코올 및 흡연 제한 등

12 정답 ②

덤핑증후군은 위의 절제수술 후에 당분이 많이 들어 있는 음식을 섭취했을 때 나타나는 현상으로 위에 오래 머무를 수 있는 고단백, 중등지방을 공급한다.

13 정답 ⑤

덤핑증후군의 증상은 ①, ②, ③, ④ 외에 위산과 펩신 및 내적인자의 분비저하와 십이지장의 팽창이 나타난다.

14 정답 ④

위 절제수술 후 질소대사가 항진되어 소변에 질소 배설량이 증가한다.

15 정답 ⑤

덤핑증후군에서의 식사는 수분을 제한하여야 한다.

16 정답 ③

이완성 변비에서는 채소, 과일 등의 충분한 섬유질을 공급하여야 한다. 또한 알코올은 배변에 도움을 준다.

17 정답 ⑤

위액 분비와 위 운동 촉진인자에는 가스트린, 부신피질자극호르몬, 히스타민, 스트레스, 흡연, 자극적인 음식 등이 있다.

03장 간장과 담낭, 췌장 질환

01 정답 ④

담즙은 간에서 합성되고, 저장은 담낭에서 농축되어 저장된다.

02 정답 ①

간경변증의 원인은 만성적인 알코올 중독, 영양 결핍, 콜린의 부족, 과로 등이다.

03 정답 ⑤

항지방간 인자는 methionine, choline, 비타민 E, Se 등이다.

04 정답 ③

비타민 중에서도 특히 티아민이 부족하여 다발성 신경염을 유발한다.

05 정답 ⑤

복수나 부종이 있을 경우, 나트륨을 100mg/day 이하로 제한한다.

06 정답 ④

간성혼수는 혈액 내에 암모니아와 아민류가 증가하여 중추신경계가 중독됨으로써 뇌세포에 영양을 일으켜서 의식이 이상해지거나 혼수가 오는 것을 말한다.

07 정답 ⑤

저염식 식사를 하여야 한다.

08 정답 ③

인슐린과 글루카곤을 합성하여 분비하는 장소는 췌장이다.

09 정답 ①

간성혼수는 혈중에 상승된 암모니아가 뇌조직으로 들어가 중추신경계에 이상을 일으켜 혼수상태가 되는 것을 말한다.

10 정답 ③

체조직의 이화를 방지하고 영양결핍을 예방한다.

11 　　　　정답 ⑤

간성혼수 환자는 식사 후 혈중 암모니아 상승을 막기 위해 단백질 섭취에 주의하여야 한다.

04장　비만증과 체중부족

01 　　　　정답 ④

단식을 하면 우선적으로 탈수와 나트륨의 배설로 인한 체중 감소 현상이 나타난다.

02 　　　　정답 ③

내분비성 장애로 인한 비만은 외부환경적 요인이 아닌, 신체 내부적인 원인으로 초래된 것이다.

03 　　　　정답 ②

LBM(Lean Body Mass)이란 신체조직의 고형물 성분과 수분을 합한 것으로 지방 성분은 포함되지 않는다.

04 　　　　정답 ③

식사 예절 여부는 비만에 직접적인 영향을 주지 않는다.

05 　　　　정답 ③

단백질은 열량 제한식에도 질소균형을 유지하기 위하여 질 좋은 단백질을 충분히 공급하여야 한다.

06 　　　　정답 ②

성장기에 나타나는 비만은 주로 지방세포의 수가 증가하고, 성인의 경우는 지방세포의 크기 증가에 의한 경우이다.

07 　　　　정답 ⑤

비만에 의한 합병증으로는 관절염, 간경변, 지방간, 당뇨병, 담석담낭염, 고혈압, 통풍, 피부질환 등이다.

08 　　　　정답 ④

신체조직 중 단백질 감소가 가장 빠른 곳은 간장이다.

09 　　　　정답 ②

갑상선호르몬의 분비가 비정상적으로 저하되면 내분비성 비만에 걸린다.

10 　　　　정답 ②

어린이비만은 성인비만에 비해 체중감소가 어렵고, 어린이비만은 주로 지방세포의 수가 증가하여 발생한다.

05장　심장순환계통 질환

01 　　　　정답 ①

심장병의 원인으로는 열량 과다, 염분 과다, 콜레스테롤 과다, 스트레스 등을 들 수 있다.

02 　　　　정답 ④

나트륨의 제한식사에 허용되는 식품은 우유, 커피, 참기름, 식초, 설탕, 감자, 고구마 등이다.

03 　　　　정답 ②

Kempner diet : 저염(Low Na), 저단백(Low protein), 저지방(Low fat)에 수분제한. 정상 열량으로 고혈압뿐만 아니라 다른 질병에도 적용 가능한 식이요법이다.

04 　　　　정답 ①

레닌은 안지오텐신을 활성화시켜 신장 내 혈관수축으로 혈압을 상승시킨다.

05 　　　　정답 ③

부신피질에서 분비되는 알도스테론은 신세뇨관에서 나트륨의 재흡수를 증가시켜 혈압조절에 관여하는 호르몬이다.

06   정답 ④

협심증 환자는 채소, 콩, 등푸른 생선, 해조류의 섭취를 많이 하고 동물성 지방이나 염분, 설탕의 섭취는 적게 해야 한다.

07   정답 ①

심·뇌혈관 질환을 예방하기 위한 혈중 중성지방 농도는 200mg/dl 미만이 이상적이다. 200~399mg/dl은 경계수준, 400mg/dl 이상은 위험수준이다.

08   정답 ①

혈중 중성지방 수치가 높은 경우에는 적절한 열량을 섭취하고 당류, 알코올의 섭취를 피한다.

09   정답 ③

수분을 제한하는 식사는 심장병의 식사요법과 크게 관련 없다.

10   정답 ③

VLDL은 많은 양의 중성지방과 콜레스테롤 단백질을 함유하고 있으며 주로 간에서 합성된 콜레스테롤과 중성지방을 말초조직으로 운반한다.

06장 빈혈

01   정답 ④

악성 빈혈은 비타민 B_{12}, 엽산이 결핍됨으로써 나타나는 거대적 아구성 빈혈이다.

02   정답 ⑤

비타민 E가 부족하거나 과다하게 불포화지방을 섭취하면 라디칼이나 과산화 지질이 쌓이면서 적혈구 막을 손상시켜 적혈구가 터지는 용혈현상이 증가한다. 겸상적혈구 빈혈은 유전적인 것으로 낫 모양의 적혈구가 많이 쌓이면서 적혈구가 빨리 파괴되는 것이며 화학약품에 노출될 때도 적혈구 파괴가 일어날 수 있다.

03   정답 ③

불소는 화학적으로 충치를 막아주는데 약 40% 정도의 충치 예방 효과가 있다고 알려져 있다.

04   정답 ⑤

헤모글로빈 단백질인 글로빈을 코딩하는 DNA상의 결함에 의해 초래되는 빈혈의 종류는 낫세포(겸상)빈혈이다.

05   정답 ③

체내 저장철이 부족한 것은 혈액검사를 통해 페리틴을 측정하여 알 수 있다.

06   정답 ④

빈혈 발생에 관여하는 영양소는 엽산, 철분, 피리독신, 비타민 C, 비타민 B_{12}, 단백질 등이다.

07   정답 ①

철분은 페리틴 상태로 간, 지라, 골수에 주로 저장된다.

08   정답 ③

미국에서는 소아의 8~64%, 성인여자의 20%, 임산부의 50%가 철결핍 상태에 있다는 보고가 있다.

09   정답 ③

비타민 B_{12}의 결핍 원인
- 비타민 B_{12}는 동물성 식품에만 들어 있으므로 채식주의자의 경우 결핍되기 쉽다.
- 위 절제수술이나 위액분비 저하로 인해 내적인자의 분비가 저하되면 비타민 B_{12}의 흡수가 저하된다.
- 회장은 비타민 B_{12}의 흡수 장소로서 여기에 병변이 있어도 비타민 B_{12} 흡수가 저하된다.

10   정답 ①

용혈성 빈혈은 비타민 E가 부족할 때 나타난다.

11   정답 ②

철결핍 시에는 적혈구 생성 시에 헤모글로빈 합성이 저하되고, 세포분열 횟수가 많아지면서 소혈구성 저색소성 빈혈이 나타난다.

12   정답 ①

거대 아구성 빈혈의 일종으로, 엽산의 결핍과 비타민 B_{12}의 결핍 등의 이유로 발생한다.

13   정답 ⑤

열량이 높고 철분, 엽산, 비타민 C, 비타민 B_{12}, 단백질이 많이 함유된 식품을 충분히 섭취한다.

07장 비뇨기계통 질환

01   정답 ⑤

신장질환의 보편적 증상은 단백뇨, 부종, 고혈압, 질소혈증 등이다.

02   정답 ①

만성 사구체 신염이 가장 흔한 원인이다.

03   정답 ④

만성 신부전 환자는 신장 기능 감소로 나타난 혈중 인 농도의 상승으로 혈장 칼슘 농도의 저하 및 그로인한 부갑상선 호르몬의 증가, 산중독증 등으로 골격의 칼슘 이동 및 다양한 골격 질환이 야기된다. 이를 신성 골이영양증이라고 하며, 이외에도 비타민 D의 불활성화도 골이영양증의 한 이유가 된다.

04   정답 ③

신장결석의 90~95%가 칼슘결석이다.

05   정답 ②

요독증은 체내 암모니아의 축적을 방지하여야 하므로 단백질을 제한하여야 한다.

06   정답 ①

만성 신부전 환자의 식사요법은 단백질의 섭취를 제한하며, 정상체중 유지를 기준으로 충분한 열량을 제공하여 근육의 이화작용을 예방하며, 나트륨을 제한하여 부종을 예방하고 혈압을 조절한다. 그러나 수분은 제한하지 않는다.

07   정답 ④

신증후군의 전형적인 증상으로는 부종, 단백뇨, 저단백혈증, 고지혈증 등이 있다.

08   정답 ①

만성 신부전 시 혈장 중성지방과 VLDL이 증가되는 고지혈증이 나타나고, 에리트로포이에틴의 합성이 감소되어 골수에서의 적혈구 생성이 감소되어 적혈구성 빈혈이 나타나기도 한다. 그러나 신부전으로 피하지방이 축적되지는 않으며 혈중 인산농도는 상승된다.

09   정답 ④

단백질의 대사산물인 요소, 요산, 크레아티닌 등은 신장을 통해 배설되는데 신부전이 일어나면 이러한 물질들이 소변으로 배출되지 않아 혈액 내에 축적된다. 이때 토하거나 피로감을 느끼며 혼수가 오는 요독증이 나타난다.

10   정답 ⑤

요독증의 증상
- **신체적 증상** : 혼수, 식욕부진, 구토, 설사, 야뇨증, 질소혈증, 고칼륨혈증 등

• **신경계 증상** : 두통, 집중력 저하 등

---

11 정답 ④

급성 사구체 신염의 증상은 신기능 장해, 단백뇨, 혈뇨, 부종, 고혈압증 등이 있다.

12 정답 ①

소변 중 포도당이 검출되면 당뇨병이고 알부민이나 농이 검출되면 신장염이 발병한 경우이다.

13 정답 ④

급성 신염은 요에서 비단백질 질소가 배설되기 어렵기 때문에 일어나며 간성혼수는 혈액 중에 암모니아 및 아민류의 증가로 혼수상태에 빠진다.

14 정답 ⑤

요독증이 심할 경우에는 단백질을 완전히 제거하여야 한다. 신장질환 중에서 단백질 공급을 증가시켜야 하는 것은 신증후군과 만성 사구체 신염인 경우 소변으로 손실되는 단백질의 보충을 위해서이며, 혈액 투석이나 복막 투석을 하는 경우에는 투석으로 손실되는 단백질의 보충을 위해서이다.

08장 감염 및 호흡기 질환

01 정답 ①

폐결핵 환자에게는 비타민 C의 함량을 증가시켜주며, 단백질은 정상치보다 약간 높게 공급한다. 고구마는 탄수화물 식품이다.

02 정답 ④

체온이 1℃ 상승에 약 13%의 기초대사가 증가한다.

---

03 정답 ④

콜레라 환자의 경우 설사로 인하여 소실된 염분과 알칼리를 신속하게 공급해 주는 것이 중요하다.

04 정답 ⑤

감염성 질병
• **급성 질병** : 폐렴, 장티푸스, 류머티스열, 회백수염, 콜레라
• **만성 질병** : 폐결핵
• **회기성 질병** : 말라리아, 기종 등

05 정답 ④

장티푸스 환자의 식사요법은 고열량식, 고단백식, 고당질식, 충분한 무기질과 비타민 공급, 저섬유식, 장을 자극하지 않는 저잔사식, 열이 심할 때에는 유동식을 공급하여야 한다.

06 정답 ②

류머티스열은 연쇄구균에 의한 감염 후유증으로 주로 심장, 관절, 피하조직, 중추신경계를 침범하는 염증성 질환이다.

07 정답 ①

회백수염(소아마비)은 빠른 조직파괴를 보충하기 위해 고단백질, 고열량, 고비타민식을 공급하여야 한다.

08 정답 ⑤

폐결핵 치료에는 휴식, 항제제, 신선한 공기, 충분한 영양보충 등 4가지가 필요하며, 균형된 영양식사로 증상을 완화할 수 있다.

09장 선천성 대사장애 질환과 당뇨병

01 정답 ④

티로신으로부터 합성되는 멜라닌 색소는 저하된다.

02　　　　　　　　　　정답 ④

PKU 증상이 있는 아이에게서 페닐알라닌이 티로신으로 되지 못하여 발생하는 증상이다.

03　　　　　　　　　　정답 ⑤

페닐알라닌 함량이 많은 식품은 모든 빵류, 모든 치즈류, 달걀, 말린 채소 등이다.

04　　　　　　　　　　정답 ①

통풍 환자의 혈액에는 퓨린의 최종대사물인 요산이 높으므로 퓨린체가 낮은 식품을 공급하여야 한다.

05　　　　　　　　　　정답 ③

통풍 환자의 혈액에는 퓨린의 최종대사물인 요산이 높으므로 퓨린체가 낮은 식품을 공급하여야 한다. 어란, 정어리, 멸치, 고기국물 등을 제한하고 우유, 치즈, 계란, 채소 등을 충분히 섭취하여야 한다.

06　　　　　　　　　　정답 ②

산독증이란 인체의 pH가 7.4보다 낮아져 산성화가 되어 발생하는 증상을 말한다.

07　　　　　　　　　　정답 ⑤

통풍 환자는 표준체중을 유지하며, 퓨린 함량이 많은 식품과 술을 제한하고 충분한 수분섭취와 지방섭취를 제한하여 비만과 혈관질환을 예방한다.

08　　　　　　　　　　정답 ⑤

소아 및 청소년기에 발생하는 것은 Type I(인슐린 의존형 당뇨병)이다.

09　　　　　　　　　　정답 ②

당뇨병의 주요 증세로는 갈증, 다뇨증, 공복감, 식욕항진, 케

톤증, 전신권태, 시력장애 등이 있다.

10　　　　　　　　　　정답 ①

혈당조절에 관여하는 호르몬
- **혈당감소호르몬** : 인슐린
- **혈당증가호르몬** : 글루카곤, 에피네프린, 노르에피네프린, 글루코코티코이드, 성장호르몬, 갑상선호르몬 등이다.

11　　　　　　　　　　정답 ③

당뇨성 케톤증이란 인슐린 의존형 당뇨병에서 인슐린 주사를 중단했을 때나 식사량이 적을 때 인슐린 부족이 심해지면서 나타나는 증세이다. 체내에서 포도당의 이용이 감소되어 저장지방이 에너지원으로 되는 과정에서 중간대사물인 케톤체의 생성이 증가하여 초래되는 일종의 산독증을 말한다. 구토, 탈수, 호흡곤란이 나타나고 호흡에서 아세톤 냄새가 나며 얼굴이 붉어지고 심하면 혼수상태에 빠져 사망에 이를 수도 있다.

12　　　　　　　　　　정답 ⑤

인슐린은 지방분해를 감소시킨다.

13　　　　　　　　　　정답 ②

인슐린의 탄수화물 대사

포도당 이용증진	• 근육, 간, 지방조직으로의 포도당 유입 증가 • 포도당 인산화를 촉진함으로써 해당 과정 촉진 • 포도당 산화증가
포도당 신생작용	감소
글리코겐 저장증가	• 간, 근육에서 글리코겐 합성증가 • 글리코겐 분해감소

정답
및
해설

14 정답 ⑤

저혈당이란 약물요법을 사용하는 당뇨병 환자의 경우 식사섭취 부족이나 식사의 지연, 약물의 과다투여, 식전의 심한 운동, 구토, 설사 등으로 인하여 혈당이 60mg/dl 이하로 낮아지는 상태를 말한다.

15 정답 ①

산독증이란 당질대사의 이상으로 인하여 지방산화가 촉진되어 케톤체가 다량 방출되는데 요로 배설될 때에는 상당량의 염기성 물질이 필요하게 되어 산과 염기의 균형을 파괴시키는 것을 말한다.

16 정답 ①

당뇨병 합병증
- **급성 합병증** : 케톤산증, 고혈당 비케톤성 혼수, 저혈당증
- **만성 합병증** : 망막증, 당뇨병성 신장질환, 당뇨병성 신경병증, 심혈관계 합병증, 당뇨병성 피부병 등

17 정답 ⑤

저혈당으로 인한 인슐린 쇼크가 일어난 경우 즉시 흡수되기 쉬운 당질 음료를 주어야 한다.

10장 수술 · 화상 · 알레르기 · 골다공증

01 정답 ④

스트레스 상황에서 증가되는 호르몬은 에피네프린, 노르에피네프린과 같은 카테콜아민과 글루카곤, 코티솔 등이며 인슐린이나 성장호르몬 분비는 증가되지 않는다.

02 정답 ④

수술 후 스트레스 상황하에서는 기초대사율이 증가하고, 체단백 분해에 의한 소변으로의 질소 배설이 증가하며, 에피네프린과 같은 카테콜아민의 분비가 증가한다. 또한 알도스테론이나 항이뇨호르몬의 분비가 증가되어 소변의 나트륨량이

나 소변량이 감소한다.

03 정답 ③

비타민 C는 뼈의 콜라겐 기질 형성에 필요하고 칼슘은 인과 함께 콜라겐 기질에 Hydroxyapatite 형태로 뼈에 축적된다.

04 정답 ①

화상 환자는 고열량식, 고단백식 및 양질의 단백질과 비타민 C, 칼로리를 많이 섭취해야 한다.

05 정답 ⑤

고단백식, 고염분식, 알코올, 카페인은 신장에서의 칼슘의 재흡수를 억제하여 칼슘 배설량을 증가시킨다.

06 정답 ④

Galactosemia인 유아는 유당 함유제품인 우유 및 모든제품을 엄격히 금식해야 하며 카페인 가수분해물이나 두유를 대체음식으로 섭취하는 것이 좋다.

07 정답 ①

담수어에 비해 해수어가 항원이 되는 일이 많다.

11장 암

01 정답 ①

대장암은 섬유소의 섭취 부족으로도 발생할 수 있다.

02 정답 ①

비타민 A는 상파조직의 종양세포 증식을 억제하여 위암, 폐암, 방광암, 자궁암 등의 예방, 치료에 효력이 있다.

03	정답 ③

간암의 원인식품으로 가장 관련 깊은 것은 알코올이다.

04	정답 ①

암예방을 위하여 녹황색채소, 버섯, 콩 및 된장, 등푸른 생선, 해조류, 마늘 및 양파 등의 섭취를 늘리고 탄 음식의 섭취를 피하는 것이 좋다.

05	정답 ③

대장암의 발생요인으로는 고지방식과 저섬유소 식사의 경우 발생하기 쉽다.

정답
및
해설

1교시 필기시험

5과목

생리학
정답 및 해설

01장 생리학 일반

01	①	02	③	03	①	04	②	05	①
06	⑤	07	③	08	③	09	②	10	①
11	②	12	④	13	③	14	②	15	②

02장 신경과 근육생리

01	①	02	④	03	①	04	②	05	①
06	⑤	07	①	08	④	09	①	10	①
11	②	12	②	13	①	14	③	15	⑤
16	⑤	17	①	18	①				

03장 체액과 혈액생리

01	②	02	⑤	03	③	04	⑤	05	③
06	③	07	⑤	08	③	09	④	10	②
11	①	12	⑤	13	②	14	⑤	15	④
16	③	17	③	18	①	19	①	20	③
21	②	22	③						

04장 심장과 순환

01	③	02	①	03	⑤	04	①	05	①
06	⑤	07	⑤	08	②	09	④	10	①
11	②	12	④	13	①	14	③	15	①

05장 호흡생리

01	②	02	④	03	③	04	③	05	⑤
06	③	07	④	08	③	09	③	10	④
11	④								

06장 신장생리

01	⑤	02	①	03	①	04	③	05	⑤
06	②	07	③	08	②	09	③	10	⑤
11	④	12	②	13	①				

07장 소화생리

01	②	02	⑤	03	⑤	04	③	05	②
06	⑤	07	①	08	①	09	①	10	②
11	⑤	12	④	13	①	14	②	15	④
16	③	17	⑤						

08장 내분비생리

01	①	02	⑤	03	⑤	04	③	05	①
06	②	07	④	08	④	09	⑤	10	①
11	①								

09장 감각생리와 생식생리

01	③	02	⑤	03	①	04	②	05	②
06	⑤	07	①	08	④				

10장 운동생리

01	②	02	①	03	①	04	②	05	①

01장 생리학 일반

01   정답 ①

세포의 성분
- 물 : 70~85%
- 단백질 : 10~20%
- 지질 : 2~3%
- 무기질 : 1%
- 당질 : 1%

02   정답 ③

① 단백질을 합성한다.
② 가수분해 효소를 함유하여 소화작용을 한다.
④ 세포의 대사활동, 세포분열(증식)을 하며 유전정보를 갖고 있다.
⑤ 고분자 물질을 합성, 운반, 분비한다.

03   정답 ①

세포의 종류
- 신경세포 : 흥분파의 전도
- 근세포 : 근육의 수축, 이완
- 선세포 : 호르몬 분비, 소화액의 합성·분비
- 간, 지방세포 : 포도당, 지방 저장
- 상피세포 : 신체보호
- 소화관 점막, 세뇨관세포 : 물질을 일정한 방향으로 운반
- 감수기세포 : 빛, 소리, 냄새, 화학적 농도 등에 반응

04   정답 ②

표면장력이 낮다.

05   정답 ①

확산은 농도의 차이에 의해 농도가 높은 곳에서 낮은 곳으로 운반되어지는 것으로 폐포 안팎의 가스를 교환하는 것이 그 예이다.

06   정답 ⑤

음세포 작용은 생물이 용액에 있는 분자를 흡수하거나 세포질 내로 끌어들여서 섭취하는 현상을 말한다.

07   정답 ③

능동수송은 농도와 전기화학적 기울기에 역행하여 일어나므로 에너지가 유입되어야 일어날 수 있으며, 운반체를 필요로 하기 때문에 포화현상을 볼 수 있다.

08   정답 ③

①은 확산방법, ②는 여과방법, ④는 능동적 운반, ⑤는 음세포 작용이다.

09   정답 ②

세포막의 지질층은 주로 인지질과 콜레스테롤로 구성되어 있다.

10   정답 ①

포도당은 운반체를 필요로 하므로 촉진확산에 의하여 세포막을 통과한다.

11   정답 ②

세포막의 두께는 약 7.5~10mm이며 지질, 단백질, 탄수화물로 이루어져 있다.

12   정답 ④

백혈구 등의 식세포는 외부환경에서 몸 안으로 침입한 균, 이물질 등을 잡아 세포 내에서 분해하는 식균 작용을 한다.

13   정답 ③

리보솜은 세포질의 소포체 외면에 붙어 있으며, 단백질 생합성에 필요한 RNA를 많이 함유하고 있는 소기관이다.

14   정답 ②

원형질의 대부분은 단백질이다.

15   정답 ②

능동수송은 농도와 전기화학적 기울기에 역행하여 일어나므로 에너지가 유입되어야 일어날 수 있으며, 운반체를 필요로 하기 때문에 포화현상을 볼 수 있다.

02장 신경과 근육생리

01   정답 ①

시냅스란 뉴런(Neuron) 사이의 접합부를 말한다. 넓은 뜻의 시냅스에는 뉴런과 근섬유 또는 분비세포와의 접합부위도 포함된다. 생체 내에서 정보가 신경계 사이로 전해져 각종 감각이나 반응이 일어나기 위해서는 몇 개의 뉴런에 순서대로 흥분이 전달되어야 한다. 이 경우 시냅스부에서의 흥분전달을 시냅스전달이라고 하며, 신경섬유에서의 활동전위의 전달과는 방법이 다르다.

02   정답 ④

심장세포에서 세포막을 통한 전위차(0으로 유지되는 세포외액에 비교해서는)는 위치와 기능에 따라 -70에서 $-90mV$ 범위 내에 있다.

03   정답 ①

② 자극의 강도가 작기 때문에 신경섬유가 흥분하지 않고 전기적 변동만 일어난다.
③ 역하자극이 계속 반복되면 신경흥분이 유발되는 것을 말한다.
④ 역치자극보다 큰 자극에도 반응이 일정한 것을 말한다.
⑤ 신경섬유에 활동전압이 한 번 지나가면 얼마 동안은 다음 자극에 의해 활동전압이 발생될 수 없는 것을 말한다.

04   정답 ②

근육은 횡문근과 평활근으로 나뉘어진다.
• **횡문근** : 골격근, 심장근
• **평활근** : 장기 평활근, 다단위 평활근

05   정답 ①

골격근의 기능으로는 운동, 자세유지, 열 생산 등이 있다.

06   정답 ⑤

> **근육수축 에너지**
> • **근육수축 시 소모되는 물질** : ATP, 당질, 산소, 유기인산염
> • **근육수축 시 생성되는 물질** : 젖산, 탄산가스, 무기인산염

07   정답 ①

근육이 일종의 수축상태를 지속하는 것을 '긴장'이라고 한다.

08   정답 ④

골격근은 횡문근에 속한다.

09   정답 ①

교감신경의 작용은 정신적으로 흥분했을 때나 운동 시에 항진한다. 심장 활동이 촉진되어 수축이 강해지고 심박수가 증가되어 가슴의 고동을 느끼게 된다(가슴이 뛰는 상태).

10   정답 ①

시상하부는 간뇌에 속하고 자율신경계의 최고 중추이며 뇌척수 중에서는 생명유지에 관여하는 매우 중요한 부분이다. 또 감정행동이나 정동행동에도 깊은 관계가 있다.

11   정답 ②

Bell-Magendie 법칙이란 척수의 전근은 운동신경이고, 후근은 감각신경이라는 것이다.

12 정답 ②

뉴런은 신경원이라고도 하며 신경세포체, 축삭, 수상돌기, 란비어마디, 시냅스 등으로 구성된다. 연수는 뇌조직의 일부이다.

13 정답 ①

근섬유는 적근과 백근으로 나뉘며 적근에는 미오글로빈의 함량이 높아 붉은 빛이 난다. 수축속도는 백근에 비해 느리나 그 강도가 크며 호흡효소 활동이 활발하다.

14 정답 ③

신경세포막은 안정 시 안쪽이 ㅡ로, 바깥쪽이 ＋로 대전되어 있다.

15 정답 ⑤

대뇌와 중뇌의 사이에 놓여 있는 회백질의 두 덩어리 중 대뇌 쪽은 시상, 중뇌 쪽의 것은 시상하부이다. 시상하부에는 여러 개의 신경핵들이 모여 있고 내분비 기능, 정서반응, 신진대사 및 체온조절, 수면 등의 기능과 관련이 있다.

16 정답 ⑤

부교감신경은 기관지를 수축시키는 기능을 가진다.

17 정답 ①

교감신경은 동공 수축근을 이완하고 장관이나 평활근 등의 활동성을 증진, 기관지 근육을 이완한다. 이에 대하여 부교감신경은 심근활동을 억제하고 담즙분비나 요의 배설을 촉진한다. 타액의 분비는 협동작용으로 어느 신경이 자극하여도 분비가 촉진된다.

18 정답 ①

근수축에 관여하는 단백질은 트로포닌, 미오신 및 트로포미오신이다. 미오글로빈과 헤모글로빈은 혈액에 있는 산소운반 단백질이며, 근육에는 미오글로빈이 존재한다.

03장 체액과 혈액생리

01 정답 ②

혈액 속의 혈구세포 중의 하나로, 인간의 혈액에서는 수백만 개의 백혈구가 존재하며 혈액과 조직에서 이물질을 잡아먹거나 항체를 형성하여 감염에 저항하고 신체를 보호한다.

02 정답 ⑤

헤마토크릿은 혈액 중에 적혈구가 차지하는 용적 %이다.

03 정답 ③

성인 남자의 경우 체액량은 몸무게의 약 60%, 성인 여자의 경우는 약 51%, 아기의 경우는 약 72%정도를 차지한다.

04 정답 ⑤

사람에게 1일 필요한 수분량은 약 2,500ml이며 음료수로 1,000ml, 음식으로 1,200ml, 대사수(신진대사에 의한 산화수)로 300ml가 공급된다.

05 정답 ③

탈수가 심하면 산증과 체온상승, 맥박증가, 갈증, 피부건조현상이 나타나며, 부종이 심한 경우는 구토, 경련, 혼수상태가 일어난다.

06 정답 ③

혈액은 혈장과 혈구로 구성된다. 그 중 혈장은 무기염류, 섬유소원, 효소, 항체 등이 그 성분이다.

07 정답 ⑤

적혈구 조혈인자는 신장에서 분비되며 대기압 저하, 빈혈 등의 상황에서 적혈구 조혈은 적색골수에서 활발하게 일어난다.

정답 및 해설

08   정답 ③

혈액응고에 작용하는 트롬빈(Thrombin)의 생성과정에 관여하는 무기이온은 칼슘이다.

09   정답 ④

혈액의 고형성분 중 가장 작은 것은 혈소판이다.

10   정답 ②

혈압은 혈류량과 혈류저항의 영향을 받는다.

11   정답 ①

악성빈혈은 코발아민의 부족으로 인한다.

12   정답 ⑤

혈액은 혈구(적혈구, 백혈구, 혈소판)와 혈장으로 이루어져 있다.

13   정답 ②

항체성분은 γ-글로불린이다.

14   정답 ⑤

정상혈압은 수축기 혈압이 120mmHg이고, 이완기 혈압은 80mmHg이다.

15   정답 ④

비만세포는 동물의 결합조직 가운데 널리 분포하는 세포로, 히스타민, 헤파린을 생산하여 혈액 응고저지 등으로 작용한다.

16   정답 ③

혈액 내 가장 많은 무기질은 Ca이다.

17   정답 ③

혈액이 응고할 때에 혈관 수축 작용을 하는 아민류의 물질은 세로토닌이다.

18   정답 ①

혈액응고에 관여하는 물질에는 혈소판, 칼슘, 섬유소, 트롬보키나아제 등이 있다.

19   정답 ①

과립백혈구에는 호중성구, 호산성구, 호염기성구가 있다. 백혈구 중 호중성구는 강한 식균작용을 한다.

20   정답 ③

알레르기 질환에 대처하는 백혈구는 호산성구이다.

21   정답 ②

백혈구는 골수 간세포 및 림프조직에서 생산된다.

22   정답 ③

인터페론은 이물질에 대한 생체방어기능에 관여하는 물질이다.

04장 심장과 순환

01   정답 ③

연수에는 심장촉진중추와 심장억제중추가 있다.

02   정답 ①

심장관련 질병
- 심부전 : 심장의 펌프 기능이 저하되어 필요한 혈액을 공급할 수 없는 상태가 초래되는 것이다.
- 심근경색 : 관상동맥의 일부가 막혀 모세혈관에 혈액

이 공급되지 않고 이로 인하여 그 혈관이 분포한 영역의 세포가 죽어 굳어지는 것이다.
- **동맥경화증** : 고혈압 등으로 인해 손상이 일어난 동맥벽 부위에 지질이 침착되어 시작되며 혈관이 섬유화되는 상태를 말한다.
- **협심증** : 관상동맥에 주상경화가 일어나 심장에 혈액 공급이 부족하게 됨으로써 발생한다.

03   정답 ⑤

림프절에서는 식세포가 세균을 처리하여 혈관으로 들어가지 못하게 걸러낸다.

04   정답 ①

Starling의 심근법칙
- 심근의 길이는 정맥 환류량에 비례한다.
- 심근의 길이가 길수록 수축력은 증가한다.
- 심근의 길이가 길수록 동맥혈의 박출량이 증가한다.
- 심장으로 돌아 들어오는 혈액량이 많으면 다음 심박출량은 증가한다.

05   정답 ①

에피네프린과 아세틸콜린은 모두 신경말단에서 분비되며, 자는 혈관수축에, 후자는 혈관이완에 관여한다.

06   정답 ⑤

1회 박동 시 심실에서 나오는 혈액은 약 70ml가 된다.

07   정답 ⑤

심박 수는 체온, 신경, 호르몬, 화학물질 등에 의해 좌우된다.

08   정답 ②

심장은 신경을 절단하거나, 혹은 체외로 적출하여도 적당한 상태로 두면 일정한 리듬으로 자발적 박동을 계속한다. 이를

심장의 자동성이라고 하는데 이 자동성 부위를 동방결절이라고 한다.

09   정답 ④

심근은 신경의 지배 없이도 움직이는 자동성이 있다.

10   정답 ①

제1심음은 심실 수축기 초에 방실판이 닫히는 진동음이며, 제2심음은 대동맥과 폐동맥의 판막이 닫히면서 나는 진동음이다.

11   정답 ②

심음은 심장근 수축, 판막의 폐쇄, 혈액의 흐름, 대동맥 벽에 혈액의 부딪힘 등으로 생성된다.

12   정답 ④

세포외액은 전체 체중의 약 20%(1/5)를 차지한다.

13   정답 ③

혈류속도에 영향을 주는 인자는 혈관의 길이, 안지름, 혈액의 점성, 혈류 양단의 압력차이 등이다.

14   정답 ③

혈류량은 혈압에 비례하고 혈류저항에 반비례한다.

15   정답 ①

혈관에 따라 구조가 모두 다르며, 따라서 지름이 모두 다르다. 동맥과 정맥은 3층 구조를 다 가지고 있으며, 세동맥은 내피층과 근층으로, 세정맥은 내피층과 결합조직으로, 모세혈관은 내피세포의 한 층으로 되어 있다.

05장 호흡생리

01 　　　　　　　정답 ②

호흡중추는 뇌교와 연수에 있다.

02 　　　　　　　정답 ④

혈중 CO_2량이 많을수록, O_2량이 적을수록 호흡속도가 빠르다.

03 　　　　　　　정답 ③

폐에서는 가스교환이 일어난다. 폐포에서 가스교환이 잘 일어나는 이유는 폐포의 O_2가 혈액 중의 O_2보다 높기 때문이다.

04 　　　　　　　정답 ③

산소분압이 낮을 때, 인내력이 가장 큰 세포는 골격근세포이다.

05 　　　　　　　정답 ⑤

혈액 내 CO_2 함유량은 폐환기량에 가장 큰 영향을 준다.

06 　　　　　　　정답 ③

건강한 성인 남자의 무효공간은 약 150ml, 1회 호흡량은 약 500ml, 잔기량은 1200ml이다.

07 　　　　　　　정답 ④

폐포 내의 공기 산소분압은 100mmHg이고, 정맥혈의 공기 산소분압은 30~40mmHg이다.

08 　　　　　　　정답 ③

호흡반사의 구심신경은 미주신경 내에 있으며 대동맥의 화학감수기는 H^+의 농도에 대해 가장 예민하게 반응한다.

09 　　　　　　　정답 ③

들숨과 날숨 공기의 조성을 비교할 때 거의 차이가 없는 것은 N_2의 분압이다.

10 　　　　　　　정답 ④

경동맥과 대동맥에 있는 화학수용체는 순환중인 혈액의 산소 농도를 감지한다.

11 　　　　　　　정답 ④

호흡이 과다하여 혈액의 이산화탄소 농도가 감소하면 호흡성 알칼리증으로 되고 호흡으로 이산화탄소를 많이 내보내지 못하면 이산화탄소가 누적되어 호흡성 산성증이 된다.

06장 신장생리

01 　　　　　　　정답 ⑤

사구체 여과량은 1일 평균 약 180L가 된다.

02 　　　　　　　정답 ①

요의 배출순서 : 신장 → 요관 → 방광 → 요도

03 　　　　　　　정답 ①

사구체와 이를 감싼 보먼주머니 그리고 여기에 연결된 세뇨관을 모두 합해 네프론이라고 한다.

04 　　　　　　　정답 ③

세뇨관의 주요 기능은 전해질과 영양소의 재흡수이다.

05 　　　　　　　정답 ⑤

요소의 합성은 간에서 이루어진다.

06 정답 ②

심장은 혈압을 조절하여 사구체에서 혈장여과 기전에 관여하고, 부신피질에서는 알도스테론이 분비되어 나트륨 흡수를 촉진하며, 뇌하수체 후엽에서는 항이뇨호르몬이 분비되어 수분의 재흡수가 일어난다.

07 정답 ③

부갑상선호르몬은 세뇨관에서의 칼슘 재흡수를 촉진한다.

08 정답 ②

신장은 혈액 안에 있는 물질의 농도를 일정하게 조절하는 역할을 하는 중요한 기관이다.

09 정답 ③

이눌린으로 사구체의 여과율을 측정한다.

10 정답 ⑤

세뇨관에서 분비되는 물질은 페니실린, 크레아티닌, PAH, K^+이다.

11 정답 ④

정상인의 소변 속에는 소량의 아미노산이 함유되어 있을 뿐 단백질은 보이지 않는다.

12 정답 ②

세포외액의 주요 양이온인 Na을 배출시킴으로써 삼투질의 농도조절을 통하여 세포외액의 함량을 낮춘다.

13 정답 ①

모세혈관으로 도달하는 혈액이 가지는 혈압이 가장 큰 요소이고, 모세혈관 내 교질삼투압은 여과를 막는 힘으로 작용한다. 보먼주머니에 있는 물에 의한 수압도 여과를 막는 힘으로 작용한다.

07장 소화생리

01 정답 ②

위의 운동은 부교감신경에 의해 촉진되고, 교감신경에 의해 억제된다.

02 정답 ⑤

1일 분비되는 위액은 약 2,000ml이다.

03 정답 ⑤

위액의 분비를 촉진시키는 호르몬은 가스트린이다.

04 정답 ③

소화관벽의 구조는 점막층, 점막하부층, 근층, 장막층의 네 층으로 구성되어 있다.

05 정답 ②

알코올은 소화과정 없이 위에서 흡수되므로 인체에 가장 쉽게 흡수된다.

06 정답 ⑤

시상하부의 외측에는 섭취중추가, 복내측 핵에는 포만중추가 존재한다.

07 정답 ①

기관별 소화액
- 구강 : 프티알린 – 탄수화물 분해
- 위장 : 펩신 – 단백질 분해
- 간장 : 담즙 – 지방 유화
- 소장 : 말타아제 – 맥아당 분해

08 정답 ①

위액의 분비를 억제하고, 췌장액 분비를 촉진하는 호르몬은 세크레틴이다.

09 정답 ①

내적인자는 위에서 분비되는 호르몬으로 비타민 B_{12}의 흡수를 돕는다. 위점막에서는 악성빈혈을 막아주는 비타민 B_{12}의 운반과 흡수에 꼭 필요한 내인자가 분비된다.

10 정답 ②

위의 선세포 중 펩시노겐은 주세포에서, 내적인자·염산은 벽세포에서, 뮤신은 경세포에서 분비된다.

11 정답 ⑤

위 내 지방과 단백질의 분해산물이 많으면 엔테로가스트론이 분비되어 위 운동이 억제된다.

12 정답 ④

간 문맥은 정맥혈이다.

13 정답 ①

G-세포는 가스트린 호르몬을 분비하여 ECL세포를 자극하고 이 세포는 히스타민을 분비하여 벽세포로 하여금 염산을 분비하도록 자극한다. 주세포는 펩시노겐을 분비하고, 벽세포는 내적인자·염산을 분비하며, 점막세포는 점액을 분비하고, 경세포는 뮤신을 분비한다.

14 정답 ②

위 점막을 보호하는 물질은 뮤신으로 경세포에서 분비된다.

15 정답 ④

췌장 리파아제는 글리세롤과 지방산을 유리시켜 흡수가 일어나도록 한다.

16 정답 ③

세크레틴은 췌장액의 분비를 촉진하는 호르몬으로 소장 상부 점막에서 분비된다.

17 정답 ⑤

췌액은 췌장에서 십이지장으로 분비되며, 세크레틴과 콜레시스토키닌은 췌액의 분비를 촉진한다.

08장 내분비생리

01 정답 ①

호르몬 분비
- 갑상선 : 갑상선호르몬, 칼시토닌
- 뇌하수체 : 성장호르몬, 갑상선자극호르몬, 부신피질자극호르몬, 황체형성호르몬, 여포자극호르몬
- 난소 : 에스트로겐, 프로게스테론
- 신장 : 항이뇨호르몬

02 정답 ⑤

신경계에 비하여 반응속도가 느리나 반응범위는 넓다.

03 정답 ⑤

포도당 대사관여 및 체액량 조절은 부신피질호르몬이다.

04 정답 ③

칼시토닌은 갑상선에서 분비되는 호르몬의 일종으로 혈중 칼슘농도가 정상범위 이상으로 상승하였을 때 분비되어 뼈에서 칼슘이 용출되는 속도를 둔화시킨다.

05 정답 ①

레닌은 강력한 카세인 응고기능이 있는 호르몬이다.

06 정답 ②

갑상선은 칼슘대사 조절 기능을 한다.

07 정답 ④

옥시토신은 자궁을 수축하여 정상분만을 유도하는 호르몬이다.

08 정답 ④

부신수질호르몬인 아드레날린(에피네프린)은 심순환계를 항진시키고 혈압을 높이며, 혈당을 증가시킨다.

09 정답 ③

교감신경계의 말단에서 분비되는 호르몬은 부신수질호르몬이다.

10 정답 ①

아드레날린(에피네프린)은 당신생을 촉진한다.

11 정답 ①

인슐린은 포도당을 글리코겐으로 전환시킨다.

09장 감각생리와 생식생리

01 정답 ③

신체의 각 감각기는 각기 한 가지 형태의 특수한 자극을 받아들여 가장 민감하게 반응하는 특수구조를 가지고 있다. 적당자극은 그 수용기를 흥분시키는 가장 낮은 역치를 가진 자극을 말한다.

02 정답 ③

성호르몬 분비는 시상하부, 뇌하수체, 성선이 관여한다.

03 정답 ①

후각의 역치는 매우 낮다. 하지만 어떤 주어진 냄새의 강도를 식별하는 능력은 미약하며 피로현상이 쉽게 나타난다.

04 정답 ②

임신 시 자궁의 수축을 돕는 호르몬은 옥시토신이다.

05 정답 ②

맛의 기본 4가지는 단맛, 짠맛, 쓴맛, 신맛이다.

06 정답 ⑤

냉각과 통각은 피부감각에 속한다.

07 정답 ①

감각의 순응이란 감각의 수용기에서 감수성이 저하되는 현상을 말한다.

08 정답 ④

통각은 순응이 잘 일어나지 않는다.

10장 운동생리

01 정답 ②

심한 신체운동으로 인해 부족하게 된 산소의 양을 산소부채라 한다.

02 정답 ①

운동 중이라도 뇌의 혈류량은 거의 변화가 없다.

03 정답 ①

운동 중에는 아드레날린, 탄산, 젖산의 배설량이 많아져 소변이 산성으로 기운다.

04   정답 ②

공복 시 운동을 강행하면 지방이 에너지원으로 쓰이는 비율이 증가한다.

05   정답 ①

운동이 심해질수록 호흡상은 1.0에 가까워지는 것으로 보아 탄수화물이 주 에너지원으로 쓰임을 알 수 있다

2교시
정답 및 해설

NUTRITIONIST

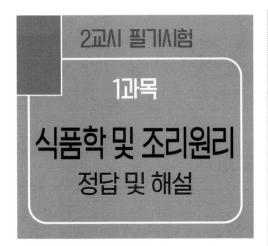

2교시 필기시험

1과목

식품학 및 조리원리
정답 및 해설

21	④	22	④	23	⑤	24	④	25	②
26	②	27	④	28	③	29	①	30	①
31	⑤	32	④	33	①	34	②	35	④
36	③	37	③	38	①	39	①	40	①
41	②	42	④	43	①	44	④	45	③
46	⑤	47	⑤	48	①	49	①	50	①
51	①	52	④	53	①	54	⑤	55	⑤
56	①	57	①	58	②	59	①	60	①
61	①	62	③	63	⑤	64	①	65	④
66	①	67	⑤	68	①	69	①	70	⑤
71	①	72	②	73	③	74	①	75	①
76	②	77	⑤	78	①	79	③	80	①
81	⑤	82	④	83	①	84	③	85	②
86	①	87	①	88	②	89	①	90	②
91	①	92	②	93	①	94	④	95	①
96	①	97	⑤	98	③	99	①		

▌ 01장 식품학

01	③	02	①	03	③	04	⑤	05	④
06	④	07	②	08	①	09	①	10	③
11	②	12	⑤	13	⑤	14	③	15	①
16	③	17	⑤	18	②	19	③	20	①
21	①	22	④	23	①	24	③	25	①
26	②	27	④	28	③	29	①	30	①
31	⑤	32	②	33	⑤	34	④	35	①
36	②	37	②	38	④	39	①	40	①

▌ 02장 식품미생물학

01	②	02	④	03	④	04	①	05	④
06	①	07	⑤	08	④	09	⑤	10	②
11	③	12	③	13	⑤	14	①	15	⑤
16	①	17	③	18	①	19	②	20	④
21	⑤	22	④	23	②	24	③	25	④
26	②	27	①	28	①	29	③	30	①
31	④	32	③	33	①	34	②	35	②
36	①	37	①								

▌ 03장 조리원리

01	④	02	③	03	③	04	④	05	①
06	①	07	③	08	⑤	09	①	10	①
11	⑤	12	③	13	④	14	③	15	⑤
16	⑤	17	①	18	③	19	④	20	②

01장 식품학

01 　　　　　　　　　　　　　　정답 ③

수분은 미생물 몸체의 주성분이며 생리기능을 조절하는 매체로 반드시 필요하다. 각 미생물의 종류에 따라 요구수분량의 차이가 있는데 세균은 94~99%, 효모는 88~94%, 곰팡이는 80~90%이다.

02 　　　　　　　　　　　　　　정답 ①

용해도, 점도, 삼투압 등은 등전점에서 최소가 되고, 흡착성, 기포력, 침전 등은 최대가 된다.

03 　　　　　　　　　　　　　　정답 ③

새우, 게 등의 astaxanthin을 가열하면 적색의 astacin으로 변한다.

04 　　　　　　　　　　　　　　정답 ⑤

네 가지 모두 유산균 발효식품이다.

05 정답 ④

당장법에서 첨가하는 설탕 농도는 50~60% 정도이다.

06 정답 ④

일광건조법은 농산물과 해산물을 건조시킬 때 사용하는 방법으로, 조작이 간편하고 설비가 적어도 건조시킬 수 있다. 과일, 채소 등을 건조시킬 때는 인공건조법을 이용하는 것이 좋다.

07 정답 ②

글루텐은 글리아딘과 글루테닌으로 이루어지고, 밀가루 단백질의 약 75%를 차지하고 있다.

08 정답 ①

생선의 비린 냄새의 주성분은 TMA(트리메틸아민)이다.

09 정답 ①

이스트의 영양물은 당이다. 제빵시 설탕은 효모에 영양분을 주어 이산화탄소의 알코올 발생을 도와서 빵을 잘 부풀게 한다.

10 정답 ③

제빵시 설탕의 사용목적
• 제품에 단맛을 부여한다.
• 제품 질감을 곱게 한다.
• 효소의 발효과정을 도와준다.
• 단백연화 작용을 가진다.
• 식품의 노화 방지와 저장성을 부여해 준다.

11 정답 ②

곰팡이 중 내건성 곰팡이는 수분함량 20% 이하에서도 번식한다.

12 정답 ⑤

요오드가에 따른 유지의 분류

건성유	• 요오드가 130 이상 • 해바라기유, 아마인유, 들기름, 호두유 등
반건성유	• 요오드가 100~130 • 참기름, 미강유, 옥수수기름, 콩기름, 채종유 등
불건성유	• 요오드가 100 이하 • 낙화생유, 피마자유, 버터, 쇠기름 등

13 정답 ⑤

기본적인 4가지 맛은 단맛, 쓴맛, 신맛, 짠맛이다.

14 정답 ③

포도의 신맛은 주석산, 감귤의 신맛은 구연산, 사과의 신 맛은 사과산 때문이다.

15 정답 ①

맛의 혼합효과

맛의 대비	• 서로 다른 맛이 혼합되었을 때 강한 맛이 느껴짐 • 단맛에 소금 소량, 짠맛에 신맛 소량, 감칠맛에 소금 소량 등
맛의 억제	• 서로 다른 맛이 몇몇 혼합되었을 때 주맛이 약화되는 때 • 커피와 설탕, 지나친 신맛 과일과 설탕
맛의 상승	• 같은 종류의 맛을 가지는 두 종류의 정미물질을 서로 섞어 주면 각각 가지고 있는 맛보다 훨씬 세게 느껴지는 것을 말함
맛의 상쇄	• 소금, 설탕, 키니네, 염산 등을 적당한 농도로 두 종류씩 섞어주면 각각의 맛은 느껴지지 않고 조화된 맛으로 느껴지는 것을 말함 • 간장, 된장의 소금맛과 감칠맛, 김치의 짠맛과 신맛

16 정답 ③

한 가지 맛을 본 직후에 다른 맛을 보았을 때 앞의 맛에 영향을 받아 고유의 맛이 아닌 다른 맛을 느끼게 되는 현상을 변조현상이라고 한다.

17 정답 ⑤

식물성 색소로는 클로로필(엽록소), 카로티노이드, 안토시아닌, 플라보노이드 등이 있으며, 동물성 색소로는 헤모글로빈(혈색소)과 미오글로빈(육색소)이 있다.

18 정답 ②

토마토의 붉은색은 카로틴 색소에 속한다.

19 정답 ⑤

쇠고기의 근육 색소는 미오글로빈으로 적색을 띠고 있다.

20 정답 ①

부패는 유해한 물질을 발생시키는 것이다.

21 정답 ①

식품의 부패 시 나타나는 현상에는 악취, 퇴색, 광택손실, 경도상실, 점질물의 생성 등이 있다.

22 정답 ④

산패란 유지류가 산소와 결합하여 불쾌한 냄새와 맛을 내며 빛깔이 변하는 것을 말한다.

23 정답 ②

식품이 부패하면 미생물의 분해 작용에 의해 색, 맛, 경도, 냄새 등의 본래 성질을 잃고 악취를 발생하거나 독물을 생성하여 먹을 수 없게 되는 현상이 나타난다.

24 정답 ③

식품의 변질은 효소, 수분, 산소, 일광, 온도, 미생물, 금속 등에 의하여 일어난다. 압력은 식품 변질의 원인과 상관이 없다.

25 정답 ①

유지를 저장하는 동안 공기 중의 산소와 결합해서 나타나는 변화 중의 하나인 산패에 영향을 미치는 인자는 여러 가지가 있다. 금속이온 중 구리가 산패를 가장 크게 촉진시키며, 금속이온에 의한 산패를 억제하기 위해 금속 불활성제를 첨가하기도 한다.

26 정답 ②

다당류는 단당류가 많이 결합한 것을 말하며, 이에 속하는 것에는 전분, 글리코겐, 한천, 섬유소 등이 있다. 포도당과 과당은 단당류, 설탕과 젖당은 이당류이다.

27 정답 ④

알칼리성 식품이란 완전 연소 후 Na, K, Ca, Mg 등의 (+)이온을 많이 함유한 식품으로 일반적으로 과일, 채소류 등의 식물성 식품이 속한다.

28 정답 ③

유지류의 산패에 영향을 주는 요인에는 온도, 효소작용, 공기량, 지방산의 불포화도, 광선, 항산화제, 산화촉진제, 중금속 등이 있으며 자외선도 산패를 촉진시킨다. 적색은 자외선을 차단하여 공기와의 접촉인 산패를 효과적으로 억제할 수 있다.

29 정답 ①

식품의 품질저하 방지를 위해서는 가열이 가장 적당하다.

30 정답 ①

고추의 매운맛은 캡사이신이라는 물질 때문이다.

31   정답 ⑤

미생물이 생육하는 데에는 식품의 pH에 많은 영향을 받게 된다. pH 5.0 이하가 되면 세균들은 생육하지 못하기 때문에 그 이하의 pH에서 식품을 저장해야 하므로 pH 4.5가 산 저장에 가장 바람직하다.

32   정답 ②

식품을 동결 상태로 유지할 때는 승화열을 이용하여 냉동시킨다.

33   정답 ⑤

살균이 완료된 통조림은 37~40℃로 가능한 한 빨리 냉각시켜야 내용물의 품질과 빛깔의 변화가 방지되며 남아 있는 내열성의 혐기성균 포자들이 발육하지 못한다.

34   정답 ④

도살 후 경직된 근육은 근육 자체의 효소에 의해 단백질의 자가분해로 육질이 연해지고 맛이 증가되는데 이러한 현상을 숙성(Rigor)이라 한다.

35   정답 ①

카로티노이드계 색소는 식물 중 노란색, 오렌지색, 붉은색 등을 나타내며, 물에는 녹지 않으나 지방에는 녹는 지용성 색소이며 당근, 호박, 고구마, 난황, 토마토, 감 등에 들어 있다.

36   정답 ②

CA 저장이란 식품이 저장 도중에도 일어나는 호흡작용을 억제하기 위해 식품을 탄산가스나 질소가스와 같은 불활성 가스에 보존하는 것으로 과일, 채소, 난종류, 분유 등의 저장에 이용된다. 이 방법은 후숙이 가능한 사과, 배, 바나나, 토마토 등을 미숙할 때 수확하여 저장할 때 사용할 수 있으며, 동물성 식품의 호기성 세균의 번식을 억제해서 저장 효과를 높일 수 있다.

37   정답 ②

유지의 산패는 지방산의 종류, 온도, 광선, 산화촉진물질(금속) 및 산화방지제에 의해 영향을 받는다.

38   정답 ④

동결된 육류나 어패류를 해동시 체액이 빠져 나오는데 이를 드립 현상이라고 한다. 이 드립이 많이 빠지면 어육의 맛이 감소되므로 많이 빠져 나오지 않게 주의해야 한다. 드립은 공기를 가열하면 수용성물질, 응고한 단백질, 지방, 비타민, 무기염류 등을 함유한 즙이 나와 흐르는 것을 말한다.

39   정답 ①

매운맛
- 생강 : Zingeron, Shogaol, Gingerol
- 마늘 : Allicine
- 후추 : Chavicin
- 고추 : Capsaicin
- 산초 : Sanshool
- 카레가루 : Curcumin

40   정답 ①

당류를 고온에서 가열하면 탈수, 분해에 의해 두 가지의 중간생성물이 생성되며, 중합하여 흑갈색의 중합생성물이 만들어지는데 이러한 현상을 당의 캐러멜화라 한다.

02장 식품미생물학

01   정답 ②

미생물의 성장에 영향을 미치는 식품의 인자는 내적 인자(식품의 수분활성도, 산화환원전위, 영양소함량, pH, 생물학적 구조 등)와 외적 인자(저장온도, 상대습도, 대기조성)로 구분된다.

02   정답 ④

아이스크림은 Penicillium속과 관련 없다.

정답 및 해설

03 정답 ④

세균의 형태는 구균(공모양), 간균(막대모양), 나선균(나사모양) 등이 있다.

04 정답 ①

리조푸스균은 곰팡이 종류이다. 곰팡이의 종류에는 아스퍼질러스, 페니실리움, 뮤코아, 리조푸스 등이있다.

05 정답 ④

청국장은 콩을 삶아 납두균을 번식시켜 납두를 만든 다음 파, 마늘, 고춧가루, 소금 등을 가미한 것이다. 내열성이 강한 호기성균으로 40~42℃이 최적 온도이다.

06 정답 ①

식중독을 일으키는 식중독균은 병원미생물에 속하며 유산균은 요구르트 제조, 납두균은 청국장 제조, 식초균은 식초 제조에 이용된다.

07 정답 ⑤

원시핵세포와 진핵세포

원시핵세포 (하등미생물)	• 세균, 방선균, 남조류 등 • 1개 비유사분열
진핵세포 (고등미생물)	• 곰팡이, 버섯, 효모, 조류(남조류 제외), 원생동물 • 2개 이상 유사분열, 감수분열

08 정답 ④

세포구성 물질

• **세포막** : 세포물질의 출입조절, 세포형태 유지
• **핵** : 유전물질 DNA-유전형질 발현의 주도적 역할, 핵속 인 RNA-안에 있어서 핵내 단백질 합성
• **미토콘드리아** : 산소호흡과정 중 TCA회로, 전자전달계를 가지고 있어 호흡에 의한 에너지 생산

• **리보솜** : 단백질 합성
• **리소좀** : 가수분해 효소가 있어 상처받거나 죽은 세포 물질을 새로운 대사에 쓰일 재료로 전환(소화)
• **메소좀** : 세포막의 일부가 함입된 관, 주머니 모양으로 호흡능력이 집중

09 정답 ⑤

곰팡이는 대부분 다세포이다.

10 정답 ②

3% 석탄산이 일정한 온도 하에서 장티푸스균에 대한 살균력과 비교하여 각종 소독약의 효능을 표시한다.

11 정답 ③

① Antony van Leeuwenhoek : 현미경으로 미생물을 최초로 발견한 사람
② Louis Pasreur : 자연발생설을 부인하고 생물발생설을 증명
③ Robert Koch : 미생물의 소수분리 성공, 미생물학의 실험기법 확립
④ Lindner : 소적배양법으로 효모의 단세포 분리성공
⑤ Emil Christian Hansen : 맥주 효모의 순수배양 성공, 자연발효를 순수배양으로 발전시키는 데 공헌

12 정답 ③

곰팡이의 번식

유성번식	• 2개의 세포핵이 융합하는 유성생식결과 형성되는 포자 • 난포자, 접합포자, 자낭포자, 담자포자
무성번식	• 세포핵의 융합 없이 단지 분열에 의해 무성적으로 포자를 형성 • 후막포자, 분열포자, 포자낭포자, 분생포자

13 정답 ⑤

곰팡이의 분류

조상균류	• Mucor(털곰팡이) • Rhizopus(거미줄곰팡이) • Absidia(활털곰팡이) • Thamnidium
자낭균류	• Aspergillus속(누룩곰팡이) • Penicillium속(푸른곰팡이) • Monascus속(홍국곰팡이) • Neurospora속(붉은빵곰팡이)
불완전균류	• 진균류 중에서 유성생식 과정이 잘 알려져 있지 않은 균류 • 종류 : Monilia속, Oidium속, Botrytis속, Fusarium속

14 정답 ③

③은 곰팡이에 대한 설명이다.

15 정답 ⑤

조상균류의 대표균에는 털곰팡이, 거미줄곰팡이, 활털곰팡이, Thamidium속 등이 있다.

16 정답 ①

Yellow rice(황변미)는 페니실리움속이다.

17 정답 ③

고압증기멸균은 고압증기솥을 이용하여 2기압 121℃에서 15∼20분간 소독을 하는 방법으로 아포를 포함한 모든 균을 사멸할 수 있다.

18 정답 ①

편모의 유무, 수, 위치는 세균의 분류학상 중요한 기준이 된다.

19 정답 ②

세균의 외부구조
• 편모 : 위치에 따라 극모와 주모로 분류하며, 편모의 유무, 수, 위치는 세균의 분류학상 중요한 기준이 된다.
• 선모 : 중앙이 관으로 구성된 DNA 물질의 이동통로와 부착기관이다.
• 협막 : 세포벽을 둘러싸고 있는 점질층이다.

20 정답 ④

대부분의 미생물은 수분 13% 이하가 되면 번식이 어렵지만, 곰팡이는 수분 10% 이하의 건조식품에서도 번식이 가능하다.

21 정답 ⑤

⑤는 박테리아파아지의 특징이다.

22 정답 ④

박테리아파아지
• 세균에 기생하는 바이러스이다.
• DNA와 RNA 중 어느 한 가지와 이것을 싸고 있는 단백질로 구성된다.
• 독자적인 대사기능이 불가능하여 반드시 생세포 내에서만 증식하므로 생물과 무생물의 중간적 존재이다.
• 고유 숙주를 가지는 숙주 특이성이 있다.
• 독성파아지와 용원파아지가 있다.

23 정답 ②

미생물의 증식곡선에서 유도기는 새로운 생육환경에서 적응하는 기간으로, RNA 함량의 증가, 새로운 환경에 대한 적응효소 생성, 대사활동 활발, 호흡기능 활발, 세포투과성 증가 등의 특징을 가진다.

정답 및 해설

24 정답 ③

미생물의 증식곡선

유도기	• 새로운 생육환경에 적응하는 시기 • RNA 증가, DNA 일정, 효소단백질이 합성, 세포가 성장하는 시기
대수기	• 세포수가 대수적으로 증가하는 시기 • 감수성이 예민한 시기, 생리적 활성이 가장 강한 시기, 세대기간이 가장 짧음, 세대시간과 세포크기는 일정
정지기	• 생균수가 거의 일정하고 세포수가 최대에 달하는 시기 • 포자형성, 배지자체의 pH변화, 유해대사물 생성
쇠퇴기	• 생균수가 대수적으로 감소하는 시기 • DNA, RNA의 분해, 세포벽과 단백질 분해, 효소단백 변성

25 정답 ④

효모는 값이 비싸고 활성을 잃기 쉽다는 단점이 있다.

26 정답 ①

화염살균은 Busen burner 또는 알코올램프의 화염을 이용하여 살균하는 방법으로, 백금선류, 핀셋, 시험관 또는 삼각 플라스크와 같은 용기의 입구 등을 살균한다.

27 정답 ①

대장균군은 동물의 배설물이 오염원으로 대장균이 검출되면 분변 오염을 의미하며 병원미생물의 오염가능성이 있다.

28 정답 ①

박테리아는 효모와 같은 단세포이다.

29 정답 ⑤

미생물의 증식에 영향을 주는 인자

• 균자체의 요인 : 유전적 요인, 접종시기 등
• 환경적 요인 : 공기량, 영양소, 온도, pH, 식염농도, 당농도 등

30 정답 ①

세균의 형태

• 구균 : 단구균, 쌍구균, 연쇄상구균, 포도상구균 등
• 간균(막대형) : 단간균, 쌍간균, 연쇄간균 등
• 나선균 : 콤마상 나선균, 일반 나선균

31 정답 ④

리케차는 세균과 바이러스의 중간에 속하는 미생물로 벼룩, 이, 진드기 등과 같은 절족동물에 기생하고 이것을 매개체로 하여 사람에게 병을 옮기며, 살아있는 세포 내에서만 증식한다.

32 정답 ③

스피로헤타는 단세포식물과 다세포식물의 중간형 미생물로 가느다란 원충모양의 세균으로서 운동성이 있다.

33 정답 ①

혐기성 세균

• 통성혐기성균 : 산소의 존재 여부와 관계 없이 생육할 수 있으며, 대부분의 효모, 대장균군, 살모넬라균, 장염비브리오균, 경구전염병이 여기에 속한다.
• 편성혐기성균 : 산소가 존재하면 생육할 수 없으며 보툴리누스균, 웰치균, 파상풍균이 여기에 속한다.

34   정답 ②

미생물의 발육온도

구분	저온균 (호냉균)	중온균 (호온균)	고온균 (호열균)
발육 가능온도	0~25℃	15~55℃	40~75℃
최적온도	15~20℃	25~37℃	55~60℃
세균의 종류	저온으로 보존하는 식품에 부패를 일으키는 세균(수중세균)	대부분의 병원성 세균(곰팡이, 효모)	온천수에 살고 있는 세균(유황세균, 젖산균)

35   정답 ②

병원체에 감염되었을 때 증상이 나타나기 전까지의 기간을 잠복기라고 한다. 세대기란 병원체가 숙주체 내에서 증식하여 다시 배출되어 새로운 숙주에게 전염시킬 수 있을 때까지의 기간을 말한다.

36   정답 ①

어패류는 육류보다 지방층이 적어 부패하기 쉽다.

37   정답 ①

멸균은 병원균을 포함한 모든 미생물을 멸살시키는 조작이고, 소독은 병원균만을 죽이는 조작이며, 방부란 균의 증식을 억제하는 조작을 말한다. 그러므로 그 강도는 멸균> 소독> 방부의 순이다.

03장 조리원리

01   정답 ④

우유를 끓일 때 생기는 피막은 락트알부민과 락토글로불린의 응고물이다. 즉, 우유를 데우면 표면에 얇은 피막이 생겨서 이를 제거하면 또다시 형성된다. 피막은 우유의 알부민과 글로불린, 염, 지방구가 서로 혼합응고된 것이다.

02   정답 ③

육류 단백질이 응고되기 시작하는 온도는 50℃ 전후이다.

03   정답 ③

거품을 내려고 할 때 소량의 산을 첨가하면 난백의 pH가 산성으로 되면서 거품의 안정성이 증가된다.

04   정답 ④

엿기름에 사용되는 곡물은 보리이다.

05   정답 ①

튀김에 사용한 기름은 유리지방산이 증가한다.

06   정답 ①

쌀은 60~65℃에서 호화가 시작된다.

07   정답 ③

육류 연화제로 파파야의 파파인, 파인애플의 브로메린, 무화과의 휘신, 배즙 등이 있다.

08   정답 ⑤

플라본계 색소는 수용성 백색색소로 밀감의 과피, 양파의 외피, 메밀가루의 거무스레한 빛깔, 노란콩 등에서 볼 수 있다.

09   정답 ④

육류의 사후강직은 글리코겐이 감소하는 것을 말한다.

10   정답 ①

알칼리성 식품은 Na, Ca, K, Mg 등의 무기질을 많이 함유한 식품으로 채소류 및 과일류, 우유 등이 있다. 산성 식품에는 S, P, Cl 등의 무기질을 많이 함유한 곡류, 육류, 알류, 콩류 등이 있다.

11   정답 ⑤

물은 기름보다 열전도율이 낮다.

12   정답 ③

효율적인 열관리가 되기 위해서는 연료를 완전히 연소시켜야 하며, 비열이 큰 용기에 보관해야 한다.

13   정답 ④

중조는 일명 중탄산나트륨 또는 중탄산소다라고 하며 밀가루반죽에 첨가시키는 팽창제이다. 중조를 첨가하면 밀가루의 비타민 B_1이 파괴된다.

14   정답 ③

아밀로펙틴의 양이 많을수록 노화가 지연된다.

15   정답 ⑤

유지는 글리세롤과 지방산의 에스테르 결합체이므로 산화에 의해 에스테르가 파괴되어 유리지방산과 글리세롤이 생성된다. 따라서 유리지방산의 함량을 측정함으로써 유지의 산패를 알 수 있다.

16   정답 ⑤

비타민 A, D, E, K는 지용성 비타민으로 기름과 함께 조리하여 섭취하면 흡수율이 좋아진다.

17   정답 ①

설탕은 글루텐의 형성을 저해한다. 또한 보수성이 높기 때문에 반죽에 포함된 물을 경쟁적으로 빼앗으므로 글루텐 형성을 억제하여 반죽의 점탄성이 약화된다.

18   정답 ③

글루텐 함량에 따른 밀가루의 구분	
강력분	글루텐 함량이 13% 이상, 이스트 브레드, 식빵을 만들 때 사용
중력분	글루텐의 함량이 10~13%, 다목적용, 국수 등
박력분	글루텐 함량이 10% 이하, 케이크, 튀김옷 등

19   정답 ④

달걀은 물에서 조리할 때 끓는 온도에서 조리하는 것을 피하도록 하고, 85℃ 정도에서 조리하면 부드럽고 적당한 경도를 지니게 된다.

20   정답 ②

신선란의 표면은 석회화된 돌기물질을 가지고 있고, Curticle 층이 난각의 기공을 싸고 있다.

21   정답 ④

엽록소의 마그네슘은 유기산이 존재할 때 두 개의 수소원자에 의하여 쉽게 치환되어 페오피틴(Pheophytin)이라는 물질이 된다.

22   정답 ④

빛깔이 검고 조직이 두꺼울수록 좋은 제품이다. 빛깔이 붉게 변한 것이나 잔주름이 간 것은 좋지 않다.

23 정답 ⑤

젤라틴 겔의 견고성에 영향을 주는 요인
- 젤라틴의 농도 : 농도가 높을수록 빨리 응고
- 젤라틴의 온도 및 시간 : 온도가 낮을수록 빨리 응고
- 젤라틴 분자의 분자량
- 염 및 pH와 산의 영향
- 당의 영향(설탕의 농도가 증가할수록 겔의 강도는 감소)
- 효소의 영향 등

24 정답 ④

동물이 도살되면 Phosphatase에 의해 ATP 및 Creatine Phosphotate가 가수분해되어 무기인산을 산출하므로 육질 중에 pH는 떨어지고 보수성이 감소되어 경직상태가 되며 질겨진다. 따라서 도살 당시에는 약알칼리성이나 중성이던 것이 차차 산성으로 변해간다. 또한 ATP가 분해되고 Ca^{++}의 작용이 억제되지 않아 사후경직이 일어나게 된다.

25 정답 ②

등심과 안심은 구이, 전골에 이용된다.

26 정답 ②

결합수의 특징
- 용질에 대하여 용매로 작용하지 못한다.
- 수증기압이 보통의 물보다 낮으며, 100℃ 이상으로 가열하여도 제거되지 않는다.
- 0℃ 이하에서도 얼지 않는다.
- 압력을 가해 압착하여도 제거되지 않는다.
- 보통의 물보다 밀도가 크다.
- 미생물의 번식과 발아에 이용되지 못한다.

27 정답 ④

조리의 목적
- 기호성 : 식품의 기호적 가치를 높인다.
- 영양성 : 식품의 영양적 가치를 높인다.
- 안전성 : 식품의 안전성을 높인다.
- 저장성 : 식품을 오래 보관할 수 있다.

28 정답 ③

어묵은 어육에 2~3% 정도의 소금을 넣고 갈아서 만들어진 고기풀을 가열하여 겔화한 것이다.

29 정답 ①

콩에는 용혈작용과 거품을 일으키는 사포닌이 들어 있다.

30 정답 ①

가열조리 중 습열조리법에는 끓이기, 찌기, 조리기 등이 있다.

31 정답 ⑤

달걀은 색, 맛, 향을 좋게 하고 유화를 돕는다. 달걀은 기포성이 있어 팽창작용을 크게 하며, 빵 제조 시 달걀의 양이 많으면 질기게 된다.

32 정답 ④

설탕은 글루텐의 형성을 저해하며 보수성이 높기 때문에 반죽에 포함된 물을 경쟁적으로 빼앗음으로써 글루텐 형성을 억제한다.

33 정답 ①

밥맛을 좌우하는 요소
- 밥맛은 용수의 pH에 큰 관계가 있다. pH 7~8의 물을 넣고 밥을 지을 때 밥맛이 가장 좋다.
- 0.03% 소금을 넣으면 밥맛이 좋다.
- 수용성 질소화물 및 가용성 유미물질이 많으면 밥맛이 좋다.
- 쌀의 수확 후 시일이 오래 지나면 밥맛이 나빠진다.
- 밥맛은 쌀의 일반 성분과는 관계가 없다.

정답 및 해설

34   정답 ②

백미인 경우 중량의 1.5배, 부피의 1.2배 정도의 물을 넣어 밥을 짓는다. 찹쌀인 경우 중량의 1.1~1.2배, 부피의 0.9~1.0배 정도의 물을 넣어 찰밥을 짓는다.

35   정답 ④

쌀이 밥으로 되었을 때의 중량은 쌀무게의 2.5배에 달한다.

36   정답 ③

건조된 콩을 삶을 경우 부피는 약 3배로 불어난다.

37   정답 ④

날콩 속에는 트립신의 흡수를 방해하는 안티트립신이 들어 있으나 가열하면 파괴되어 소실된다.

38   정답 ①

식빵은 글루텐의 함량이 많은 강력분을 이용하여 만든다.

39   정답 ①

튀김 기름의 발연점이 낮아지는 이유
- 유리지방산이 많을 때
- 기름에 이물질이 많을 때
- 여러 번 반복하여 사용할 때
- 그릇의 표면적이 넓을 때

40   정답 ①

두부 응고제로는 황산칼슘, 염화칼슘, 염화마그네슘 등이 있는데 그 중 황산칼슘이 가장 많이 사용된다.

41   정답 ②

녹색채소의 조리 시 비타민의 손실을 줄이기 위해 넉넉한 양

의 끓는 물에서 신속히 삶아 낸다.

42   정답 ④

생선을 끓인 후 파, 마늘을 나중에 넣어야 탈취 효과가 크다.

43   정답 ①

생강의 특수성분인 진저롤, 쇼가올 등은 매운맛과 향기를 가지고 있으며, 소금(10% 이상), 식초(2% 이상)도 살균능력이 있어 각종 저장식품에 이용된다.

44   정답 ④

계란의 녹변은 끓는 물에서 15분 이상 삶을 때 나타난다. 이때 계란이 오래되었거나 완숙 후 냉수에서 빨리 식히지 않을 때 더욱 잘 일어난다. 계란의 녹변현상은 황화제1철이 생성되기 때문이다.

45   정답 ③

생선은 수육과 달리 숙성에 의해 선도가 저하되고 맛이 떨어진다.

46   정답 ⑤

냉동육류를 해동시키는 가장 좋은 방법은 냉장실에서 서서히 녹이는 것이다.

47   정답 ⑤

이스트가 필요로 하는 영양소는 쉽게 이용될 수 있는 당이다.

48   정답 ①

지방은 글루텐의 형성을 저해한다.

49   정답 ①

채소를 조리하는 목적은 섬유소를 유연하게 하는 데 있다. 또

한 채소는 탄수화물과 단백질이 거의 없으므로 조리하는 목적에 해당되지 않는다.

---

50 정답 ①

찜은 100℃의 수증기 속에서 기화열을 이용하여 가열하는 조리방법이다.

---

51 정답 ①

튀김용 밀가루는 박력분이 좋으며, 반죽을 미리 해 두면 글루텐이 형성되어 질겨지므로 반죽하여 바로 사용한다.

---

52 정답 ④

전자오븐을 이용한 요리는 초단파에 의해 짧은 시간 내에 재료의 내외부가 동시에 익는 특징이 있다.

---

53 정답 ①

조미료는 분자량이 적을수록 빨리 침투하므로 분자량이 큰 것을 먼저 넣어야 제대로 조미료가 침투되고 좋은 질감을 얻을 수 있으므로 설탕 → 소금(간장) → 식초 → 화학조미료 순으로 사용하는 것이 좋다.

---

54 정답 ⑤

조리란 식품에 조미료를 첨가하거나 가열, 기타의 수단으로 식품을 영양적·위생적으로 처리하여 소화·흡수를 돕고, 시각적·미각적으로 효과를 높이는 것으로 정의할 수 있다. 또한 조리의 목적은 식품의 기호성 증진, 영양가와 소화성 증진, 식품의 부패 방지 등이다.

---

55 정답 ⑤

기름은 물보다 비열이 작기 때문에 일정하게 온도를 유지하기가 어렵다.

---

56 정답 ②

물의 대류에 의한 조리법으로는 삶기와 끓이기 등이 있다.

---

57 정답 ①

소량의 소금은 보수성을 증가시키나 과량 첨가되면 삼투압으로 인해 탈수되어 질겨진다. 또한 소금은 아스코르비나제를 억제하여 비타민 C 보유를 도와준다.

---

58 정답 ②

호화는 알칼리성에서 촉진된다.

---

59 정답 ⑤

전분의 노화에 영향을 주는 요인	
전분의 종류	• 지상전분 : 쌀, 보리, 콩 등 • 지하전분 : 감자, 고구마, 토란 등 • 지하전분이 지상전분에 비해 조리시간이 단축됨 • 아밀로오스 함량이 큰 전분일수록 노화가 쉬움 • 아밀로펙틴의 함량이 클수록 쉽게 노화되지 않음
전분의 농도	• 전분농도가 높을수록 노화속도가 증가함 • 전분농도가 높으면 침전속도도 증가함
수분의 함량	• 수분 30~70% 정도, 온도 0℃일 때, 노화가 촉진됨 • 수분의 함량이 10% 이하에서는 거의 노화가 일어나지 않음 • 수분의 함량이 많으면 많을수록 호화가 쉽게 일어남
온도	• 온도가 낮을수록 쉽게 노화됨
pH	• 알칼리는 전분의 팽윤, 호화 촉진

---

60 정답 ①

전분의 노화억제 방법
• 수분함량의 조절 : 호화된 전분의 수분함량을 15% 이하로 급격히 제거하면 노화가 억제됨
• 계면활성제 사용 : Monoglyceride, Diglyceride 사용
• 설탕의 첨가 : 설탕은 수용액 중에서 용해되어 탈수제로 작용하기 때문에 전분의 유효수분함량이 감소되고 노화를 억제시킴

61   정답 ①

전분의 호정화는 전분에 물을 가하지 않고 비교적 높은 온도에서 가열하면 가용성 전분을 거쳐 덱스트린으로 가수분해되어 일어나는 현상으로 전분을 160~170℃로 가열하면 쉽게 덱스트린을 얻을 수 있다.

62   정답 ③

전분은 보통 20~30%의 아밀로오스와 70~80%의 아밀로펙틴으로 구성되어 있는데 찹쌀, 차조, 찰옥수수 전분은 거의 아밀로펙틴으로만 구성되어 있다.

63   정답 ⑤

조리시 중조를 첨가하게 되면 알칼리성으로 인해 티아민, 아스코르브산 등이 파괴되며 섬유소의 연화, 클로로필린의 생성으로 초록색이 보유된다.

64   정답 ①

두류의 조리를 단시간에 연하게 하는 방법으로 콩 중량의 0.3% 농도의 탄산수소나트륨을 가하여 알칼리성으로 하면 연화가 촉진된다.

65   정답 ④

과일은 숙성되면서 크기의 증가, 과일 특유의 색으로 전환, 유기산의 함량 감소, 전분의 분해로 인한 당함량의 증가, 수용성 타닌의 감소, 불용성 프로토펙틴에서 가용성 펙틴으로의 전환 등이 일어난다.

66   정답 ①

신선한 계란의 난백은 유백색으로 광택이 있는 담황색을 띠고 있는데, 이것은 리보플라빈에 기인한 것이다.

67   정답 ⑤

분질감자와 점질감자

분질 감자	• 익히면 희고 불투명하며 파삭파삭해진다. • 이 감자는 잘 부서지므로 매시드 포테이토와 같이 굽거나 쪄서 으깨는 요리에 적당하다. • 비중이 높을수록 잘 부서진다.
점질 감자	• 가열하면 투명해 보이고 촉촉하며 끈기가 있다. • 이 감자는 조리시 부서지지 않으므로 샐러드와 볶음요리에 적당하다.

68   정답 ②

감자는 껍질을 벗기거나 썰어두게 되면 갈변이 일어난다. 이는 감자에 존재하는 티로신이 티로시나아제의 작용을 받아 멜라닌을 형성하기 때문이다. 티로시나아제는 수용성이므로 껍질을 벗기거나 썬 감자를 물에 담가두면 갈변을 막을 수 있다. 또한 가열하면 이 효소가 불활성화되므로 갈변이 억제된다.

69   정답 ①

곡류의 외피에 있는 성분에는 조섬유, 조단백, 회분 등이 있다.

70   정답 ⑤

물의 양은 쌀의 특성 및 품종, 가열조건, 밥솥의 종류 등에 따라 다르다.

71   정답 ③

밀가루에 물을 넣고 반죽하면 글루텐이 형성되며 반죽을 오래할수록 글루텐의 점탄성이 강해진다. 설탕과 지방은 글루텐 형성을 방해하고 소금은 글루텐의 강도를 높여 준다.

72   정답 ②

제빵시 액체재료의 역할은 각 성분의 용매, 글루텐의 형성, 전분의 호화, 증기에 의한 팽창효과, 효모세포 등 성분분산, 베이킹파우더의 반응유도 등을 들 수 있다.

73 정답 ③

알긴산은 다시마, 미역 등에 많이 들어 있는 끈적끈적한 물질이다.

74 정답 ②

유지는 탄소수가 많을수록, 포화도가 높을수록 융점이 높아진다.

75 정답 ①

유지를 가열하면 중합이 일어나면서 요오드가는 감소한다.

76 정답 ②

계란의 단백질은 밀가루 반죽의 글루텐을 도와주어 질긴 질감을 준다. 계란의 단백질을 가열하면 응고함에 따라 구조를 형성하는 글루텐을 돕는 역할을 하고, 제품을 단단하게 해주며, 사용량이 많으면 제품이 질기고 뻣뻣해진다.

77 정답 ⑤

식품 조리시 유지의 역할은 연화, 반죽 시의 공기포함, 열 전달매체, 유화, 갈변 등이다.

78 정답 ①

전분은 식물의 저장 탄수화물로 동물체의 에너지원으로 이용된다. 동물체에는 글리코겐의 형태로 저장된다.

79 정답 ③

정백도에 따른 쌀의 일반성분 중 당질은 현미 72.5, 5분도미 74.5, 7분도미 75.6, 백미 76.6이다.

80 정답 ①

유지의 조리성
- **풍미성** : 식품의 맛을 좋게 함
- **열 매체** : 비열이 낮기 때문에 열 매체로서 이용
- **방수성** : 물과 혼합되지 않기 때문에 식품이 용기에 접착되지 않게 함
- **쇼트닝성** : 밀가루 제품을 부드럽게 만드는 작용
- **크리밍성** : 고형지방은 교반에 의하여 기름 내부에 공기를 품는 성질
- 물보다 비중이 작아서 우유에서 생크림을 분리 응용할 수 있음

81 정답 ⑤

튀기는 식품에 당이나 수분의 함량이 많거나 식품의 표면적이 크면 기름의 흡수량이 많아지며, 튀김기름의 온도가 낮거나 시간이 길어도 기름의 흡수량이 많아진다.

82 정답 ④

프렌치드레싱은 유화제가 들어 있지 않은 일시적 유화액이다.

83 정답 ①

버터는 유중수적형이다.

84 정답 ③

비타민 B_2는 광선에 약하므로 우유를 보관할 때는 광선을 피하도록 주의해야 한다.

85 정답 ②

우유의 균질화는 지방구를 작게 하는 과정이다.

86 정답 ①

식혜는 쌀 전분을 완전 호화시킨 후에 엿기름 물의 아밀라아

제로 쌀전분을 포도당과 맥아당으로 가수 분해시킨 다음 그 물에 밥알을 띄워서 마시는 음료이다.

87 　　　　　　정답 ①

해조류의 분류
- **갈조류** : 미역, 다시마, 톳
- **홍조류** : 김, 우뭇가사리
- **녹조류** : 파래, 청각 등

88 　　　　　　정답 ②

서양식 요리법
- **스튜잉** : 우리나라의 찜과 같이 충분한 물을 넣고 약한 불로 육질이 부드럽게 될 때까지 끓이는 방법이다.
- **로스팅** : 육류를 오븐 속에서 건열로 조리하는 방법이다.
- **팬브로일링** : 기름을 두르지 않은 소스팬을 뜨겁게 하여 식품을 넣고 뚜껑을 하지 않는 채로 조리하는 방법이다.
- **브로일링** : 브로일러를 이용하여 직화로 음식을 구워 내는 조리법이다.

89 　　　　　　정답 ③

신선한 어패류는 껍질에 광택이 나며 시간이 경과됨에 따라 색채와 광택이 흐려진다.

90 　　　　　　정답 ②

메일라드 반응은 아미노카르보닐 반응이라고도 하는데 이는 비효소적 갈변반응으로 가열에 의한 단백질 또는 아미노산이 환원당 또는 카르보닐 화합물과 반응하여 갈색의 멜라노이딘을 형성하는 반응이다.

91 　　　　　　정답 ①

자가소화란 죽은 생물체의 조직을 구성하고 있는 물질이 사후경직기를 지나 그 조직 속에 함유되어 있는 효소의 작용에

의해 분해되는 일을 말한다.

92 　　　　　　정답 ②

우유의 카세인 단백질은 산이나 레닌에 의해 침전된다.

93 　　　　　　정답 ①

자연색소를 최대한 보존케 하는 것이 채소의 조리 목적이다.

94 　　　　　　정답 ④

달걀조리
- **열응고성 이용** : 달걀찜, 커스터드, 푸딩, 크로켓, 만두소
- **기포성 이용** : 스펀지케이크, 엔젤케이크
- **유화성 이용** : 마요네즈, 아이스크림

95 　　　　　　정답 ①

우유의 가열에 의한 변화
- 단백질의 응고
- 맛에 대한 영향
- 갈색화 반응
- 지방구의 응집
- 요오드의 휘발
- 우유의 눌러타기
- 피막의 형성
- 냄새의 생성

96 　　　　　　정답 ①

점탄성 있는 한천용액을 만드는 데 영향을 주는 요인은 한천용액의 pH, 교반정도, 첨가물질, Agaricacid의 칼슘염 등이다.

97 　　　　　　정답 ⑤

식품의 냉동은 효소작용의 억제와 미생물의 증식 억제 등을 통하여 식품의 장기보존 및 영양손실 방지, 풍미유지 등이 가능하다.

98   정답 ③

난백은 지질의 함량이 거의 없는 반면에, 난황은 30% 정도의 지질을 함유하고 있으며, 다량의 인지질을 함유하고 있다.

99   정답 ①

난백의 기포성은 난백의 점도가 농후한 것보다 수양난백인 것이 더 좋고 거품의 양도 많이 형성된다.

정답
및
해설

71	②	72	③	73	②	74	②	75	④
76	⑤	77	④	78	③	79	①	80	④
81	④	82	①	83	⑤	84	③	85	⑤
86	②	87	④						

01장 급식관리 일반

01   정답 ①

식품위해 요소중점관리기준(HACCP)에 대한 내용이다.

02   정답 ②

식단표는 요리명, 식품명, 중량, 대치식품, 단가 등을 기재하여 작성한다.

03   정답 ③

학교급식의 목적은 급식자에게 필요한 충분한 영양섭취에 있다.

04   정답 ①

단체급식에서 신선도를 유지하기 어려운 조개, 생선회는 급식메뉴로 적당하지 않다.

05   정답 ①

식단 작성시 영양면, 기호면, 위생면, 경제면, 지역적인 측면을 고려해야 한다.

06   정답 ①

집단급식소란 영리를 목적으로 하지 않고 상시 50인 이상의 특정 다수인에게 일정하게 급식하는 것을 말한다.

07   정답 ②

집단급식 시 고려하여야 할 점으로 경영자를 위한 경비절감은 해당되지 않으나 식단의 경제성을 고려함은 빠뜨릴 수 없

▌ 01장 급식관리 일반

01	①	02	②	03	③	04	①	05	①
06	①	07	②	08	③	09	②	10	②
11	③	12	④	13	②	14	⑤	15	①
16	②	17	①	18	①	19	③	20	⑤
21	②	22	④	23	④	24	⑤	25	③
26	⑤	27	④	28	③	29	②	30	⑤
31	①	32	②	33	①	34	③	35	⑤
36	②								

▌ 02장 급식의 구체적 관리

01	③	02	③	03	①	04	①	05	③
06	③	07	⑤	08	④	09	⑤	10	②
11	③	12	⑤	13	②	14	⑤	15	④
16	⑤	17	②	18	④	19	①	20	⑤
21	⑤	22	④	23	②	24	①	25	④
26	①	27	②	28	③	29	⑤	30	①
31	⑤	32	④	33	⑤	34	②	35	③
36	④	37	④	38	④	39	②	40	⑤
41	④	42	③	43	④	44	⑤	45	②
46	⑤	47	②	48	⑤	49	②	50	③
51	①	52	⑤	53	⑤	54	⑤	55	①
56	④	57	⑤	58	①	59	②	60	⑤
61	⑤	62	③	63	④	64	②	65	⑤
66	②	67	①	68	①	69	①	70	②

는 사항이다.

08   정답 ③

생산량 증감에 따라 그 총액이 변화하는 원가를 변동비라고 한다.

09   정답 ②

조리장을 신축 또는 개축할 때 위생적인 면 > 능률적인 면 > 경제적인 면의 순서로 고려해야 한다.

10   정답 ②

조리장은 식당 넓이에 비해 일반적으로 1/3 정도 차지한다.

11   정답 ③

일정 기간 동안의 구입단가 합계액을 구입횟수로 나누어서 얻은 평균 구입단가를 재료소비단가로 하는 방법을 단순평균법이라 한다.

12   정답 ④

조리실의 가열대에 장치하는 후드는 사방에서 공기를 흡수할 수 있는 4방형이 가장 효율적이다.

13   정답 ②

원가관리를 효율적으로 하기 위해 사용되는 것은 표준원가계산이며, 실제원가의 통제기능을 한다.

14   정답 ⑤

원가계산의 목적은 가격결정의 목적, 원가관리의 목적, 예산편성의 목적, 재무제표의 목적 등이 있다.

15   정답 ①

원가요소 발생에는 재료비, 경비, 노무비 등이 있다.

16   정답 ②

원가계산의 원칙
- 진실성의 원칙
- 발생기준의 원칙
- 계산경제성의 원칙
- 확실성의 원칙
- 정상성의 원칙
- 비교성의 원칙
- 상호관리의 원칙

17   정답 ①

원가계산의 시점에 따른 분류에서 제품이 제조된 후 그 제품의 제조를 위해 실제로 소비된 경제가치를 원가로 산출한 것을 실제원가, 확정원가, 현실원가, 보통원가라고 한다.

18   정답 ①

원가계산의 최종 목표는 각 제품 1단위당 제조원가를 계산하는 것이다.

19   정답 ③

생산량의 증감에도 불구하고 그 원가의 총액이 변화되지 않는 원가를 고정비라 한다.

20   정답 ⑤

식단작성

식단작성 목적	• 건강에 도움을 주기 위함 • 우수한 영양소를 함유한 식품섭취
식단작성 순서	• 급여 영양량의 결정 • 식품 섭취량 산출 • 3끼 영양량의 분배결정 • 음식수 계획 • 식품구성의 결정 • 미량영양소의 보급방법 • 식단표의 작성 • 식단평가

식단작성 시 고려사항	• 급식대상 및 목적의 파악 • 식습관과 기호성 • 조리 소요시간 및 조리방법 • 예산에 알맞은 식품소비 • 조리에서 배식까지의 노동시간 • 계절식품 및 가공식품 이용

21　　　　　　　　　　정답 ②

각기 다른 기호를 만족시키기에는 어렵다.

22　　　　　　　　　　정답 ④

분산식 배식방법은 냉동차나 보온차로 음식을 각 변동으로 옮기고 간이주방에서 쟁반에 담아 환자에게 배식하게 되며 급식을 감독하는 영양사가 각 주방마다 배치되어 있다.

23　　　　　　　　　　정답 ④

가격은 식품구성표를 이용하여 비교할 수 없다.

24　　　　　　　　　　정답 ⑤

단체급식의 문제점	
영양면의 문제	• 영양가 산출이 잘못된 경우 • 기호성이 낮은 이유로 섭취를 안 하는 경우 • 필요 영양량이 개인의 체격과 체질에 따라 다름
위생면의 문제	• 대규모 급식이므로 종업원 위생교육과 시설 및 기기의 위생 관리가 매우 중요함
비용면의 문제	• 대부분의 급식소가 예산 책정에 여유분을 두지 못하여 급식비를 줄이기 위해 인건비, 시설비를 절약하고 있어 피급식자의 욕구를 충족시키지 못하고 있음
심리면의 문제	• 가정식에 대한 향수로 급식에 적응을 못하거나 개인의 기호 경향을 무시한 채 획일적인 단일식단이 문제시됨

25　　　　　　　　　　정답 ③

보존식이란 만약의 사고에 대비하여 이를 역학적으로 조사하여 정확한 식중독 원인이 무엇인지를 규명하기 위한 음식을 말한다.

26　　　　　　　　　　정답 ⑤

표준레시피 작성에는 여러 가장 항목들이 포함되어야 한다. 즉, 재료를 혼합하는 방법, 1인 분량의 수와 크기, 조리방법, 재료의 양, 1인분의 가격, 1인 분량당의 영양소 등이다.

27　　　　　　　　　　정답 ⑤

식단작성 시 고려해야 할 사항
• 급식대상자의 영양필요량 • 식습관과 기호성 • 식품의 배합과 조리기술 • 예산에 알맞은 식품소비 • 조리에서 배식까지의 노동시간 • 노동력과 필요기구의 이용

28　　　　　　　　　　정답 ③

조합급식제도는 피급식자의 기호를 충족시켜 주는 것이 부족하여 쉽게 싫증을 느끼게 한다.

29　　　　　　　　　　정답 ②

한국인 영양권장량을 기준으로 한 식품군별 구성량의 예를 사용해 식품군별로 식품을 선택하고 섭취량을 산출한다. 탄수화물은 총 열량의 65%, 지방 20%, 단백질 15%이다.

30　　　　　　　　　　정답 ⑤

조리기기의 선정조건으로는 조리방법에 의한 설정, 성능면, 내구성, 유지관리면, 경제면 등을 고려해야한다.

31 정답 ①

영양사의 직무는 식단, 식재료, 시설설비, 위생, 작업, 인력관리 등 사람, 시설 및 운영에 관련된 사무를 하며, 급식단가의 최종 결정은 경영진에서 결정한다.

32 정답 ②

학교급식 발달단계
- **구호급식기**(1953~1972) : 전쟁고아, 극빈아동을 대상으로 외부자원에 의한 구호급식
- **자립급식기**(1973~1977) : 원조에서 탈피해 정부 및 학부모의 힘으로 빵을 급식
- **제도확립기**(1978~1983) : 학교급식법 제정 공포 (1981.1.29)

33 정답 ①

단체급식별 고유 목적
- **학교급식** : 학생의 심신발달 및 편식교정
- **병원급식** : 치료목적
- **산업체 급식** : 집단의 생산성, 복리후생의 일환, 작업 능률성 향상

34 정답 ③

영양가, 위생 등을 고려하여 무조건적인 급식비용의 감소는 단체급식의 문제점이 된다.

35 정답 ⑤

전통적 급식제도란 모든 음식 준비가 한 주방에서 이루어져서 같은 장소에서 소비되는 제도로서 생산과정에서 소비되는 시간이 짧고 음식을 만드는 즉시 따뜻하게 하거나 차게 하여 먹게 된다. 따라서 음식 수요가 과다할 경우에는 공급에 어려움이 있을 수 있다.

36 정답 ②

중앙공급식 제도의 장·단점
장점	• 시설과 노동력의 절감 • 최소의 공간에서 급식 가능 • 음식의 질과 맛의 통일화 • 식재료의 대량구입에 따른 식재료 구입비 절감
단점	• 음식물 운송시설의 투자 필요 • 음식물 운반시의 음식의 안전성 문제 • 중앙에 투자비용이 많이 듦 • 위성급식소에 음식의 재가열기기의 설치 필요

02장 급식의 구체적 관리

01 정답 ③

라인과 스탭
라인조직	스탭조직
• 집행적 기능 • 결정권 및 명령권이 있음 • 경영의 목적달성에 직접 기여 • 스탭의 권고를 참고할 의무와 거부할 자유	• 정보수집, 조사, 계획 • 결정권 및 명령권이 없음 • 경영목적, 달성에 간접 기여 • 라인에 권고, 조언의 서비스 제공

02 정답 ③

관대화경향과 중심화경향은 고과 평정자가 실제로 평정을 행할 경우에 일반적으로 일어나기 쉬운 가치판단상의 심리적 오차경향인데 이를 항상오차라고도 한다.

03 정답 ①

작업개선의 원칙
목적추구의 원칙	• 최종 목적의 실행을 추구하는 원칙

배제의 원칙	• 작업의 최종목적을 달성하기 위하여 현재 필요한 것 이외의 불필요한 요소는 배제
선택의 원칙	• 하나의 목적을 달성하기 위하여 여러 가지 수단과 방법 중 가장 효과적인 방법의 선택
호적화 (합리화)의 원칙	• 작업개선의 방법이 아무리 효과적이라고 해도 개선의 여지는 또 남아 있으므로 더욱 정연화하고 최종적인 합리화를 기하는 것 • 전문화 원칙, 단순화 원칙, 기계화 원칙, 표준화 원칙

04 　　　　　　　정답 ①

작업연구의 목적
• 복리증진
• 생산단가의 저하
• 생산능률의 향상
• 종업원의 능률 향상
• 작업방법을 개선하여 작업표준 설정

05 　　　　　　　정답 ③

OJT(On-the-Job Training)는 종업원이 직무에 관한 지식과 기술을 현직에 종사하면서 감독자의 지도하에 훈련받는 현장실무 중심의 현직훈련으로서 직무훈련이라고도 한다. 이 훈련의 장점은 일을 하면서 훈련을 할 수 있고, 종업원의 습득 정도나 능력에 맞춰 훈련을 할 수 있으며, 상사나 동료 간의 이해와 협조정신을 높일 수 있다.

06 　　　　　　　정답 ③

배치, 이동의 원칙
• 적재적소주의 : 존중하기 때문에 어떤 사람이 그가 소유하고 있는 능력과 성격 등의 면에서 최적의 직위에 배치되어서 최고도의 능력을 발휘하는 것을 기대한다. 여기에 적재를 적소라는 원칙이 지배한다.
• 실력주의 : 실력, 즉 능력을 발휘할 수 있는 영역을 제공하며 그 일에 대해서 올바르게 평가하고 평가된 실력과 업적에 대해서 만족할 수 있는 대우를 하는 원칙

을 말한다.
• 인재육성주의 : 사람을 사용하는 방법에는 사람을 소모시키면서 사용하는 방법과 사람을 성장시키면서 사용하는 방법이 있다. 장기적으로 보면 후자가 뛰어나다는 것을 말하지 않아도 알 수 있다.
• 균형주의 : 직장은 사람과 사람의 관계로 이루어진 하나의 사회이기 때문에 배치 및 이동에 대하여 단순히 본인만의 적재적소를 고려할 것이 아니라 상하좌우의 모든 사람에 대해서 평등한 적재적소와 직장 전체의 적재적소를 고려할 필요가 있다.

07 　　　　　　　정답 ⑤

인사고과는 임금관리, 인사이동, 교육훈련과 종업원 사이의 능력을 비교하는 데 자료로 쓰인다.

08 　　　　　　　정답 ④

식품저장창고의 구분
• 건조창고 : 전체 창고의 50% 정도
• 냉동창고 : 전체 창고의 15% 정도
• 냉장창고 : 전체 창고의 35% 정도

09 　　　　　　　정답 ⑤

⑤는 검수담당자의 업무가 아니라 창고관리 담당자의 몫이다.

10 　　　　　　　정답 ②

식품재료를 접수할 때에는 공급자가 물품을 발송하였다는 통지서인 납품서를 주문서와 대조하여야 한다.

11 　　　　　　　정답 ③

상여수당비는 노무비에 해당한다.

12 　　　　　　　정답 ⑤

피급식자의 다양한 기호를 모두 맞추기는 어렵다.

13
정답 ②

수의계약의 장·단점

장점	단점
• 절차가 간편하고 경비와 인원을 줄일 수 있다. • 신용이 확실한 업자를 선정할 수 있다. • 신속하고 안전한 구매가 가능하다.	• 구매자의 구매력이 제한된다. • 불리한 가격으로 계약하기 쉽다. • 의혹을 사기 쉽다. • 숨은 유능한 업자를 발견하기 어렵다.

14
정답 ②

경쟁입찰계약의 장·단점

장점	단점
• 공평하고 경제적이다. • 새로운 업자를 발견할 수 있다. • 정실·의혹을 방지할 수 있다.	• 자본, 신용, 경험 등의 불충분한 업자가 응찰하기 쉽다. • 긴급할 때 조달시기를 놓치기 쉽다(단계가 복잡). • 업자 담합으로 낙찰이 어려울 때가 있다. • 공고부터 개찰까지의 수속이 복잡하다.

15
정답 ④

위탁경영에서는 이사, 노사관리를 직접적으로 하지 않아도 되는 편의성이 있다.

16
정답 ⑤

작업의 단순화, 분업화, 표준 작업시간 연구와 동작의 경제성을 고려하는 것, 모두 능률적인 관리를 위한 작업방침이라 할 수 있다.

17
정답 ②

직무명세서란 직무분석의 결과를 인사관리의 특정한 목적에 맞도록 세분화시켜서 구체적으로 기술한 문서로, 직무의 특성에 중점을 두어 간략하게 기술된 직무기술서를 기초로 하여 직무의 내용과 직무에 요구되는 자격요건, 즉 인적 특징에 중점을 두어 일정한 형식으로 정리하였다. 주로 모집과 선발에 사용되며 여기에는 직무의 명칭, 소속 및 직종, 교육수준, 기능·기술 수준, 지식, 정신적 특성(창의력·판단력 등), 육체적 능력, 작업경험, 책임정도 등에 관한 사항이 포함된다.

18
정답 ④

임금수준을 결정할 때 종업원의 복지비용이 아니라, 생계비를 고려해야 한다.

19
정답 ①

노동조합의 기능

• **공제적 기능** : 역사적으로 볼 때 가장 오래된 기능으로, 조합내부에 있어서 조합원 상호간의 부조를 자주적으로 하는 대내적인 기능
• **경제적 기능** : 노동조합은 근로조건의 유지, 개선을 목적으로 하는 경제적 단체로써 단체교섭, 쟁의행위 등을 통해 단체협약을 체결하는 집단적 교섭의 기능이라고 할 수 있으며 가장 중추적인 기능
• **정치적 기능** : 경제적 목적을 달성시키기 위하여, 특정 법률의 제정, 개정의 촉구와 반대 등의 정치적인 발언권을 행사하거나, 특정 정당을 지지, 반대하는 등의 정치활동을 전개하는 기능

20
정답 ⑤

① 부스러지지 않아야 한다.
② 모양이 원형이어야 한다.
③ 가운데 심은 없는 것이 좋다.
④ 무거운 것이 좋다.

정답 및 해설

21 정답 ⑤

발주량 결정 시 고려사항
- 급식인원
- 식재료의 1인분량
- 식품의 가식부
- 식단
- 계절적 요인

22 정답 ④

품목의 종류 및 수량 결정 → 급식소의 용도에 맞는 제품 선택 → 식품명세서의 작성 → 공급자 선정 및 가격 설정 → 발주 → 납품 · 검수 → 대금지불 및 물품입고

23 정답 ⑤

인간관계이론은 조직구성원들 간의 인간관계가 생산성에 미치는 영향이 크다고 주장한다.

24 정답 ①

인간관계이론은 조직관리에서 구성원간의 인간관계가 생산성에 중요한 요인임을 주장한다.

25 정답 ④

계획은 경영자로 하여금 목표에 대하여 주의와 관심을 집중시킬 수 있다.

26 정답 ①

상동적 태도는 사람에 대한 경직적인 편견을 가진 지각을 의미하는 것으로 어느 지역 출신, 어느 학교출신이기 때문에 이러할 것이라고 판단하는 것이 대표적인 예이다.

27 정답 ①

통계 및 피드백의 다양화는 계획통제 시의 고려사항이다.

28 정답 ③

효과적인 동기유발의 요인

경제적 동기	• 임금수준이 상대적으로 낮으므로 임금 내지 월급, 보너스, 특별급여 등의 증대와 승급, 승진 등의 경제적 동기를 만족시켜 주는 것
심리적 동기	• 직무에 대한 성취감, 성취한 일에 대한 인정 • 직무책임의 증대 • 불만요인의 제거

29 정답 ⑤

현장실무교육에 대한 설명이다.

30 정답 ①

통제는 탄력적이어야 한다.

31 정답 ⑤

과학적 관리법은 차별성과급제도 등을 필요로 한다.

32 정답 ④

종업원의 승진, 다른 부서로의 이동, 재고용 등은 내부 모집의 형태이다.

33 정답 ⑤

만능공 양성은 전직과 같이 수평이동의 내용이다.

34 정답 ②

기능식 조직은 관리자의 업무를 전문화하고 다수의 기능적 관리자를 두어서 그들로 하여금 근로자를 전문적으로 지휘, 감독하게 하는 것으로 라인 조직의 단점을 시정하기 위하여 테일러가 제창하였다.

35　　　　　　정답 ③

③은 비공식적 조직의 특징이다.

36　　　　　　정답 ④

④는 중간관리층의 기능이다.

37　　　　　　정답 ④

직무평가방법
- **양적 방법** : 점수법, 요소비교법
- **비양적 방법** : 서열법, 분류법

38　　　　　　정답 ④

관리의 집중화가 아니라 분권화이다.

39　　　　　　정답 ②

공식적 커뮤니케이션과 비공식적 커뮤니케이션의 장·단점

구분	공식적 커뮤니케이션	비공식적 커뮤니케이션
장점	• 의사소통이 확실하고 편리함 • 권위관계를 유지·향상시킬 수 있음 • 전달자·수신자의 책임한계가 분명함	• 내면적 욕구를 충족시킬 만큼 다양함 • 신속, 융통적, 신축성 • 임기응변의 가능
단점	• 조직 내의 의사소통은 완전히 충족시키지 못함 • 인간의 다양한 내면을 충족시키지 못함 • 인간관계적 욕구를 충족시키지 못함 • 조직을 경직화·엄격화·정태화시킴 • 비융통적·획일적 조직을 형성함	• 왜곡되기 쉬움 • 상관의 권위가 왜곡되기 쉬움 • 사기저하가 되기 쉬움 • 공식적 의사결정에 이용하기 곤란함 • 책임소재가 불분명함 • 부정확하기 쉬움

40　　　　　　정답 ⑤

⑤는 포드시스템의 내용이다.

41　　　　　　정답 ④

라인조직은 조직구조가 단순하다.

42　　　　　　정답 ③

직무평가란 직무의 상대적 가치를 결정하는 것으로 그 목적은 임금격차의 합리적 책정에 있다.

43　　　　　　정답 ④

직무평가의 방법
- **서열법** : 각 직무를 전체적 관점에서 상호 비교하여 그 순위를 결정
- **분류법** : 일정한 기준에 따라서 사전에 설정해 놓은 여러 등급에 각 직무를 판정하여 이에 맞추게하는 평가방법
- **점수법** : 직무를 각 구성요소별로 그 중요도에 따라 점수를 준 후에 이 점수를 총계하여 직무의 가치를 평가하는 방법
- **요소비교법** : 가장 핵심이 되는 몇 개의 직무를 기준으로 선정하고 각 평가요소를 이 기준 직무의 평가요소와 비교함으로써 모든 직무의 상대적 가치를 결정하는 방법

44　　　　　　정답 ⑤

평정척도법은 단계식과 도표식이 있으며 분석적 능력이나 과단성, 창조성, 리더십, 직무성, 조정 및 정서적 안정성 등의 전형적인 평가요소를 중심으로 사전에 정해진 등급에 따라 평가하는 방법으로 평가요소의 비교 결정이 어렵다.

45　　　　　　정답 ②

논리적 오차란 평가항목의 의미를 서로 연관시켜 해석함으로써 적용할 때 발생하는 오류이다.

정답
및
해설

46 정답 ⑤

식품명세서는 식품에 관한 여러 가지 자세한 내용들을 제시함으로써 구매할 때 공급자와 구매자 간의 원활한 의사소통을 위해 사용되며, 납품수령할 때 물품 점검의 기본서류가 된다.

47 정답 ②

경영의 관점에서 볼 때 모티베이션이란 개인과 집단의 행동이 조직목표의 성취로 향하게 그 행동의 방향과 정도의 영향력을 행사하려는 경영자 측의 의식적인 시도라고 정의할 수 있다.

48 정답 ⑤

직장 외 훈련은 경제적 비용이 크게 소요되고 중소기업에서 사실상 실시하기가 어렵다.

49 정답 ②

T.W.I는 감독자로서의 조건을 갖추기 위해 실시되는 훈련으로서, 3대 기본과정을 거친다.

50 정답 ③

구매시장조사의 원칙으로는 경제성의 원칙, 적시성의 원칙, 탄력성의 원칙, 정확성의 원칙, 계획성의 원칙 등이 있다.

51 정답 ①

복리후생관리의 3원칙
- **적정성의 원칙** : 모든 종업원에게 절실히 필요하고 경비부담에 알맞으며 동종 산업이나 그 지역 내의 산업에 비하여 크게 차등이 없는 정도의 복리후생을 하는 것이 적당하다는 원칙
- **합리성의 원칙** : 기업의 복리후생에 관한 시설 및 제도에 있어 국가나 지역사회에 의해 추진되는 것과 서로 중복되거나 관련성이 결여되는 일이 없이 합리적으로 조정 및 관리되어야 한다는 원칙
- **협력성의 원칙** : 복리시설은 기업 내적인 노사 간의 협력으로 공동 운영되어야 한다는 원칙

52 정답 ③

T.W.I(Training Within Industry)는 감독자들(영양사 등)을 대상으로 하는 공장 내, 직장 내의 훈련방식으로, 계장, 반장 및 조장 등과 같은 현장감독자의 지도, 통솔력 양성과 관리에 기초적인 지식, 기술배양이나 능력의 향상을 목적으로 실시되는 훈련이다.

53 정답 ⑤

상품의 가격결정에 영향을 미치는 요인
- 상품의 원가 및 성질
- 시장의 특수성(시장규모, 지리적 위치, 구매빈도, 구매관습 등)
- 시장수요의 탄력성
- 경쟁업체의 가격
- 유통과정의 마진
- 기업의 마케팅 및 심리적 요인 등

54 정답 ③

지명경쟁입찰은 업자 간의 업무내용이 동일하므로 업자 간에 담합할 기회가 많다.

55 정답 ①

전수검사법은 납품 물품을 하나하나 전부 검사하는 방법으로 전수검사를 손쉽게 할 수 있는 경우와 보석류나 고가품목의 경우에 실시되는 방법이다.

56 정답 ④

후입선출의 원칙이 아니라 선입선출의 원칙이다.

57 정답 ⑤

작업개선의 원칙
- **목적추구의 원칙** : 최종 목적의 실행을 추구하는 것
- **배제의 원칙** : 작업의 최종 목적을 달성하기 위하여 현재 필요한 것 이외의 불필요한 요소는 배제

- **선택의 원칙** : 하나의 목적을 달성하기 위하여 여러 가지 수단과 방법 중 가장 효과적인 방법의 선택
- **호적화의 원칙(합리화의 원칙)** : 작업개선의 방법이 아무리 효과적이라고 해도 개선의 여지는 또 남아 있으므로 더욱 정연화하고 최종적인 합리화를 기하는 것

---

58   정답 ①

생계비는 최저임금수준을 결정하는 중요한 기준이 된다. 반대로 임금수준의 상한선을 결정하는 기준은 기업의 지불능력이다.

---

59   정답 ②

수의계약에 더 유리한 것은 비저장 품목이다.

---

60   정답 ⑤

중앙구매를 할 경우 구매가격의 인하, 비용의 절감, 일관된 구매방침 확립, 공급력의 개선 등의 효과가 있으나, 구매부서를 거치기 때문에 구매절차와 수속이 복잡해진다. 반면에 독립구매의 경우는 각 단위급식소에서 구매업무를 수행하므로 구매절차가 간단하다.

---

61   정답 ⑤

식품구매시에는 식품의 규격과 품질이 좋은 것인지, 제철 계절식품으로써 저렴하고 영양가가 높은 것인지, 폐기 부분이 적고 가식부율이 높은 것인지, 그리고 식품의 유통단계로 보아 저렴하게 구입 가능한 장소인지 등을 고려해야 한다.

---

62   정답 ③

구매명세서의 내용은 물품 또는 서비스의 용도 및 요구사항, 물품 또는 서비스에 대한 정확한 명칭, 상품명, 품질 및 등급, 크기, 형태, 폐기율, 포장규격, 포장단위, 포장의 재질, 가공공정 및 저장방법, 산지, 숙성 정도 등을 포함한다.

---

63   정답 ①

조직 내에서의 공식적인 관계는 권한, 의무, 책임의 세 가지 기본관계로 형성되며, 직무에 동등하게 부여되어야 한다는 것이 삼면등가의 원칙이다.

---

64   정답 ②

구매명세서는 간단하고 명확해야 한다.

---

65   정답 ⑤

산란 직전의 것이 맛이 좋다.

---

66   정답 ②

경영관리이론의 역사적 순서
- 고전적 관리이론 – 1890년대
- 행동이론 – 1930년대
- 시스템이론 – 1950년대
- 상황이론 – 1960년대 이후 등장

---

67   정답 ①

고전적 관리이론에는 과학적 관리법, 관리일반이론, 관료이론이 있다.

---

68   정답 ①

리더십, 동기부여, 의사소통은 지휘과정에서 필요한 세분적 기능이고 미래 지향성, 통제의 용이, 의사결정 촉진은 계획수립에 필요하다.

---

69   정답 ①

벤치마킹이란 경영기법의 하나로서, 뛰어난 상대로부터 우수한 점을 찾아 배우는 것을 말한다.

정답 및 해설

70 정답 ②

성취감은 동기 요인이다.

71 정답 ②

SWOT 분석이란 어떤 기업의 내부환경을 분석하여 강점과 약점을 발견하고 외부환경을 분석하여 기회와 위험을 찾아내어 이를 토대로 강점은 살리고 약점은 없애고 기회는 활용하고 위협을 억제하는 마케팅 전략을 말한다.

72 정답 ③

안전재고는 재고고갈의 가능성을 줄이기 위하여 기업이 보유하고 있는 일정량의 여유재고분으로 재고 고갈로 인한 기회비용은 감소시키지만 재고유지비용은 증가시킨다.

73 정답 ②

ⓒ과 ⓔ은 직능식 조직에 대한 내용이다.

74 정답 ②

물적 작업조건도 작업능률에 영향을 미치지만, 작업원들의 심리적 만족요인이 보다 더 조직의 능률에 영향을 미친다는 것이다.

75 정답 ④

분권적 조직은 권한이 분산되므로 하부관리자의 자주성, 창의성이 증가하고 사기도 높아지고 책임감도 강해진다. 또한 관리계층의 단계가 감소하므로 의사소통이 신속 정확하게 이루어질 수 있으며, 최고 경영층은 일상적 업무에 대한 부담이 경감되므로 보다 중요한 업무에 전념할 수 있다. 반면 집권적 조직의 단점은 최고경영층이 독재적으로 지배하려는 경향이 커서 하위관리자의 창의성 발휘가 어렵고 관리계층의 단계가 증가되어 명령, 지시가 신속, 정확성을 잃게 되고 보고가 늦어지게 된다.

76 정답 ⑤

직장훈련(OJT)은 직장 내부에서 이루어지는 것으로 직무를 수행하는 과정에서 직무에 관한 지식과 기술을 습득시키면서 훈련시키는 방법이다. ⑤의 경우는 직장 외 훈련의 내용이다.

77 정답 ④

테일러의 과학적 관리법의 운용제도에는 기획부제도, 기능적 직장제도, 작업지도 카드제도, 차별적 성과급 제도가 있다.

78 정답 ③

기능식 조직은 테일러에 의하여 과학적 관리법에서 창안하였다.

79 정답 ①

①은 복리후생제도의 특징이다.

80 정답 ④

부문의 집행기능은 하부 감독층의 기능이다.

81 정답 ④

기업의 경영이 반드시 이윤극대화만을 위해 활동하는 것이 아니라 기업의 사회적 · 환경적 책임 등을 고려하여야 한다.

82 정답 ①

매슬로우는 욕구의 계층을 5단계로 생리적 욕구, 안전욕구, 소속욕구, 존경욕구, 자아실현 욕구로 나누고, 저차원의 욕구가 충족되어야 고차원의 욕구로 이행한다는 것이다. 따라서 한번 충족된 욕구는 행동의 동기부여가 되지 못한다고 설명한다.

83 정답 ⑤

> **조직화의 기본 요소**
> - 직능에 따라 부문화가 이루어짐
> - 조직구성원에게 직무가 부여됨
> - 직무에 알맞은 권한이 할당됨

- 조직구성원에게 책임의 명확한 규정이 있어야 함
- 직위가 부여됨
- 조직 전체의 관점에서 상호관계가 규정되어야 함

84 　　　　　　　　　　정답 ③

관리범위란 한 사람의 관리자가 효과적이고 능률적으로 통제할 수 있는 부하의 수를 말한다.

85 　　　　　　　　　　정답 ⑤

최종구매가법이란 가장 최근의 단가를 이용하여 산출하는 방법으로, 급식소에서 가장 널리 사용되며 간단하고 빠른 방법이다.

86 　　　　　　　　　　정답 ②

알더퍼의 ERG이론에서는 상위욕구가 영향력을 행사하기 전에 하위욕구가 반드시 충족되어야 한다는 매슬로우의 욕구 5단계설의 가정을 배제하였다. 즉, 한 가지 이상의 욕구가 동시에 작용할 수 있다는 것이다.

87 　　　　　　　　　　정답 ④

관료제이론은 막스 베버에 의하여 주장된 조직이론으로 논리와 질서, 그리고 합법적 권한에 근거한

2교시 필기시험

3과목

식품위생
정답 및 해설

▍01장 식품위생관리

01	①	02	⑤	03	⑤	04	①	05	⑤
06	①	07	①	08	①	09	①	10	①
11	①	12	④	13	③	14	①	15	③
16	①	17	②	18	⑤				

▍02장 식중독

01	⑤	02	②	03	①	04	⑤	05	②
06	③	07	①	08	①	09	①	10	②
11	③	12	①	13	⑤	14	④	15	②
16	①	17	②	18	①	19	④	20	③
21	③	22	③	23	①				

▍03장 공중보건

01	⑤	02	①	03	⑤	04	②	05	③
06	③	07	①	08	⑤	09	②	10	④
11	②	12	②	13	②	14	②	15	③
16	⑤	17	①	18	⑤	19	①	20	③
21	④	22	①	23	③				

▍04장 식품첨가물과 식품위생검사

01	⑤	02	③	03	②	04	③	05	⑤

06	⑤	07	②	08	③	09	①	10	④
11	⑤	12	④	13	②	14	①	15	②
16	⑤	17	①	18	⑤	19	①	20	④

▍05장 식품위생행정 및 위생대책

01	③	02	①	03	④	04	①	05	①
06	⑤	07	⑤						

01장 식품위생관리

01 정답 ①

유기성 병해는 물리적 작용으로 생기는 경우, 화학적 작용으로 생기는 경우. 생물적 작용으로 생기는 경우로 나뉘는데 물리적 작용으로 생기는 경우는 조사유지, 가열유지 등이다.

02 정답 ⑤

식품위생법은 식품이 안전하게 제조, 가공, 유통 및 소비될 수 있도록 세부사항을 정하고 있다.

03 정답 ⑤

식품 영양의 질적 향상을 도모하기 위해서이다.

04 정답 ①

해조류는 생육하고 있던 환경인 바닷물에 존재하는 미생물의 지배를 받는다.

05 정답 ⑤

식품위생이라 함은 식품, 첨가물, 기구, 용기, 포장을 대상으로 하는 음식에 관한 위생을 말한다.

06 정답 ①

②는 호기성균이다.

③은 단백분해력이 강해 육류, 어패류와 그 가공품 등을 부패시키는 균이다.
④는 단백분해력이 강한 그람음성균으로 분변오염지표균이 아니다.

07	정답 ①

토양미생물들은 일반적으로 세균이 가장 많으며 방선균, 곰팡이, 효모도 존재한다.

08	정답 ①

냉장은 온도의 저하에 따라 미생물의 생육과 증식을 억제하고, 자기소화를 지연시키거나 억제하여 부패를 늦춤으로써 신선도를 유지하는 것이 목적이다.

09	정답 ①

미생물의 생육에 영향을 미치는 요인은 대개 온도, 수소이온농도, 수분, 산소, 삼투압 등이 있다.

10	정답 ①

세균의 형태는 구균(공모양), 간균(막대모양), 나선균(나사모양) 등이 있다.

11	정답 ①

미생물의 크기 순서는 큰 것부터 곰팡이 > 효모 > 세균 > 바이러스 순이다.

12	정답 ④

글리코겐은 포도당이 일부 전환되어 간과 근육에 저장되고 이는 해당작용과 저장에너지로 이용된다.

13	정답 ③

③은 세균류이다.

14	정답 ①

미생물 발육에 필요한 조건은 수분, 산소, 수소이온농도, 삼투압, 온도, 영양소 등이 있다.

15	정답 ③

산소요구량에 의한 미생물의 분류
• **편성 호기성균** : 산소존재가 절대적으로 필요
• **통성 혐기성균** : 산소유무에 관계없이 증식
• **편성 혐기성균** : 산소존재가 불필요

16	정답 ①

미생물은 보통 75~80%의 수분을 요구하는데 곰팡이의 경우는 55% 이하에서 생육한다. 그러므로 생육필요수분량은 세균 > 효모 > 곰팡이 순이다.

17	정답 ②

세균의 증식온도에 따른 분류
• **저온균** : 최적온도는 15~20℃
• **중온균** : 최적온도는 25~37℃
• **고온균** : 최적온도는 50~60℃

18	정답 ⑤

일반적으로 냉장고의 냉장실 중심부의 가장 이상적인 온도는 4℃ 내외이다.

02장 식중독

01	정답 ⑤

장염비브리오 식중독
• **병원체** : 그람음성 간균, 편모가 있는 콤마상 간균, 통성혐기성, 3% 식염 농도에서 자라는 오염성세균
• **감염경로** : 1차 오염된 근해산 어패류 생식 또는 조리기구를 통해 2차 오염된 어패류 가공식품 섭취

- **증상** : 잠복기는 10~18시간, 수양성 설사와 복통을 주로 하는 소화기 증상, 발열, 두통, 메스꺼움 등이 나타나며 구토는 적음. 중증인 경우 허탈로 인해 사망할 수 있음
- **원인식품** : 어패류 및 그 가공식품
- **예방** : 어패류의 생식금지, 어패류 조리기구의 열탕소독

---

02   **정답 ②**

땜납으로 밀봉한 통조림 식품에서 납과 주석 중독을 볼 수 있다.

---

03   **정답 ①**

플라스틱제의 식기 등에서 포르말린이 식품 중으로 용출되는 경우가 있다.

---

04   **정답 ⑤**

화학적 물질은 인체에 축적되어 독성을 나타내며, 신경장애, 심장마비 등의 증세를 일으킨다(수은, 카드뮴, DDT, 방사성 물질 등).

---

05   **정답 ②**

살모넬라 식중독
- **병원체** : 그람음성, 주모성 편모를 갖는 간균, 통성혐기성, 열에 약함
- **감염경로** : 사람, 가축, 가금류의 분변에 오염된 식품
- **증상**
  - 잠복기는 12~24시간
  - 주요증상은 급성위장염 증세로 메스꺼움, 구토, 설사, 복통 및 발열
  - 중증일 경우 탈수에 의해 혼수, 허탈에 빠져 사망하기도 함
- **원인식품** : 육류 및 그 가공품, 어패류, 어육연제품, 생선요리, 난가공식품, 우유 및 유제품

---

06   **정답 ③**

살모넬라균은 알이나 식육으로부터 2차적으로 오염된 식품류에서도 식중독을 자주 볼 수 있으며, 보균자에 의한 2차 감염을 일으키는 인, 축 공동식중독이다.

---

07   **정답 ①**

조개의 서식 환경은 독성분의 축적과 관련이 있다.

---

08   **정답 ①**

복어 중독은 복어 자신이 생산하는 독소에 의한 동물성 자연독이다.

---

09   **정답 ①**

독버섯의 유독성분
- **무스카린(Muscarine)** : 부교감신경 흥분, 맥박이 느려지고 호흡곤란, 구토, 설사 등 땀버섯, 광대버섯, 마귀광대버섯에 함유
- **무스카리딘(Muscaridine)** : 뇌증상, 광대버섯에 함유
- **뉴린(Neurine)** : 부교감신경 흥분, 침흘림, 호흡곤란, 설사, 사지마비 증상
- **팔린(Phaline)** : 용혈독, 구토, 심한 설사, 혈액뇨, 알광대버섯, 독우산광대버섯 등
- **아마니타톡신(Amanitatoxin)** : 내열성 독소, 심한 설사, 알광대버섯, 독우산광대버섯 등에 함유
- **필쯔톡신(Pilztoxin)** : 평형장애, 강직성 경련, 광대버섯, 마귀광대버섯에 함유

---

10   **정답 ②**

삭시톡신은 조개류의 독성분이다.

---

11   **정답 ③**

알레르기성 식중독
- 원인물질

– 부패과정 중의 히스타민이 원인물질이다.
– 프로테우스모르가니 세균이 관여한다.
• **감염경로** : 히스타민 함량이 많은 붉은살 생선에 프로테우스모르가니가 증식하여 단백질을 분해시키면서 히스타민이 생산되고 이것이 다른 부패 아민류와 알레르기 증상의 식중독을 발생시킨다.

---

12 정답 ①

포도상구균이 생성하는 장독소(엔테로톡신)는 내열성이 강해 120℃에서 20분간 가열해도 파괴되지 않아 일반조리법으로는 파괴할 수 없다.

---

13 정답 ⑤

세균성 식중독과 경구전염병 비교

구분	세균성 식중독	경구전염병
감염원	식품	음료수, 식품
감염균량	대량	미량
병원성과 독력	약하다	강하다
전염성	없다	강하다
잠복기	짧다	길다
증상	일과성	지속적
면역성	없다	형성되는 경우가 많다
격리 필요성	없다	대부분 필요하다

---

14 정답 ④

복어의 독소는 테트로도톡신(Tetrodotoxin)이다.

---

15 정답 ②

오염된 해수가 감염원이 되어 어패류가 직접 오염되고 이들로부터 조리대, 도마, 행주, 식칼 등을 거쳐 간접적으로 다른 식품을 2차 오염시키는 식중독은 장염비브리오 식중독이다.

---

16 정답 ①

살모넬라균은 포유동물이나 조류의 장내에 서식하기 때문에 식육이나 달걀은 이 균에 오염되기 쉬우며, 이것을 사람이 섭취함으로써 발병하는 1차 오염과 쥐나 곤충에 의해서 보균동물이나 보균자의 배설물이 식품에 오염되어 발생하는 2차 오염이 있다.

---

17 정답 ②

보툴리누스균이 생산하는 독소는 신경독이다. 보툴리누스 식중독은 조기치료를 받지 않으면 사망률이 50%에 이르며 식중독 중 치사율이 가장 높다. 치료는 초기에 항독소 혈청 투여가 효과적이다.

---

18 정답 ①

감자의 독성분은 솔라닌으로 싹트는 부분이나 녹색부분에 들어 있으므로 제거한 뒤에 사용한다.

---

19 정답 ④

곰팡이 식중독 중 황변미 중독은 동남아시아산 쌀에 특히 많이 함유되어 있으며, 이는 쌀에 페니실리움 속의 곰팡이(푸른곰팡이)가 번식하여 황색으로 변색되어 신장독, 간장독을 나타낸다.

---

20 정답 ③

장티푸스, 콜레라는 소화기계전염병(경구전염병)에 속한다.

---

21 정답 ③

식중독의 주 증상은 구토, 복통, 설사 등 급성위장염 증세이다.

---

22 정답 ③

식중독의 발생에 영향을 미치는 요인으로는 온도, 습도, 영양분 등을 들 수 있으므로 온도가 높고 습도가 많은 하절기에는 식중독 발생률이 높다.

23 정답 ①

아플라톡신에 의한 식중독은 땅콩, 옥수수, 면실, 두류, 견과류, 밀 등에 곰팡이가 번식하여 인체에 간장독을 일으킨 것이다.

03장 공중보건

01 정답 ⑤

생선류의 내장에 주로 기생하며 대구나 오징어 등을 통해 감염되는 기생충은 아니사키스이다.

02 정답 ①

유구조충이나 선모충, 톡소플라스마는 돼지고기를 생식하거나 충분히 익히지 않고 먹으면 감염된다.

03 정답 ⑤

채소, 과일 소독에는 액체염소, 클로르칼키(표백분), 차아염소산나트륨, 이산화탄소 등의 염소계 소독제를 사용할 수 있으며, 과일이나 야채의 종류에 따라 역성비누로 선택적으로 사용할 수 있다.

04 정답 ②

인축공동전염병은 사람과 동물을 공동숙주로 하는 병원체에 의해 일어나는 전염병으로 탄저, 브루셀라증, 결핵, 야토병, 돈단독, 비저, 렙토스피라증, Q열, 리스테리아증, 광우병이 있다.

05 정답 ③

바이러스성 전염병에는 홍역, 천연두, 광견병, 소아마비(급성회백수염), 유행성 간염, 유행성 뇌염, 인플루엔자, 풍진, 트라코마, 유행성 이하선염, 천열, 전염성 설사 등이 있다.

06 정답 ③

승홍수는 살균력이 대단히 강하여 음식기구, 장난감 등의 소독에 사용해서는 안되며, 알코올은 피부 및 기구사용에 적당

하다. 염소용액은 상수소독 및 식기소독에 많이 이용된다.

07 정답 ①

수질검사에서 대장균 시험은 대장균 자체가 유해하기 때문이 아니고 대장균의 검출이 다른 병원 미생물의 오염을 추측할 수 있으며, 검출방법이 간편하고 정확하기 때문이다.

08 정답 ⑤

반상치는 불소가 많은 물을 장기 음용할 때, 우치와 충치는 불소가 부족한 물로 인해 발생, 청색아는 질산염이 많이 함유된 물을 장기간 음용한 경우에 나타난다.

09 정답 ②

먹는 물 수질기준 등에 관한 규칙에서 수돗물의 잔류염소량을 유리잔류염소량으로 0.2ppm 이상, 결합 잔류염소량으로는 1.5ppm 이상 유지되도록 염소소독을 실시하도록 명시하고 있다.

10 정답 ④

병원체
- **세균인 것** : 콜레라, 장티푸스, 디프테리아, 결핵, 나병, 백일해
- **바이러스인 것** : 소아마비, 홍역, 유행성 이하선염, 유행성 일본뇌염, 광견병, AIDS, 유행성 간염
- **리케티아인 것** : 발진티푸스, 발진열, 양충병
- **기생충인 것** : 회충, 구충, 간디스토마, 요충, 무구조충, 간흡충, 폐흡충

11 정답 ②

유구조충(갈고리촌충)은 돼지, 무구조충(민촌충)은 소, 광절열두조충(긴촌충)은 물벼룩(제1중간숙주)과 담수어와 반담수어(제2중간숙주), 폐흡충(폐디스토마)은 다슬기(제1중간숙주)와 게, 가재(제2중간숙주)가 중간숙주이다.

12　　　　　정답 ②

수인성 전염병은 치사율이 낮다.

13　　　　　정답 ②

호흡기계 전염병은 디프테리아, 백일해, 홍역, 천연두, 유행성 이하선염, 풍진, 성홍열 등이다.

14　　　　　정답 ②

요충은 소장에서 부화하여 맹장 부근에서 자라다가 암컷이 항문 부위에 산란을 하여 침구, 내의를 통해 집단 감염이 잘 되는 기생충이다.

15　　　　　정답 ③

개달물은 물, 우유, 식품, 공기, 토양을 제외한 병원체를 운반하는 수단으로서만 작용하는 모든 미생물을 말하며, 이에 속하는 것으로 특히 손수건, 완구, 의복, 헌책 등이고 개달물에 의한 전염병의 전파를 개달물 전염이라고 한다. 개달물 전염은 결핵, 트라코마, 천연두, 나병 등이고 황열은 모기가 전파하는 전염병이다.

16　　　　　정답 ⑤

디프테리아의 전파는 호흡기계로 전염되는 전염병으로 환자나 보균자의 콧물, 인후분비물, 기침 또는 피부의 상처를 통해 직접 전파와 먼지에 의한 공기전파로 이루어진다. 예방대책으로는 환자의 격리 및 소독이 필요하며, 예방접종으로는 순화독소가 이용되고 감염이 의심될 때는 항독소가 이용된다.

17　　　　　정답 ①

동물에 쏘이거나 물려서 감염되는 전염병 중 페스트는 쥐벼룩이 옮기며 고열, 패혈증을 일으킨다.

18　　　　　정답 ①

전염병의 전파로서 모기가 매개하는 전염병은 말라리아, 일본 뇌염, 사상충, 황열, 뎅구열 등이 있으며 발진열은 쥐가 전파한다.

19　　　　　정답 ①

> **잠복기**
> * 1주일 이내 : 이질, 성홍열, 콜레라, 페스트, 디프테리아, 임질, 재귀열, 인플루엔자
> * 1~2주인 것 : 장티푸스, 발진티푸스, 두창, 소아마비, 홍역
> * 잠복기가 긴 것 : 나병(3~4년), 광견병(20일~80일)

20　　　　　정답 ③

폐디스토마는 제1중간숙주가 다슬기, 제2중간숙주가 게, 가재이다.

21　　　　　정답 ④

공동매개체는 우유, 물, 공기, 식품, 토양, 개달물 등으로 비활성 전파체라 할 수 있다.

22　　　　　정답 ①

백일해, 콜레라, 결핵은 예방접종이 가능하나, 세균성 이질은 예방접종에 의한 면역이 형성되지 않는다.

23　　　　　정답 ③

입으로 들어간 회충알은 위에서 부화하여 심장, 폐포, 기관지 식도를 거쳐 작은창자(소장)에 정착한다.

04장　식품첨가물과 식품위생검사

01　　　　　정답 ⑤

천연 항산화제로는 크산토필, 세사몰, 감마오리자놀, 토코페롤 등이 있다.

02 정답 ③

발색제란 식품 중에 함유된 색소와 결합하여 그 색을 고정시켜 식품 본래의 색을 유지하는 것으로 다음과 같다.

- **육류 발색제** : 질산칼륨, 질산나트륨, 아질산나트륨
- **식물 발색제** : 황산제1철

03 정답 ②

방부제(보존료)는 식품의 변질과 부패를 방지하여 신선도를 유지하기 위하여 사용해 보존기간을 연장하는 것으로 안식향산, 안식향산나트륨, 소르빈산, 소르빈칼륨, 데히드로초산, 데히드로초산나트륨, 파라옥시안식향산부틸, 파라옥시안식향산이소부틸, 프로피온산나트륨, 프로피온산칼륨 등이다.

04 정답 ③

소포제란 양조과정이나 과즙, 잼, 엿 등의 농축과정에서 거품을 없애기 위하여 사용하는 것으로 규소 수지 0.05g/kg 이하이다.

05 정답 ⑤

식품첨가물은 식품을 조리, 가공 또는 제조과정에서 식품의 영양적 및 위생적인 가치를 향상시킬 목적 즉 식욕증진, 영양강화, 품질개량, 보존성 제고 등의 목적으로 첨가되는 물질이다.

06 정답 ⑤

미량으로 첨가 효과가 나타나야 한다.

07 정답 ②

안식향산은 1875년 Salkowski에 의해 방부작용이 있다는 것이 밝혀졌다.

08 정답 ③

발색제는 식품에 첨가했을 때 식품 자체의 색소성분과 결합하여 색을 안정화시키거나 더욱 아름답게 발색케 하는 물질로 햄, 소시지 등의 식육, 어육 제품가공에 사용한다.

09 정답 ①

유화제는 물과 기름을 서로 혼합시키거나 각종 고체의 용액을 다른 액체에 분산하는 기능을 갖는 것이다.

10 정답 ④

방부제

- **안식향산, 안식향산나트륨** : 청량음료, 인삼음료, 간장, 알로에즙
- **소르빈산, 소르빈산칼륨** : 치즈, 식육, 된장
- **데히드로초산, 데히드로초산나트륨** : 치즈, 버터, 마가린
- **파라옥시안식향산부틸, 파라옥시안식향산이소부틸** : 간장, 청량음료, 과일소스, 과실주, 약주, 탁주
- **프로피온산나트륨, 프로피온산칼륨** : 빵 및 생과자, 치즈

11 정답 ⑤

소포제란 식품의 제조공정에서 생기는 거품을 소멸 또는 억제하기 위해 사용되는 첨가물로 규소수지만이 허용되어 있다.

12 정답 ④

빵, 과자 등을 제조할 때 제품을 부풀게 하여 연하고 맛이 좋고 팽창이 잘 되도록 하기 위해 첨가되는 물질을 팽창제라고 하며, 이에는 명반, 암모늄 명반, 염화암모늄, 탄산암모늄, 탄산수소나트륨, 중탄산나트륨 등이 있다.

13 정답 ②

밀가루 개량제는 밀가루의 표백과 숙성기간을 단축시키고 제빵효과의 저해물질을 파괴시키기 위하여 사용한다(과산화벤조일, 과황산암모늄, 브롬산칼륨, 이산화염소, 염소 등).

14 정답 ①

방충제는 쌀, 밀가루 등의 곡류 저장 시에 방충을 목적으로 사용하는 약제이며, 우리나라에서 허가된 것은 피페로닐 부

록사이드 뿐이다. n-핵산은 추출제로 사용되고 있다.

15　　　　　　　　　　　　정답 ②

피막제는 과일이나 야채의 저장 중 호흡과 수분증발을 적당히 제한하여 신선도를 유지시키기 위한 첨가물이다. 우리나라에서 허가된 것은 몰호린 지방산염과 초산비닐수지 2종이다.

16　　　　　　　　　　　　정답 ⑤

어 · 육류의 발색제로 사용되는 것은 아질산나트륨이다. 나머지는 밀가루 개량제이다.

17　　　　　　　　　　　　정답 ①

파라치온은 유기인제 농약의 일종으로 다른 농약에 비해 살충효과가 뛰어나며, 아비산은 비소화합물로 살서제, 농약으로 널리 사용되어 왔으며, 린덴은 살충제이며, 인돌아세테이트는 단백질 부패 시 생성되는 유기화합물이다.

18　　　　　　　　　　　　정답 ⑤

팽창제는 빵이나 과자 등을 제조할 때 제품을 부풀게 하여 연하고 맛이 좋고 소화가 잘 되도록 하기위해 첨가되는 물질을 말하며, 천연팽창제로는 효모(이스트)가 사용되며 합성팽창제로는 탄산수소나트륨, 탄산수소암모늄, 탄산암모늄, 염화암모늄, 황산알루미늄칼륨 등이 있다.

19　　　　　　　　　　　　정답 ①

식품첨가물이란 식품의 제조, 가공 또는 보존함에 있어 식품에 첨가, 혼합, 침윤에 사용되는 물질로 식품의 위생적, 상품적 가치를 증강시키기 위해 쓰이는 것을 말한다.

20　　　　　　　　　　　　정답 ④

두부의 중금속 허용치는 $3.0mg/kg$(＝ppm) 이하이다.

05장　식품위생행정 및 위생대책

01　　　　　　　　　　　　정답 ③

식중독 발생 시 보고순서는 의사 또는 한의사가 보건소장에 1차적으로 보고하고 보건소장은 시 · 도지사, 시 · 도지사는 보건복지부장관에게 보고한다.

02　　　　　　　　　　　　정답 ①

세균의 증식에 필요한 조건을 갖추지 않으면 세균에 의한 식중독을 예방할 수 있다.

03　　　　　　　　　　　　정답 ④

통조림의 변패 구분
- **플리퍼** : 통의 몸통부분이 약간 부풀어 있는 상태
- **스프링거** : 통의 한쪽 뚜껑이 부풀어 오른 상태로 그 정도에 따라 안쪽으로 약간 들어간 연팽창(소프트 스웰)과 눌러도 들어가지 않는 경팽창(하드 스웰)으로 구별
- **플랫사워** : 부패미생물이 증식하는 경우에도 통의 팽창이 일어나지 않고 산만을 생성하는 것을 말함(내용물의 변질)
- **리커** : 권체의 불안전, 깡통의 침식에 의한 외부의 상처로 액즙이 새는 것

04　　　　　　　　　　　　정답 ①

식품감별의 목적
- 부정 · 불량식품의 적발
- 위해성분을 검출하여 식중독을 방지

05　　　　　　　　　　　　정답 ①

신선한 우유의 적정산도는 0.18% 이하이다.

06 　　　　　　　정답 ⑤

플랫사워는 부패 미생물이 증식하는 경우에도 통의 팽대가
일어나지 않고 산만을 생성하는 것을 말한다(내용물 변질).

07 　　　　　　　정답 ⑤

식품감별방법은 실험적인 방법 이외에 외관검사가 많이 사용
되는데 이는 검사자의 풍부한 경험이 가장 중요시되고, 숙달
되면 매우 효과적으로 사용될 수 있는 감별법이다.

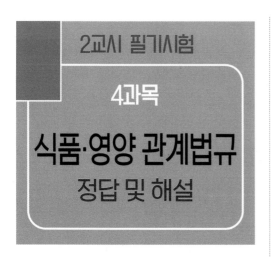

2교시 필기시험

4과목

식품·영양 관계법규
정답 및 해설

▎ 01장 식품위생법규

01	①	02	②	03	①	04	①	05	④
06	①	07	⑤	08	①	09	③	10	②
11	⑤	12	③	13	①	14	①	15	④
16	⑤	17	③	18	①	19	③	20	⑤
21	②	22	④	23	⑤	24	⑤	25	②

▎ 02장 기타 관련법규

01	①	02	③	03	⑤	04	⑤	05	④
06	②	07	①	08	③	09	①	10	③
11	⑤	12	①	13	③	14	③	15	⑤
16	②	17	③	18	①	19	①	20	④

01장 식품위생법규

01 정답 ①

식품위생법에서 정의하고 있는 용어 중 기구나 영업에 있어서 농업 및 수산업에 속하는 식품의 채취업 또는 이에 사용되는 기계, 기구, 기타의 물건은 제외한다.

02 정답 ②

건강기능식품은 「건강기능식품에 관한 법률」에 의해 규제된다.

03 정답 ①

식품위생법의 목적은 식품으로 인한 위생상의 위해 방지 및 식품영양의 질적 향상을 통한 국민보건의 증진에 이바지하는 것이다.

04 정답 ①

식품위생법상의 기구란 음식기와 식품 또는 식품첨가물의 채취, 제조, 가공, 조리, 저장, 운반, 진열, 수수 또는 섭취에 사용되는 것으로 식품 또는 식품첨가물에 직접 접촉되는 기계, 기구 등을 말한다. 탈곡기, 그물 등 농업 및 수산업에 있어서 식품의 채취에 사용되는 기계, 기구, 기타의 물건은 제외한다.

05 정답 ④

식품첨가물이란 식품을 제조, 가공 또는 보존함에 있어 식품에 첨가, 혼합, 침윤, 기타의 방법으로 사용되는 물질(기구 및 용기, 포장의 살균, 소독의 목적에 사용되어 간접적으로 식품으로 이행될 수 있는 물질을 포함)을 말한다.

06 정답 ①

허위표시의 금지

• 식품의 명칭, 제조방법, 품질, 영양표시, 쌀의 원산지 및 식육의 원산지 등 표시에 관하여는 허위표시 또는 과대광고를 하지 못하고, 포장에 있어서는 과대포장을 하지 못하며, 식품 · 식품첨가물의 표시에 있어서는 의약품과 혼동할 우려가 있는 표시를 하거나 광고를 하여서는 안 된다.

• 규정에 의한 허위표시 · 과대광고 · 과대포장의 범위 기타 필요한 사항은 보건복지가족부령으로 정한다.

07 정답 ⑤

위해식품의 판매 금지

• 썩었거나 상하였거나 설익은 것으로 인체의 건강을 해할 우려가 있는 것

• 유독 · 유해물질이 들어 있거나 묻어 있는 것 또는 그 염려가 있는 것

• 병원미생물에 의하여 오염되었거나 그 염려가 있어

인체의 건강을 해할 우려가 있는 것

- 불결하거나 다른 물질의 혼입 또는 첨가, 기타의 사유로 인체의 건강을 해할 우려가 있는 것
- 영업의 허가를 받아야 하는 경우 또는 신고를 하여야 하는 경우에 허가받지 않거나 신고하지 않은 자가 제조·가공한 것
- 안전성 평가의 대상에 해당하는 농·축·수산물 등으로 안전성 평가를 받지 않거나 안전성 평가결과 식용으로 부적합하다고 인정된 것
- 수입이 금지된 것 또는 수입신고를 하여야 하는 경우에 신고하지 않고 수입한 것

08 정답 ①

음용수의 수질기준 등에 관한 규칙은 수도법 및 공중위생관리법의 규정에 의한 것이다.

09 정답 ③

식품위생법상 규격

① 식품의약품안전처장은 국민보건상 필요하다고 인정하는 때에는 판매를 목적으로 하거나 영업상 사용하는 기구 및 용기·포장의 제조방법에 관한 기준과 기구, 용기·포장 및 그 원재료에 관한 규격을 정하여 고시한다.

② 식품의약품안전처장은 제1항의 규정에 의하여 기준과 규격이 고시되지 아니한 것에 대하여는 그 제조·가공업자로 하여금 그 기구, 용기·포장의 제조방법에 관한 기준과 기구, 용기·포장 및 그 원재료에 관한 규격을 제출하게 하여 제18조의 규정에 의하여 지정된 식품위생검사기관의 검토를 거쳐 당해 기구, 용기·포장 및 그 원재료의 기준과 규격을 한시적으로 인정할 수 있다.

③ 수출을 목적으로 하는 기구, 용기·포장 및 그 원재료의 기준과 규격은 제1항 및 제2항의 규정에 불구하고 수입자가 요구하는 기준과 규격에 의할 수 있다.

④ 제1항 및 제2항의 규정에 의하여 기준과 규격이 정해진 기구 및 용기·포장은 그 기준에 의하여 제조하여야 하며, 그 기준과 규격에 맞지 아니하는 기구 및 용기·포장은 판매하거나 판매의 목적으로 제조·수입·저장·운반·진열하거나 기타 영업상 사용하지 못한다.

10 정답 ②

명예식품위생감시원을 위촉할 수 있는 사람은 식품의약품안전처장, 시·도지사, 시장, 군수, 구청장이다.

11 정답 ⑤

판매를 목적으로 하거나 영업상 사용하는 식품을 수입하고자 하는 자는 보건복지부령이 정하는 바에 의하여 보건복지부장관, 식품의약품안전처장에게 신고하여야 한다.

12 정답 ③

보건복지부장관·식품의약품안전처장의 자문에 응하여 다음 사항을 조사·심의하기 위하여 보건복지부에 식품위생심의위원회를 둔다.

- 식중독 방지에 관한 사항
- 농약·중금속 등 유독·유해물질의 잔류허용기준에 관한 사항
- 식품의 기준과 규격에 관한 사항
- 국민영양의 조사·지도 및 교육에 관한 사항
- 기타 식품위생에 관한 중요 사항

13 정답 ①

식품산업협회의 사업 내용

- 식품공업에 관한 조사·연구
- 식품·식품첨가물 및 그 원재료의 시험·검사 업무
- 식품위생에 관한 교육
- 영업자 중 식품 또는 식품첨가물을 제조·가공하는 자의 영업시설의 개선에 관한 지도

14 정답 ①

식중독에 관한 조사보고

보건소장 또는 보건지소장은 식중독 환자 또는 그 의심이 있는 자를 진단하였거나 그 사체를 검안한 의사 또는 한의사에 의한 보고를 받은 때에는 대통령령이 정하는 바에 따라 지체 없이 그 사실을 조사하고 시·도지사에게 보고하여야 한다. 이 경우 보건지소장은 보건소장을, 보건소장은 시장·군수 또는 구청장을 거쳐야 한다.

15 　　　　　정답 ④

식품의약품안전처장은 식품의 원료관리, 제조 · 가공 · 조리 및 유통의 모든 과정에서 위해한 물질이 식품에 혼입되거나 식품이 오염되는 것을 방지하기 위하여 각 과정을 중점적으로 관리하는 기준을 식품별로 정하여 고시할 수 있다.

16 　　　　　정답 ⑤

식품진흥기금을 사용하는 사업
- 사업자(건강기능식품에 관한 법률에 의한 영업자를 포함)의 위생관리시설 개선을 위한 융자사업
- 식품위생에 관한 교육 · 홍보사업(소비자단체의 교육 · 홍보에 대한 지원을 포함) 및 소비자식품위생 감시원의 교육 · 활동지원
- 식품위생 및 국민영양에 관한 조사 · 연구사업
- 포상금 지급의 지원
- 식품위생교육 · 연구기관의 육성 및 지원
- 음식문화의 개선 및 좋은 식단 실천을 위한 사업의 지원
- 집단급식소(위탁에 의하여 운영되는 집단급식소에 한함)의 급식시설 개 · 보수
- 그밖에 식품위생, 국민영양, 식품산업진흥 및 건강기능식품에 관한 사업으로서 대통령령이 정하는 사업

17 　　　　　정답 ③

식품접객업 중 복어를 조리 · 판매하는 영업과 국가 · 지방자치단체, 학교 · 병원 · 사회복지시설, 정부투자기관 관리기본법 제2조의 규정에 의한 정부투자기관, 지방공기업법에 의한 지방공사 및 지방공단, 특별법에 의하여 설립된 법인에서 설립 · 운영하는 집단급식소의 경우에는 조리사를 두어야 한다.

18 　　　　　정답 ②

식품판매업의 종류
- **식용얼음판매업** : 식용얼음을 전문적으로 판매하는 영업
- **식품자동판매기영업** : 식품을 자동판매기에 넣어 판매하는 영업
- **유통전문판매업** : 식품 또는 식품첨가물을 스스로 제조 · 가공하지 않고 타인에게 의뢰하여 제조 · 가공된

식품 또는 식품첨가물을 자신의 상표로 유통 · 판매하는 영업
- **식품수입판매업** : 식품을 수입하여 판매하는 영업
- **기타 식품판매업** : 보건복지가족부령이 정하는 일정 규모 이상의 백화점, 슈퍼마켓, 연쇄점 등에서 식품을 판매하는 영업

19 　　　　　정답 ③

영업신고를 해야 할 업종
- 식품제조 · 가공업
- 즉석판매제조 · 가공업
- 식품운반업
- 식품소분 · 판매업. 다만, 식품수입판매업은 제외
- 식품냉동 · 냉장업
- 용기 · 포장류 제조업(그 자신의 제품을 포장하기 위하여 용기 · 포장류를 제조하는 경우는 제외)
- 휴게 음식점 영업, 일반 음식점 영업, 위탁급식 영업 및 제과점 영업

20 　　　　　정답 ①

식품위생법상 영양사를 두어야 하는 집단급식소는 상시 1회 50인 이상에게 식사를 제공하는 집단급식소로 한다.

21 　　　　　정답 ②

식품접객업에는 휴게음식점 영업, 일반음식점 영업, 단란주점 영업, 유흥주점 영업, 위탁급식 영업, 제과점 영업 등이 있다.

22 　　　　　정답 ④

식품위생감시원의 직무
- 식품의 위생적 취급기준의 이행지도
- 수입 · 판매 또는 사용이 금지된 식품의 취급여부에 관한 단속
- 표시기준 또는 과대광고 금지의 위반 여부에 관한 단속

정답 및 해설

- 출입 · 검사 및 검사에 필요한 식품의 수거
- 시설기준의 적합여부의 확인 · 검사
- 영업자 및 종업원의 건강진단 및 위생교육의 이행 여부의 확인 · 지도
- 조리사 · 영양사의 법령준수사항 이행 여부의 확인 · 지도
- 행정처분의 이행 여부 확인
- 식품의 압류 · 폐기
- 영업소의 폐쇄를 위한 간판제거 등의 조치
- 기타 영업자의 법령이행 여부에 관한 확인 · 지도

---

23 정답 ⑤

식품위생검사기관으로 지정할 수 있는 기관 : 지방식품의약품안전처, 국립검역소, 시 · 도 보건환경연구원, 국립수산물품질검사원(수산물의 검사에 한함)

---

24 정답 ⑤

영양사의 직무
- 식단작성, 검식 및 배식관리
- 구매식품의 검수 및 관리
- 급식시설의 위생적 관리
- 집단급식소의 운영일지 작성
- 종업원에 대한 영양지도 및 위생교육

---

25 정답 ②

모범업소 지정기준

집단 급식소	• 식품위생법의 규정에 의한 위해요소중점관리기준(HACCP) 적용업소로 지정받아야 한다. • 최근 3년간 식중독 발생하지 않아야 한다. • 조리사 및 영양사를 두어야 한다. • 그밖에 일반음식점이 갖추어야 하는 기준을 모두 갖추어야 한다.
	• 청결을 유지할 수 있는 환경을 갖추고 내구력이 있는 건물이어야 한다. • 마시기에 적합한 물이 공급되며, 배수가 잘 되어야 한다. • 업소내에는 방충시설, 쥐막이시설 및 환

일반 음식점	기시설을 갖추고 있어야 한다. • 주방은 공개되어야 한다. • 입식조리대가 설치되어 있어야 한다. • 냉장시설, 냉동시설이 정상적으로 가동되어야 한다. • 항상 청결을 유지하여야 하며, 식품의 원료 등을 보관할 수 있는 창고가 있어야 한다. • 식기 등을 소독할 수 있는 설비가 있어야 한다. • 손님이 이용하기에 불편하지 않은 구조 및 넓이여야 한다. • 청결을 항상 유지하여야 한다. • 정화조를 갖춘 수세식이어야 한다. • 손 씻는 시설이 설치되어야 한다. • 벽 및 바닥은 타일 등으로 내수 처리되어 있어야 한다. • 1회용 위생종이 또는 에어타월이 비치되어 있어야 한다. • 청결한 위생복을 입고 있어야 한다. • 개인위생을 지키고 있어야 한다. • 친절하고 예의바른 태도를 가져야 한다. • 1회용 물컵, 1회용 숟가락, 1회용 젓가락 등을 사용하지 않아야 한다. • 그밖에 모범업소의 지정기준 등과 관련한 세부사항은 보건복지가족부장관이 정하는 바에 의한다.

02장 기타 관련법규

01 정답 ①

학교급식 식단 작성시 고려하여야 할 사항
- 전통 식문화(식문화)의 계승 · 발전을 고려할 것
- 곡류 및 전분류, 채소류 및 과일류, 어육류 및 콩류, 우유 및 유제품 등 다양한 종류의 식품을 사용할 것
- 염분 · 유지류 · 단순당류 또는 식품첨가물 등을 과다하게 사용하지 않을 것
- 가급적 자연식품과 계절식품을 사용할 것
- 다양한 조리방법을 활용할 것

---

02 정답 ③

영양교사의 직무
- 식단 작성, 식재료의 선정 및 검수
- 위생 · 안전 · 작업관리 및 검식

- 식생활 지도, 정보 제공 및 영양상담
- 조리실 종사자의 지도 · 감독
- 그밖에 학교급식에 관한 사항

03 　　　　　　　　　　정답 ⑤

시설·설비의 종류와 기준

- **조리장** : 교실과 떨어지거나 차단되어 학생의 학습에 지장을 주지 않는 시설로 하되, 식품의 운반과 배식이 편리한 곳에 두어야 하며, 능률적이고 안전한 조리기기, 냉장 · 냉동시설, 세척 · 소독시설 등을 갖추어야 한다.
- **식품보관실** : 환기 · 방습이 용이하며, 식품과 식재료를 위생적으로 보관하는 데 적합한 위치에 두되, 방충 및 방서(防鼠)시설을 갖추어야 한다.
- **급식관리실** : 조리장과 인접한 위치에 두되, 컴퓨터 등 사무장비를 갖추어야 한다.
- **편의시설** : 조리장과 인접한 위치에 두되, 조리종사자의 수에 따라 필요한 옷장과 샤워시설 등을 갖추어야 한다.

04 　　　　　　　　　　정답 ⑤

식중독 원인의 조사를 위하여 위탁급식으로 제공한 식품의 일부를 72시간 이상 냉장보관해야 한다.

05 　　　　　　　　　　정답 ④

국민건강증진법은 국민에게 건강에 대한 가치와 책임의식을 함양하도록 건강에 관한 바른 지식을 보급하고 스스로 건강생활을 실천할 수 있는 여건을 조성함으로써 국민의 건강을 증진함을 목적으로 한다.

06 　　　　　　　　　　정답 ②

학교급식을 위한 식품비는 보호자가 부담하는 것을 원칙으로 한다.

07 　　　　　　　　　　정답 ①

국민건강증진사업은 보건교육, 질병예방, 영양개선 및 건강생활의 실천 등을 통하여 국민의 건강을 증진시키는 사업을 말한다.

08 　　　　　　　　　　정답 ③

위생분야 종사자 등의 건강진단규칙은 전염병예방법 제8조의 규정에 의하여 성병에 관한 건강진단을 실시하는 경우와 식품위생법 제26조제1항 및 제4항의 규정에 의하여 건강진단을 실시하는 경우에 관하여 필요한 사항을 규정함을 목적으로 한다.

09 　　　　　　　　　　정답 ①

보건복지부장관은 국민의 건강상태, 식품섭취, 식생활 조사 등 국민의 영양에 관한 조사를 정기적으로 실시한다.

10 　　　　　　　　　　정답 ③

학교급식관련 서류의 비치 및 보관의 보존연한은 3년이다.

11 　　　　　　　　　　정답 ⑤

검사 내용에는 미생물 검사, 식재료의 원산지, 품질 및 안전성 검사 등이 있다.

12 　　　　　　　　　　정답 ③

대통령령으로 정하는 규모 이상의 샘물을 개발하려는 자는 환경부령으로 정하는 바에 따라 시 · 도지사의 허가를 받아야 한다. 허가 받은 내용을 변경하려는 때에도 또한 같다.

13 　　　　　　　　　　정답 ③

샘물개발허가의 유효기간

- 샘물개발허가의 유효기간은 5년으로 한다.
- 시 · 도지사는 샘물개발허가를 받은 자가 유효기간의 연장을 신청하면 허가할 수 있다. 이 경우 매회의 연장기간은 5년으로 한다.

• 유효기간의 연장신청 절차나 그밖에 필요한 사항은 환경부령으로 정한다.

14 정답 ③

제1군 전염병 환자 등은 전염병 예방시설이나 시장, 군수, 구청장이 지정하는 의료기관 등의 장소에 격리 수용되어 치료를 받아야 한다. 치료 받아야 할 전염병의 종류에는 콜레라, 페스트, 장티푸스, 파라티푸스, 세균성 이질, 장출혈성 대장균감염증 등이 있다.

15 정답 ⑤

제1군 전염병은 전염속도가 빠르고 국민건강에 미치는 위해 정도가 너무 커서 발생 또는 유행 즉시 방역대책을 수립하여야 하는 다음의 전염병을 말한다. 제1군 전염병의 종류에는 콜레라, 페스트, 장티푸스, 파라티푸스, 세균성 이질, 장출혈성 대장균감염증 등이 있다.

16 정답 ②

질병관리청장 또는 시·도지사는 제1군 전염병이 발생하였거나 제2군 전염병 내지 제4군 전염병, 지정 전염병, 생물테러 전염병 또는 인수공통 전염병이 유행할 우려가 있다고 인정되는 경우에는 지체 없이 역학조사를 실시하여야 하며, 역학조사를 실시하기 위하여 질병관리청 및 특별시·광역시·도에 역학조사반을 둔다.

17 정답 ④

제4군 전염병
• 국내에서 새로 발생한 신종전염병 증후군, 재출혈전염병 또는 국내유입이 우려되는 해외유행성전염병으로서 방역 대책이 긴급한 수립이 인정되어 보건복지부령이 정하는 전염병이다.
• 제4군 전염병의 종류에는 뎅기열, 황열, 두창(천연두), 보툴리누스중독증 등이 있다.

18 정답 ①

제2군 전염병
• 예방접종을 통하여 예방 또는 관리가 가능하여 국가 예방접종사업의 대상이 되는 질환이다.
• 제2군 전염병의 종류에는 디프테리아, 백일해, 파상풍, 홍역, 유행성이하선염, 풍진사, 폴리오, B형 간염, 일본뇌염, 수두(水痘) 등이 있다.

19 정답 ①

정기예방접종을 실시해야 하는 전염병에는 디프테리아, 폴리오, 백일해, 홍역, 파상풍, 결핵, B형 간염, 유행성이하선염, 풍진, 수두, 기타 보건복지부장관이 전염병 예방을 위하여 필요하다고 인정하여 지정하는 전염병 등이 있다.

20 정답 ④

영양조사원의 자격 : 의사·영양사 또는 간호사의 자격을 가진 자, 전문대학 이상의 학교에서 식품학 또는 영양학의 과정을 이수한 자